INFORMATION COMMUNICATION & NEW MATERIALS

정보통신과 신소재

과학동아 스페셜
정보통신과 신소재

초판 1쇄 발행 2012년 7월 25일
초판 3쇄 발행 2017년 5월 1일

지은이 과학동아 편집부
펴낸이 이경민

편집 이명준
디자인책임 김인규
디자인 최은영 황은지

펴낸곳 (주)동아엠앤비
등록일 2014년 3월 28일(제25100-2014-000025호)
주소 (120-837) 서울특별시 서대문구 충정로 35-17 인촌빌딩 1층
전화 (편집) 02-392-6901 (마케팅) 02-392-6900
팩스 02-392-6902
이메일 damnb0401@nate.com

ISBN 979-11-952691-3-6 (04400)

*책 가격은 뒤표지에 있습니다.
*잘못된 책은 바꿔 드립니다.

과학동아북스 는 ㈜동아사이언스의 출판 브랜드로 ㈜동아엠앤비가 사용권을 갖고 있습니다.
다양한 콘텐츠를 바탕으로 유익한 책을 만들고자 노력합니다.

INFORMATION COMMUNICATION & NEW MATERIALS

정보통신과 신소재

글 과학동아 편집부 외

과학동아북스

융합과학의 숲에서 과학의 의미를 찾는다!

과학교육은 우리나라뿐만 아니라 세계가 주목하는 교과 영역입니다. 특히 미국은 정부와 기업이 주도적으로 나서서 과학교육에 대한 지원을 아끼지 않고 있습니다. 하지만 우리나라의 교육 현장은 과학교육에 대한 우려의 목소리로 가득합니다.

그 대안의 하나로 과학을 가르치는 일선 선생님들이 융합형 과학교육을 주창했지만 여러 가지 이유로 쉽게 시행되지 못했습니다.

2011년부터 고등학생들에게 융합형 과학 교과서가 새롭게 선을 보였습니다. 새 교과서는 첫 단원이 우주의 '빅뱅'일 만큼 파격적으로 변신했습니다. '빅뱅의 증거'를 설명하는 단원에서 원자에 대한 설명이 등장하는 등 '물리 · 화학 · 생물·지구과학'이라는 기존 과학 교과 간 장벽도 과감히 없앴습니다.

매 페이지마다 다양한 그래픽 자료들이 나오고, 이야기책을 읽듯이 과학적 사실을 스토리로 엮어서 구성하고 있습니다. 물리·화학·생명과학·지구과학으로 엄격하게 구분된 개념 위주의 과학자 양성용 과학교육에서 벗어나 현대 사회에서 과학과 기술의 의미와 가치를 이해시키는 교양 과학교육으로 방향을 바꾸었습니다.

이렇게 교과서가 바뀌다 보니, 가르치는 선생님들이나 배우는 학생들 모두 혼란스럽고 어렵기는 마찬가지입니다. 한정된 시간에 새로운 내용의 다양한 분야를 설명하고 배우려니, 풍부한 자료와 넓은 시야를 제시하는 보조 자료가 필요할 수밖에 없습니다. 그러나 현재까지 융합형 과학 교과서에 딱 맞는 참고 자료를 찾기란 쉽지 않은 일입니다.

많은 출판사들이 앞 다투어 새 교육 과정을 반영한 과학 관련 서적을 내놓고 있지만, 다양한 영역을 하나로 묶어 통합적이고도 과학적인 사고를 이끌어내기에는 부족함이 있습니다. 이것저것 끌어다 놓고 배열한 것을 그저 융합이라고 표현한다면 학생들에게 학습에 대한 부담감만 더 가중시킬 뿐입니다. 이에 동아사이언스에서는 학생들과 선생님들이 쉽게 공부할 수 있는 참고 도서가 필요하다는 판단에 융합형 과학 교과서의 목차에 맞게 「과학동아 스페셜」 시리즈를 내놓게 되었습니다.

25년간 ≪과학동아≫를 발행하면서 축적된 과학기술자들과 과학 전문 기자들이 작성한 심도 있는 콘텐츠, 풍부한 이미지 등을 가지고 있어서 이러한 기획이 가능할 수 있었습니다. 과학의 각 분야들을 계열성과 연관성에 맞추어 한데 모았고, 이를 종합적 사고를 이끌어 내는 방향으로 구성하기 위해 노력했습니다. 이 책을 통해 학생들이 융합형 과학 교과서를 조금 더 쉽게 이해하고, 여러 과학이 한데 모인 숲을 바라볼 수 있고, 과학의 흐름을 느끼는 데 조금이라도 도움이 되었으면 합니다.

동아사이언스 대표이사

김두희

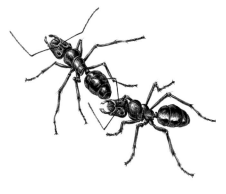

목 차

[I] 자연계 속의 정보

신호와 센서

◎

산과 들 그리고 하늘, 바다를 보라!

길가에 핀 꽃들은 향기를 내뿜어 다른 곤충을 위협하거나 유혹한다. 동물은
다양한 방식으로 소리를 내거나 화학적 신호를 내보낸다. 밤하늘에 보이는
별빛은 수억 광년이나 떨어진 곳에서 보내는 우주의 신호이다. 자연계에는
여러 가지 신호가 발생하고 있다. 이러한 신호를 통해 동물의 의사소통을
이해할 수 있고, 우주의 생성 원리도 알 수 있다. 신호를 감지하고 해석하는
일은 중요하다.

모든 물체는 에너지를 사용하여 다양한 신호를 만들어낸다. 신호를 내보내면
물체의 에너지는 감소하는데 방출된 에너지는 빛, 소리, 온도, 압력, 탄성파,
전자기파, 물질 등으로 나타난다. 사람은 감각 기관을 통해 외부로부터 오는
신호를 받아들이고 있지만 이러한 감각 기관만으로는 한계가 있다. 그래서
사람들은 감각 기관으로 알아낼 수 없는 신호를 감지하기 위해 센서와 같은
여러 도구를 개발하였다.

개미가 말한다

온몸으로 내보내는 신호

아스텍 개미들에 의해
능지처참당하는 침입 개미.

우리나라에서도 선풍적인 인기를 끌었던 프랑스 작가 베르베르의 공상과학 소설 『개미』를 보면 사람들이 개미의 언어를 터득해 그들과 대화를 나눈다. 그러나 생물학이 하루가 다르게 무서운 속도로 발전한다 해도 과연 인간과 개미의 의사소통이 가능한 시대가 올까?

많은 공상과학 소설이 그렇듯이 '개미'가 보여주는 세상이 전혀 불가능하고 황당무계한 것은 아니다. 실제로 개미 못지않게 고도로 조직화한 사회를 구성하는 꿀벌에게는 이미 가능한 일이다. 꿀벌은 춤으로 의사를 전달한다. 이 꿀벌의 춤 언어는 1973년 틴버겐, 로렌츠와 함께 노벨 생리의학상을 공동 수상한 폰프리쉬 박사에 의해 처음 우리에게 알려졌다. 그는 이른바 행태학(ethology)이라는 분야를 정립한 선구자 중 한 사람이다.

정탐 벌은 꿀이 듬뿍 담긴 꽃을 발견하면 돌아와 꼬리 춤이라는 독특한 행동으로 꿀이 있는 곳까지의 거리와 방향을 알려준다. 이때 꼬리 춤을 추는 속도는 거리를 나타내고, 꼬리 춤의 방향과 중력 방향의 합성 각도는 먹이가 있는 방향을 나타낸다. 이 정보는 꼬리 춤에 너무나 명확하게 표

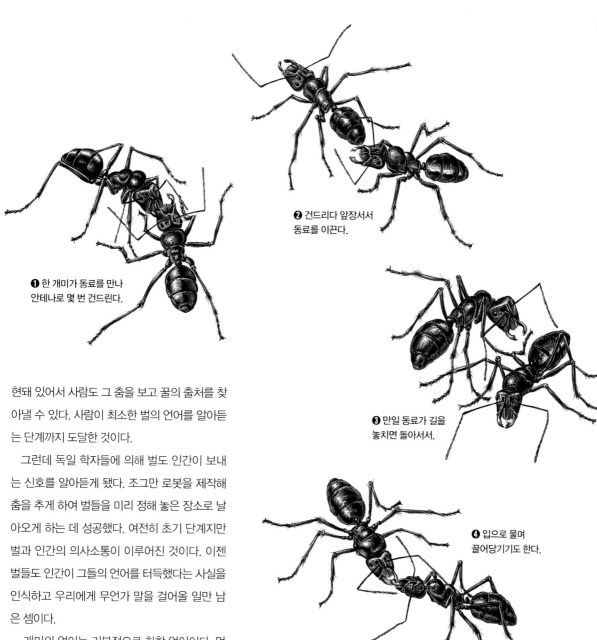

❶ 한 개미가 동료를 만나
안테나로 몇 번 건드린다.

❷ 건드리다 앞장서서
동료를 이끈다.

❸ 만일 동료가 길을
놓치면 돌아서서,

❹ 입으로 물며
끌어당기기도 한다.

현돼 있어서 사람도 그 춤을 보고 꿀의 출처를 찾아낼 수 있다. 사람이 최소한 벌의 언어를 알아듣는 단계까지 도달한 것이다.

그런데 독일 학자들에 의해 벌도 인간이 보내는 신호를 알아듣게 됐다. 조그만 로봇을 제작해 춤을 추게 하여 벌들을 미리 정해 놓은 장소로 날아오게 하는 데 성공했다. 여전히 초기 단계지만 벌과 인간의 의사소통이 이루어진 것이다. 이젠 벌들도 인간이 그들의 언어를 터득했다는 사실을 인식하고 우리에게 무언가 말을 걸어올 일만 남은 셈이다.

개미의 언어는 기본적으로 화학 언어이다. 먹이를 물고 집으로 돌아가는 개미를 발견하면 배를 땅에 깔고 눈높이를 최대한 낮춰 옆모습을 관찰해 보라. 개미가 배의 끝 부분을 땅에 끌며 걸어가는 것을 알 수 있다. 이는 바로 먹이로부터 집까지 냄새길을 그리고 있는 모습이다. 개미는 돌아오는 길목이나 집에서 다른 일개미를 만나면 우선 자기가 물고 온 먹이를 시식하게 해준다. 먹이의 맛을 보고 자극을 받은 다른 일개미는 곧바로 냄새길을 따라 먹이가 있는 곳으로 향한다.

개미가 냄새길을 그릴 때 사용하는 화학 물질은 일종의 페로몬이다. 개미가 만드는 페로몬의 종류는 무척 다양하다. 개미 몸속에는 머리끝에서 배 끝까지 온갖 크고 작은 화학 공장들이 모여 있어, 마치 걸어 다니는 공단을 보는 것 같다. 냄새길 페로몬은 대개 배 끝에 있는 외분비샘 중 하나에서 만들어진다. 이것이 정확히 어느 분비샘에서 만들어졌는지를 찾아내는 일은 그리 어렵지 않다. 예를 들어 몇몇 분비샘을 따로 해부하여 이를 개미집 문에서부터 각각 다른 방향으로 길게 문지른다. 이때 개미들이 먹이를 찾아가는 방향을 보면 어느 것이 냄새길 페로몬인지 쉽게 알 수 있다.

1. 개미가 말한다

화학 사이렌 울려 적을 물리친다

화학 언어는 인간이 사용하는 음성 언어보다 훨씬 경제적이다. 일개미의 냄새길 페로몬은 독침샘에서 분비되며, 그 화학 구조가 매우 복잡하다 ($C_7H_5NO_2$). 그런데 이 페로몬은 무척 민감하게 작용해서 1mg 정도의 적은 양으로도 지구를 세 바퀴나 돌 만큼 긴 냄새길을 만들 수 있다. 또 휘발성이 대단히 강해 불필요한 행동을 줄일 수 있다. 먹이를 다 거둬들인 후에도 오랫동안 냄새길이 없어지지 않는다면 많은 일개미가 아직도 먹이가 남아 있는 줄 알고 헛걸음을 할 것이 아닌가. 그래서 먹이를 물고 돌아오는 개미들은 이미 희미해지기 시작한 냄새길 위에 페로몬을 더 뿌려 길을 유지한다. 그러다가 맨 나중에 먹이가 없어 빈 입으로 돌아오는 개미는 더는 페로몬을 뿌리지 않아 냄새길은 자연스레 사라져 버리는 것이다.

자기의 터나 집에 침입자가 나타났을 때 개미들은 '화학 경보'를 울린다. 중앙 및 남아메리카의 열대림에 광범위하게 분포하는 아스텍 개미 가운데 몇 종들은 큰 나뭇가지에 어른 키만큼이나 길게 매달린 집을 짓고 산다. 이 개미는 어찌나 사나운지 그 나무 주변에서 잠시만 머뭇거려도 어느새 몇 십 마리 되는 일개미들이 들러붙어 온몸을 물어뜯는다.

침입자(다른 종의 개미)를 발견한 아스텍 개미가 즉시 경보 페로몬을 퍼뜨리면 순식간에 동료 일개미가 사건 현장으로 모여든다. 이렇게 모여든 일개미들은 침입자를 완전히 포위한 후 다리와 안테나를 겨냥해 공격을 시작한다. 그리 오래되지 않아 침입자는 사극 영화에서나 가끔 볼 수 있는 극형인 능지처참을 당한다. 세 쌍의 다리와 한 쌍의 안테

침입자의 다리를 물고 온힘을 다해 잡아당기고 있는 아스텍 일개미.

개미가 배의 끝부분으로 냄새길을 그리며 집으로 돌아가는 모습. 시간이 지날수록 길의 자취가 점차 흐려진다.

중앙·남아메리카에 사는 아스텍 개미의 집. 큰 나뭇가지에 1~2m나 되는 긴 집을 짓는다.

나가 모두 팔방으로 찢기는 참사를 면치 못한다.

아프리카, 동남아시아 그리고 오스트레일리아의 열대림에서 서식하는 베짜기 개미의 화학 언어는 독일 뷔르츠버그 대학교의 휠도블러 박사와 미국 하버드 대학교의 윌슨 박사의 오랜 공동 연구에 의해 매우 자세하게 알려졌다. 베짜기 개미들은 한 가지에 달린 여러 나뭇잎을 힘을 모아 끌어당긴 후 애벌레가 분비한 명주실을 이용해 바느질하듯 잎들을 엮어 살 집을 만든다. 이처럼 미성년자들까지 동원한 조직적인 협동 사회를 유지하는 데 절대적

으로 필요한 것이 고도로 발달한 화학 언어다.

개미는 터의 경계를 표시하는 일 그리고 먹이나 침입자를 발견한 곳을 알리는 일 모두를 불과 몇 가지의 간단한 화학 단어들을 적절히 조합해 만들어낸다. 이는 인간의 전유물로 생각하기 쉬운 언어의 기본적인 구조를 갖춘 엄연한 의사소통 수단이다.

후각뿐 아니라 청각과 촉각도 개미의 의사소통에 중요한 역할을 한다. 최근 20여 년간 활발한 연구로 상당히 많은 종의 개미들이 소리를 내서 의사를 전달한다는 사실이 밝혀졌다. 흔히 소리를 이용해 의사를 전달하는 곤충으로는 귀뚜라미나 베짱이를 생각할 수 있다. 개미는 이들과 달리 우리 귀로는 거의 들을 수 없는 작은 소리를 낸다. '개미와 베짱이' 이야기에서 우리 귀에 베짱이의 노래만 들리는 이유는 개미의 노랫소리가 잘 안 들리기 때문이 아닐까.

개미 중 비교적 원시적인 종일수록 몸짓을 많이 하는 경향이 있다. 이 개미들은 먹이를 발견한 곳으로 동료를 동원할 때 한 번에 한 마리밖에 데려가지 못한다. 일단 동료 일개미를 만나면 안테나로 몇 번 건드린 다음 돌아서서 먼저 목적지를 향해 걷기 시작한다. 그러면 동료 일개미는 앞서 가는 개미의 몸에 닿을 듯 바짝 붙어 뒤를 쫓는다.

때론 뒤따라 가던 개미가 앞서 가는 개미를 놓치기도 한다. 앞서 가던 개미는 동료의 안테나가 자기 몸에 건드려지지 않으면 걸음을 멈추고 뒤돌아서 동료를 찾는다. 동료가 잘 따라오지 않을 때는 입으로 물며 끌어당기기도 한다. 이러한 행동을 '병렬주행'이라 부르는데, 어떻게 이런 비효율적인 의사소통 방법으로부터 냄새길을 놓아 한꺼번에 여러 동료를 동원할 수 있는 대중 전달 수단이 진화될 수 있었는가는 대단히 흥미로운 연구 과제가 아닐 수 없다.

2. 기상천외한 동물의 의사소통

시각으로 주고받는 신호

동물들이 과연 어떻게 서로 얘기를 하고 알아듣느냐에 관한 연구는 동물행동학에서 가장 중심이 되는 부문이다. 물론 동물이 얘기하는 것을 100% 알아들을 수는 없어도 객관적인 방법을 통해서 알아내는 방법은 많이 알려졌다. 우리에게 친숙한 개를 생각해 보자.

두 마리의 개가 서로 마주 보며 으르렁거리고 있다. 털과 귀가 쫙 섰고 이를 내보이면서 으르렁거리는 개를 본다면 '아유, 귀엽다'하고 쓰다듬어 주기보다는 태연하게 사라지는 일이 현명한 방법이라는 사실을 누구나 알고 있다. 반면에 주인이 돌아왔다고 허리를 낮추고 꼬리를 감아올려 흔들면서 좋아하는 개를 보면 누구나 그 개가 기분이 좋다는 사실을, 기뻐하고 있다는 사실을 알 수 있다.

두 가지 경우 개가 굉장히 다른 행동 표현을 하고 있다. 시각적으로 보기만 해도 무슨 뜻인지 분명히 알 수 있다. 자기들끼리의 표현 방식이지만 개가 아닌 사람이 봐도 어느 정도 의미는 찾아낼 수 있다는 말이다. 바로 이런 방법을 통해서 동물의 의사소통에 서서히 접근해가는 것이다.

동물들이 서로 의사를 전달하는 수단 중에는 시각과 청각을 이용하는 것이 많다. 먼저 시각적인 방법부터 살펴보자.

중앙아메리카 코스타리카의 열대림에 서식하는 베짱이를 보면, 우리나라의 베짱이와는 굉장히 다르게 생겼다는 걸 알 수 있다. 이 베짱이는 뿔도 나 있고 다리에 무척 날카롭고 큰 가시도 있다. 그리고 가까이 가도 피하지 않는다. 오히려 가만히 서서 '너, 나 먹어 볼래?'라고 말하는 것처럼 다른 포식 동물에게 당당히 자신의 모습을 보여준다. 이 베짱이를 삼킨다고 생각해 보라. 아마 목구멍에 걸려서 무척 고생할 것이다. 즉

이 베짱이는 자기의 모습을 오히려 남한테 알리려고 하는 것이다. 왜냐하면, 그렇게 보일 때 오히려 자신을 건드리지 않는다는 사실을 알기 때문이다.

아프리카나 열대의 호수에 사는 민물고기 중에 '시칠리드'라는 물고기가 있다. 시칠리드는 정면에서 보면 마치 귀가 있는 것처럼 보인다. 시칠리드는 기분 상태에 따라 귀에 점이 생겼다 없어졌다 하는데 색깔도 변한다. 귀에 점이 생기면 지금 기분이 안 좋다는 사실을 의미하는데 '너, 까불면 맞는다' 정도의 뜻이다. 점이 없어지면 '알았어요. 제가 순응할 테니까 좀 봐 주십시오' 하는 뜻이다. 이런 색깔의 변화는 순간적으로 바로바로 일어난다.

시칠리드는 어떻게 색깔을 바꾸는 것일까. 생

리학자들이 연구해 보니 시칠리드가 몸 안에 색소 세포를 가졌다는 사실이 밝혀졌다. 이 색소 세포가 확장되면 색깔이 나타나고, 축소되면 색깔이 없어지거나 연해진다. 시칠리드가 아주 간단한 메커니즘으로 자기의 심리 상태를 조절할 수 있다는 점을 세포 수준에서 밝혀낸 것이다.

가시나 색깔이 제공하는 정보는 상당히 정적인 정보다. 반면 모습을 계속 변화시키며 동적인 정보를 제공하는 경우도 있다. 미국 뉴욕 대학교 교수의 연구에 따르면, 까치와 가까운 새인 유럽산 어치는 머리에 있는 깃털을 얼마나 세우느냐에 따라서 마음 상태뿐만 아니라 사회에서의 지위까지도 나타낸다고 한다. 가장 기분이 안 좋을 때, 그리고 공격하려고 할 때 머리털을 쫙 세운다. 힘이 없는 놈은 항상 머리털을 낮추고 있어야 한다. 힘도 없으면서 머리털을 잘못 세웠다가는 크게 당하는 수가 있다. 즉 지위가 높은 새일수록 머리털을 높이 세우고 있는 때가 잦고, 지위가 낮은 새는 아주 쫙 감추는 것이 좋다는 뜻이다. 그래서

머리털의 각도를 측정했더니 30°, 60°, 90°의 각도가 이 새 사회의 지위와 착착 맞아떨어졌다.

얼룩말은 반가운 친구를 만나거나 기분이 좋을 때 귀를 세운다. 귀를 세우고 이를 드러내면서 힝힝거린다. 공격하거나 남을 위협할 때는 귀를 낮추고 역시 이를 드러내며 힝힝거린다. 물론 두 경우에 나타나는 '힝힝'에는 약간의 차이가 있다. 이를 드러내면서 힝힝거리는 모습을 보인 다음에 어떤 행동을 취하는지를 관찰하면 그 모습의 신의를 확인할 수 있다. 얼룩말의 시각적인 신호를 읽을 수 있다.

시각을 이용한 의사소통에는 여러 가지 장점이 있다. 첫째, 전달이 무척 빠르다. 정보가 빛의 속도로 움직이니까 보이면 바로 의사가 전달된다. 굳은 표정을 보면 비로 저 사람이 화가 났다는 사실을 알 수 있듯이 말이다.

둘째, 누가 정보를 보내는지가 확실하다. 지금 베짱이를 보고 있다면 바로 그 베짱이가 '날 먹지 말라'고 얘기한다는 사실을 알 수 있다.

셋째, 정보의 내용을 상당히 정확히 조절할 수 있다. 자기가 얘기하고 싶은 사실을 분명히 나타낼 수 있다. 사람의 얼굴 표정을 보면 알 수 있듯이 시각은 자신의 의도를 세밀하게 표현해 낼 수 있다. 물론 시각적인 의사소통에도 한계는 있다. 눈에 보이는 신호를 이용하므로 중간에 정보를 다른 동물이 가로챌 수 있다. 예를 들어 사냥은 사자가 하고 먹기는 하이에나나 대머리 독수리가 하는 이유는 사자가 사냥하는 과정에서 정보가 드러났기 때문이다.

● 2. 기상천외한 동물의 의사소통

청각으로 주고받는 신호

이제 청각을 이용해 자신의 의사를 전달하는 동물들을 살펴보자. 자연계의 많은 동물에게 청각은 매우 중요하다. 소리를 질러 자신을 알리는 고릴라를 생각해 보라. 인간과 굉장히 가까운 영장류인 침팬지나 고릴라, 오랑우탄은 모두 청각을 중시하는 동물이다. 침팬지를 비롯한 많은 영장류 동물이 소리를 만들고 듣고 이해하는 것은 모두 뇌의 '변연계'에서 담당한다. 변연계는 뇌 안쪽에 있는 부분으로 해마, 뇌하수체 등이 모두 변연계에 속한다. 침팬지는 여기서 소리를 만들고 이해한다.

반면 인간은 생각하는 뇌인 대뇌에서 언어를 담당한다. 이것은 엄청난 차이다. 침팬지와 인간은 유전자로만 보면 약 1%, 많아 봐야 1.6% 정도 차이가 난다. 즉 무척 가까운 사촌인 셈이다. 그런데 이 1.6% 차이에 언어 중추가 변연계에서 대뇌로 옮겨온 엄청난 역사적 사건이 벌어진 것이다. 대뇌에서 담당하는 인간의 언어는 사실 자연계에서 거의 유래를 찾아볼 수 없을 정도로 독특하다.

새의 소리에 대해 유전학 분야에서 흥미로운 연구가 진행되고 있다. 벌새, 앵무새, 찌르레기는 다른 동물의 소리를 흉내내는 것으로 잘 알려져 있다. 그러나 이들은 진화적으로 볼 때 별로 가까운 관계가 아니다. 따라서 이들의 소리와 관련된 기관도 따로 진화해 왔을 것이다. 그런데 흥미로운 점은 이들 모두 노래를 부르거나 다른 동물의 노래를 들을 때 젱크(Zenk)라는 같은 유전자가 다량 발현되고, 이 유전자가 발현되는 위치가 뇌의 일곱 지점으로 모두 같다는 사실이다. 이것은 새의 종류는 달라도 소리를 배우거나 만드는 기본적인 구조는 같을 것이라는 의미다. 원숭이나 사람, 고래도 다른 동물의 소리를 흉내낼 수 있다. 그렇다면 이들도 새처럼 같은 유전자와 같은 발현 위치를 갖고 있는 것일까? 아직은 아무도 모른다.

소리를 이용한 대표적인 의사소통의 하나는 경보음이다. 북아메리카산 얼룩다람쥐나 여우원숭이 무리에는 보초를 서는 개체들이 따로 있다. 이들은 코요테나 독수리 같은 맹금류를 발견하면 날카로운 경보음을 낸다. 연구에 의하면 이들이 내는 소리는 포식자의 종류에 따라 달라진다. 이 소리를 듣고 주변에 있던 동료는 흩어져 도망간다.

그러나 소리를 지른 보초는 포식자에게 훨씬 쉽게 노출될 것이다. 얼룩다람쥐의 이런 행동은 많은 학자에게 동물 사회에도 자신의 위험을 감수하면서까지 남을 돕는 행동이 있다고 믿게 했다. 그러나 최근의 연구는 얼룩다람쥐의 이런 행

돌고래나 박쥐는 초음파로 의사소통을 한다. 또 초음파를 이용해 사물의 모습뿐만 아니라 방위, 거리 등을 알 수 있다.

동은 순수한 의미의 희생 정신과는 관계가 없을 수 있다는 사실을 말해주고 있다. 소리를 질러 이익을 보는 것은 흩어지는 동료가 아니라 소리를 지르는 보초병 자신이라는 것이다. 보초병이 소리를 지르면 주변의 다른 동물들이 놀라 달아나면서 주변에 한바탕 혼란이 일어나는데, 정작 포식자에게 노출된 보초병은 이런 혼란을 틈타 도망갈 수 있기 때문이다. 또 다른 연구에서는 보초병이 소리를 지르는 이유는 주변에 있는 이웃을 위해서가 아니라 자기 자식이나 자신과 피를 나눈 친족들을 위해서라고 한다.

소리로 자신을 방어하는 동물도 있다. 많은 사람이 나방 애벌레가 할 줄 아는 것이라고는 그저 먹는 일밖에 없다고 생각할 것이다. 그런데 최근 캐나다의 한 연구팀은 '갈고리 모양 나방' 애벌레가 자기가 머무는 나뭇잎에 다른 애벌레가 침입하면 입으로 나뭇잎을 두들겨 상대에게 경고 메시지를 보낸다는 사실을 밝혀냈다. '갈고리 모양 나방' 암컷은 자작나무나 오리나무에 알을 낳는다. 알에서 깨어난 애벌레는 나뭇잎에 실로 작은 텐트를 만들어 다른 포식자로부터 자신을 보호한다. 그러다 다른 애벌레가 자신의 구역에 침입하면 처음에는 노처럼 생긴 뒷다리로 나뭇잎을 긁어 진동음으로 경고 메시지를 보낸다. 침입자가 더 가까이 접근하면 입으로 나뭇잎을 긁어 짧고 강한 소리를 계속 만들어낸다. 그들은 나뭇잎의 진동을 통해서 서로의 소리를 인식하는 것 같다.

대부분의 경우에는 주인이 이긴다. 그러나 상대가 큰 경우라면 주인이 바뀔 때도 있다. 대개 싸움은 수분 안에 끝나지만 때때로 수시간이 지속될 때도 있다.

사람은 잘 들을 수 없지만 초음파나 저주파를 이용하는 동물도 많다. 대표적인 동물이 박쥐와 고래다. 이들은 초음파를 이용해서 사물의 모습뿐 아니라 방위, 거리 등을 정확히 알 수 있다. 저

주파를 이용해 서로 통신을 하는 동물도 있다. 코끼리가 그 가운데 하나다. 코끼리는 가족 단위로 생활하는데 주로 나이 많은 암컷이 한 집단을 이끈다. 암컷은 다양한 소리로 가족을 통제하고 이끈다. 최근 한 연구에 따르면 젊은 엄마보다 나이가 지긋한 할머니 코끼리가 집단을 훨씬 더 잘 이끄는 것으로 나타났다. 경험이 많을수록 실수가 적은 것은 사람이나 코끼리나 마찬가지인 모양이다.

그런데 코끼리는 소리로만 대화하는 것이 아니다. 코끼리들이 우르르 몰려다니면 육중한 무게 때문에 땅이 울리게 되는데, 이 울림의 크기와 고저가 집단 간에 중요한 정보가 된다는 연구 결과가 나왔다. 이 울림은 멀게는 30km 넘게 전달된다. 코끼리가 위험에 처해서 한꺼번에 우르르 몰려가면 울림의 폭이 커질 것이고 멀리 떨어진 코끼리 집단은 이런 위험을 미리 감지한다. 그뿐 아니라 이 울림에 의해 '아 남쪽에서 비가 올라오는구나'하는 정보도 안다고 한다.

소리로 의사소통을 할 때 여러 가지 장점이 있다. 우선 상당히 장거리에서도 의사소통이 가능하다. 또 장애물도 돌아간다. 시각을 이용하는 경우와는 달리 바위 뒤에서 소리를 내도 다 들을 수 있다. 어두운 곳에서도 가능하다. 많은 풀벌레가 밤에 연주할 수 있는 이유도 이 때문이다. 이런 장점 때문에 여러 가지 복합적인 정보도 그 안에 담을 수 있다.

물론 단점도 있다. 우선 사람도 말을 많이 하면 목이 아픈 것처럼, 말을 종일 하는 것은 굉장히 힘든 일이다. 큰소리를 온힘으로 내기 때문에 에너지 소모가 엄청나다. 또 소리는 주위 환경에 많이 흡수된다. 가다가 보면 다른 소리와 부딪쳐서 잘 안들리는 것이다. 또 남한테 많이 이용당한다. 쥐는 올빼미에게 자신의 의사를 전혀 전달하고 싶지 않음에도 바스락거리는 소리에 의해 올빼미에게 들킨다. 전혀 의사소통의 소리가 아닌데 잘못 전달되는 것이다. 쥐는 어쩌다 그랬다고 할 수도 있지만, 실제로 의사소통을 하기 위해서 내는 소리가 이용당하는 경우도 많다. ◾

3. 인간의 감각을 흉내낸 생체모방 센서

신호의 교통수단

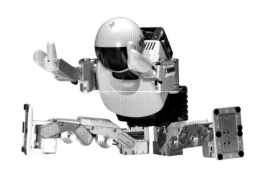

인간은 감각 기관을 통해 주변 환경에 대한 정보를 감지하고, 이에 따라 자연스럽게 동작을 취한다. 인간의 오감은 우리가 짐작하는 것보다 훨씬 더 섬세하고 예민하며 높은 수준의 정보처리 능력을 갖추고 있다.

이렇게 뛰어난 인간의 감각 능력을 모방하려는 연구가 현재 전 세계적으로 진행되고 있다. 인간의 눈처럼 보고, 귀처럼 들으며, 피부처럼 느끼고, 코처럼 냄새를 맡으며, 혀처럼 맛을 느끼는 '생체모방 센서'다.

인간은 평소에 습득하는 정보의 80% 이상을 눈을 통해 받아들인다. 그만큼 눈은 중요하며, 이를 모방하려는 연구는 오랫동안 진행됐다. 그러나 지금까지 개발된 어떤 시각 센서도 인간의 눈처럼 받아

들인 정보를 빠르고 정확하게 처리할 수 없다.

인간의 눈은 구조부터 매우 복잡하다. 각막은 눈의 제일 앞쪽에 있는 투명한 막으로 눈을 보호하고 광선을 굴절시켜 망막에 도달하게 해주는 역할을 한다. 홍채는 동공을 통해 들어오는 광선의 양을 조절하는데 밝은 곳에서는 동공의 크기를 작게 해 빛이 적게 들어오게 하고, 어두운 곳에서는 동공의 크기를 키워 물체를 볼 수 있도록 한다. 수정체는 보고자 하는 물체와의 거리에 따라 두께를 조절해 망막에 정확한 상이 맺히도록 한다. 망막은 눈을 통과한 빛이 최종적으로 맺는 눈

인간의 눈에 접근한 시각 센서

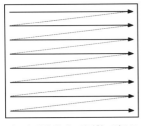

기존의 영상 센서는 사각형 모양으로 전영역에 대해 고른 밀도로 영상을 읽어들인다. 이러한 구조는 데이터의 양이 많다는 단점이 있다.

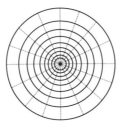

인간의 눈은 응시하는 영역의 중심은 고해상도로 읽어들이지만, 외곽 부분의 해상도는 낮다.

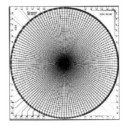

이탈리아의 제노아 대학교에서 개발한 시각 센서의 내부 구성. 실제 인간의 눈이 영상을 읽어들이는 형태와 비슷하다.

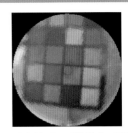

인간의 눈을 모방한 센서로 얻은 영상. 외곽이 선명하지 않지만, 전반적인 정보를 얻을 수 있다.

의 가장 뒤쪽 부분인데, 감지된 신호를 시신경을 통해 대뇌로 보낸다.

이렇게 복잡한 눈의 구조를 모방한 대표적인 센서가 영상 카메라다. 흔히 볼 수 있는 사진을 찍는 카메라가 여기에 속하는데, 연속된 영상을 찍는 비디오카메라를 생각하면 더 쉽게 이해할 수 있다. 비디오카메라에 들어오는 광량을 조절하기 위한 노출계는 눈의 홍채에, 영상의 배율과 초점을 조절하기 위한 렌즈는 수정체에, 영상을 읽어들이는 필름은 망막에 해당한다.

카메라 중에 CCD 카메라라는 것이 있다. CCD는 이 카메라에서 영상을 감지하는 센서로 사용된 소자를 말한다. CCD 이외에 영상 센서로 사용되는 소자에는 CMOS가 있는데, CCD와 비교하면 가격이 더 저렴하다는 장점이 있다.

인간의 눈에 더 접근한 센서를 개발하기 위해 영상 센서 자체의 구조를 바꾸는 연구가 진행 중이다. 기존의 영상 센서는 사각형 모양으로 전 영역에 대해 고른 밀도로 영상을 읽어들인다. 이러한 센서는 영상 처리를 위해서 편리한 면도 있지만, 데이터양이 많아 영상을 처리할 때 많은 시간이 필요하다. 또 관심 영역 이외의 영역에 대해 불필요한 고해상도의 데이터가 포함된다는 단점이 있다. 예를 들어 한 장의 컬러 영상을 가로 640화소, 세로 480화소에 24비트 방식의 해상도로 읽어들인다고 하면, 영상 하나당 엄청나게 많은 메모리가 필요하다. 만약 이런 영상을 몇 시간 동안 읽어들이면, 필요한 메모리 양은 천문학적 수치가 된다.

그런데 실제 인간의 눈은 응시하는 영역 중 집중하는 부분만 고해상도 데이터로 읽고, 외곽으로 가면서 낮은 해상도로 데이터를 읽어들이는 구조로 되어 있다. 필요한 정보만 확실히 챙긴다는 이야기다. 이러한 인간의 눈을 흉내 낸다면 필요한 메모리 양은 매우 절감될 수 있다. 이러면 외곽에 있는 화소의 크기가 커서 불연속적인 영상을 볼 수밖에 없지만, 전반적인 정보를 얻기에는 모자람이 없다.

이러한 영상 센서를 '망막형 영상 센서'라 부른다. 기존 센서와 비교해 데이터 양이 30분의 1로 줄기 때문에 고속으로 영상을 처리하는 것이 가능하다. 기존의 영상 센서가 1초에 30장의 영상을 읽어들일 수 있다면, 망막형 센서는 1초에 100장 이상의 영상을 읽어들일 수 있다.

인간의 피부는 누름, 미끄러짐, 온도 등과 같은 여러 가지 정보를 한번에 감지한다. 물체의 진동, 압력, 통증, 온도 등을 감지하는 촉각 센서들이 분포해 있다는 이야기다. 피부에 분포한 촉각 센서들은 부위에 따라서 분포 밀도가 다르다. 즉 정밀한 감도를 요구하는 손가락 끝과 같은 곳에는 센서들이 많이 분포하고, 이와 반대로 발뒤꿈치와 같은 곳에는 적은 수의 센서가 존재한다. 압력과 같은 물리적 에너지, 온도에 의한 열에너지, 기타 화학적 에너지는 리셉터(receptor)에서 전기적 신호로 변환된다. 이 신호가 신경망을 통해 척추와 두뇌로 전달돼 이를 느낀다.

이러한 피부를 모방해 만든 센서가 바로 '촉각 센서'다. 촉각 센서는 물체의 물리적 접촉을 통해 물체의 크기, 모양, 힘, 표면 상태 등과 같은 정보를 측정한다. 이러한 촉각 센서에는 압전 소자나 정전용량 소자라는 것들이 사용된다. 여기서 압전 소자나 정전용량 소자는 접촉 지점의 전류나 전압을 측정해 가해진 힘의 크기와 분포를 측정하는 소자 종류다. ⊠

인간의 피부를 모방한 촉각 센서

한국과학기술연구원(KIST)에서 제작한 촉각 센서. 접촉면의 중심부는 높은 밀도를 갖고 주변으로 갈수록 낮은 밀도를 갖는 중앙밀집형 촉각 센서다.

미국의 버클리 캘리포니아 대학교에서 개발한 촉각 센서. 균일한 분포를 갖고 있는 촉각 센서다.

아이보의 센서들▶

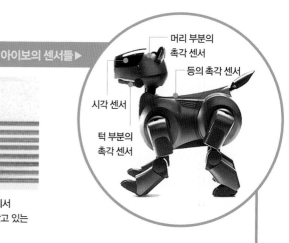

머리 부분의 촉각 센서
등의 촉각 센서
시각 센서
턱 부분의 촉각 센서

4. 우주 등대, 1초에 1000번 깜박

외계인의 신호?

우리는 태양에서 가장 많이 오는 빛(가시광선)에 익숙하다. 인류가 햇빛을 더 많이 볼수록 포식자를 피해 생존하는 데 유리하기 때문에 이런 방향으로 진화한 것이다. 허블 우주망원경이 촬영한 멋진 우주 사진도 대부분 가시광선의 작품이다. 하지만 드넓은 우주에서는 우리 눈에 보이는 것만이 전부가 아니다.

영화를 보면 투명인간을 찾기 위해 적외선 감지용 안경을 쓴다. 사람의 몸에서 열선인 적외선이 나오기 때문이다. 적외선은 가스와 먼지가 모인 성간구름 속에서 태어나는 별이나 행성에서도 방출된다. 병원에서 가슴 사진을 찍는 데 쓰는 X선은 블랙홀에 고속으로 빨려드는 물질에서도 나온다. 라디오파나 레이더파가 속하는 전파는 먼 은하에서 빠르게 물질이 분출될 때도 만날 수 있다. 모두 가시광선으로는 볼 수 없는 우주의 또 다른 모습이다.

X선에서 전파까지 다양한 전자기파로 합동 작전을 펼쳐야 우주란 거대한 성의 비밀을 캐낼 수 있다. 최근에는 우주에서 날아오는 입자도 우주의 베일을 벗기는 '도구'로 사용된다.

'띠띠띠…….'

1000분의 1초마다 한 번씩 우주 여기저기서 맥박처럼 규칙적인 신호가 지구를 찾아온다. 우주가 살아 있다는 신호일지도 모른다. 발견 초기엔 '작은 초록 외계인'으로 오해받기도 했던 펄서는 양자역학과 상대론을 검증하는 우주 실험실로 떠올랐다. 발견 45주년을 훌쩍 넘긴 아인슈타인이 예측한 중력파의 열쇠를 쥐고 있는 펄서를 만나보자.

빠르고, 날카롭고, 분명하게! 우주에서 약한 전파가 마치 맥박처럼 1.34초에 한 번씩 규칙적으로 찾아오다니……. 1967년 우주 전파 신호가 영국 케임브리지 대학교 앤터니 휴이시 교수의 지도를 받던 대학원생 조슬린 벨의 눈길을 끌었다. 휴이시 교수는 아주 멀리 떨어져 있는 천체(퀘이사)에서 나오는 미약한 전파를 매우 짧은 시간 간격으로 기록할 수 있는 관측기기를 만들었다. 퀘이사가 우리 은하의 성간구름에 의해 반짝거리는 현상을 연구하기 위해서였다. 벨은 매일 여러 퀘이사를 반복해 관측했다. 퀘이사의 반짝거림은 휴이시 교수의 의도대로 관측됐다. 하지만 규칙적으로 반짝거리는 우주 신호는 그들이 애초에 원하던 결과가 아니었다. 물론 관측기기에서 생긴 잡음도 아니었다.

케임브리지 대학교의 전파 천문학자들은 이 새로운 우주 신호의 정체에 대해 몇 달을 고민했다. 그들은 일단 정체불명의 신호에 LGM-1이란 이름을 붙였다. LGM이란 인간과 비슷한 외계 지적 생명체가 보내는 신호일지 모른다는 생각에 재미있게 표현한 '작은 초록 외계인'(Little Green Man)의 첫 글자를 딴 이름이다. 첫 번째 LGM을 발견한 달이 끝나갈 무렵 벨은 두 번째 LGM을 찾아냈다. 두 번째 신호를 발견하자 LGM이 외계 지적 생명체의 신호라는 생각은 잘못된 것이고 이들 전파원은 새로운 천체임이 밝혀지기 시작했다. 벨과 휴이시 교수가 펄서를 발견한 순간이다. 이 공로로 휴이시 교수는 1974년 노벨물리학상을 받았다.

펄서는 '맥동하는 별'이란 뜻에서 붙여진 이름이다. 외계인이 만들어낸 인공 신호로 착각할 정도로 우주 전파가 규칙적으로 '맥동'했기 때문이다. 하지만 엄밀하게 펄서는 수축과 팽창을 하지 않기에 잘못된 명칭이다. 대신 펄서는 매우 빠르게 회전하면서 전파를 내기 때문에 우주 등대처럼 규칙적으로 깜박인다. 지구에서는 맥박 같은 펄스로 관측된다.

벨이 최초로 발견한 펄서(PSR 1919+21)는 1.34초마다 한 바퀴씩 자전했다. 이렇게 빠르게 회전하는 물체가 원심력에 의해 사방으로 흩어지지 않으려면 천체의 밀도가 매우 높아야 한다. 예를 들어 1054년 게자리 초신성이 폭발하고 남은 펄서는 주기가 0.033초인데, 밀도가 1300억g/cm^{3}보다 크다고 추정됐다. 이는 우리 손가락 마디 하나 속에 10만 톤의 질량을 집어넣은 것보다 밀도가 더 높아야 한다는 뜻이다. 과학자들은 마침내 펄서가 백색왜성(항성 진화의 마지막 단계에 있으며 푸른빛을 내는 별)보다도 훨씬 단단하게 뭉친 중성자별이어야 한다는 결론을 내렸다.

무거운 별은 말년에 초신성 폭발을 일으키는데, 이때 중성자별이 남는다. 중성자별은 반지름이 10~20km이고 질량이 태양의 1.4~2.1배 정도다. 엄청난 질량이 서울만 한 공간에 집중돼 있어 중성자별의 밀도는 원자핵의 밀도와 같다. 펄서는 빠르게 회전하는 중성자별인 셈이다.

그렇다면 펄서는 어떻게 이토록 빨리 자전할 수 있을까. 김연아 같은 피겨 스케이팅 선수의 아름다운 스핀 동작을 생각해 보자. 양팔과 한쪽 다리를 넓게 벌렸다가 몸통 쪽으로 급히 오므리면 회전이 빨라진다. 물리학의 각운동량(회전하는 물체의 회전운동 세기) 보존 법칙 때문이다. 선수가 팔다리를 오므리듯 큰 태양이 갑자기 자그만 중성자별로 쪼그라든다면 회전이 빨라진다. 25일에 한 바퀴씩 자전하고 반지름이 70만km인 태양이 그대로 쪼그라들어 반지름이 12km인 중성자별이 된다면, 자전 주기는 50억 배 짧아져 10만 분의 6초가 된다. 실제 중성자별은 초신성 폭발을 하면서 각운동량을 상당 부분 잃어버려 한 바퀴 회전하는 데 1초 정도 걸린다.

펄서는 매우 빨리 회전하면서 전파를 내 규칙적으로 깜박이는 '우주 등대'다. 커다랗게 부푼 짝별에서 물질을 빨아들여 1초에 1000번쯤 깜박이는 '밀리초 펄서'가 탄생하고 있다.

4. 우주 등대, 1초에 1000번 깜박

죽음에서 부활한 밀리초 펄서

1982년 인도의 쉬리 컬카니와 미국의 돈 백커가 기존 생각을 뒤엎는 새로운 펄서를 찾아냈다. 자전 주기가 1.6ms(밀리초, 1ms=10^{-3}초)인 펄서를 발견했던 것이다. 1초에 625바퀴 자전하는 이 펄서는 보통 펄서보다 1000배나 빠르게 자전하는 셈이다. 이런 펄서를 '밀리초 펄서'라 한다. 자전 주기가 0.001~0.01초인 밀리초 펄서는 지금까지 110개 정도 발견됐다. 이에 비해 자전 주기가 0.1~10초인 일반 펄서는 약 1500개가 발견됐다.

일반 펄서는 에너지를 잃으면서 자전 주기가 점점 길어진다. 이로부터 펄서의 수명을 추정해 보면 100만~1000만 년이다. 그러나 밀리초 펄서는 구상성단처럼 늙은 별들이 밀집한 곳에서 훨씬 더 많이 발견된다. 이는 밀리초 펄서가 10억 살 정도로 오래된 천체임을 뜻한다.

대부분의 밀리초 펄서는 쌍성을 이루고 있어 천문학자들은 다음과 같이

뉴욕시와 비교한 중성자별(펄서)의 크기
반지름이 10~20km인 중성자별은 맨해튼 섬의 크기와 비슷하다.

밀리초 펄서가 생긴다고 본다. 쌍성을 이루던 별 중 하나가 먼저 진화해 펄서(중성자별)가 되는데, 1000만 년 정도의 시간이 지나면 펄서는 죽는다. 그 뒤 상당한 시간이 흘러 죽은 펄서의 짝별은 계속 진화해 커다랗게 부풀어 오른 거성이 된다. 이때 거성이 죽은 펄서에 물질을 공급하면 중성자별은 마치 팽이를 때리면 더 빨리 돌듯이 점점 빨리 돌게 돼 마침내 1초에 1000번쯤 회전하는 밀리초 펄서가 된다. 죽었던 펄서가 부활한 셈이다.

펄서가 되기 위해서는 중성자별이 강력한 자기장을 갖고 있어야 한다. 반지름 70만km의 태양이 반지름 10km의 중성자별이 됐다면 자기장의 세기는 얼마나 될까. 물리학에서는 표면적과 자기장의 세기에 비례하는 양인 자속(magnetic flux)이 보존된다. 따라서 태양의 반지름이 7만 배 작아지면, 표면적은 50억 배가 작아지는 반면 자기장은 50억 배 강해진다. 태양의 평균 자기장은 100가우스 정도라 중성자별이 되면 5000억 가우스가 된다. 보통 전파 펄서의 자기장은 1조 가우스 정도다. 따라서 전파 펄서의 강력한 자기장은 원래 별에 있었던 자기장이 좁은 영역에 응축돼 강해졌다고 설명할 수 있다.

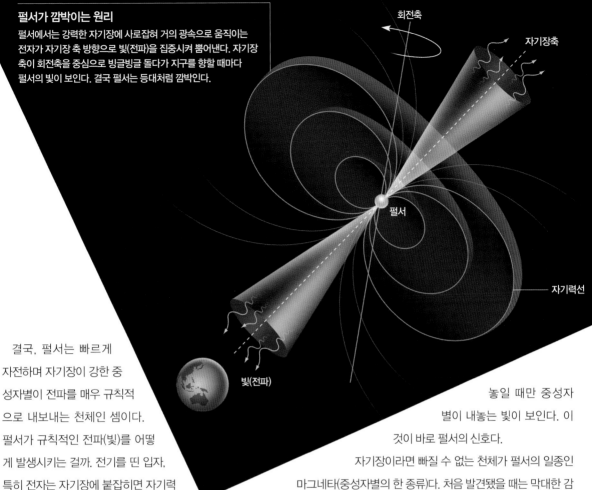

펄서가 깜박이는 원리

펄서에서는 강력한 자기장에 사로잡혀 거의 광속으로 움직이는 전자가 자기장 축 방향으로 빛(전파)을 집중시켜 뿜어낸다. 자기장 축이 회전축을 중심으로 빙글빙글 돌다가 지구를 향할 때마다 펄서의 빛이 보인다. 결국 펄서는 등대처럼 깜박인다.

회전축

자기장축

펄서

자기력선

빛(전파)

결국, 펄서는 빠르게 자전하며 자기장이 강한 중성자별이 전파를 매우 규칙적으로 내보내는 천체인 셈이다. 펄서가 규칙적인 전파(빛)를 어떻게 발생시키는 걸까. 전기를 띤 입자, 특히 전자는 자기장에 붙잡히면 자기력선을 따라 빙글빙글 회전한다. 이는 전자가 자기장에 의해 계속 가속된다는 뜻이다.

가속되는 전자는 빛을 발생시키는데, 이 빛이 바로 방사광 또는 싱크로트론 복사다. 그런데 중성자별의 강력한 자기장에 붙잡혀서 움직이는 전자는 거의 빛의 속도에 육박하는 속도로 움직인다. 이때 전자가 내는 빛은 전자의 진행 방향으로 집중된다. 펄서의 자기장은 양쪽 극에서 가장 강력하고 자기장의 축과 거의 나란하므로 결국 빛은 자기장의 축을 따라나오는 것처럼 보인다. 즉 펄서에서 나오는 전파는 양쪽 극으로 집중된다.

중성자별의 자기장 축은 회전축과 어긋나 있을 때 회전축을 중심으로 빙글빙글 돈다. 따라서 마치 등대가 회전하면서 불빛이 깜박이듯이 중성자별의 자기장 축이 회전하면서 지구 방향에 놓일 때만 중성자별이 내놓는 빛이 보인다. 이것이 바로 펄서의 신호다.

자기장이라면 빠질 수 없는 천체가 펄서의 일종인 마그네타(중성자별의 한 종류)다. 처음 발견됐을 때는 막대한 감마선과 X선을 쏟아내 '연질 감마선 연속발광체'(SGR) 또는 '변칙 X선 펄서'(AXP)라 불렸다. 마그네타는 달의 위치에 있다면 지구 상의 신용카드가 전부 무용지물이 될 정도로 자기장이 강하다. 1979년에 처음 발견된 마그네타는 지구에서 궁수자리 방향으로 약 5만 광년 떨어져 있는 'SGR 1806–20'이란 천체다. 이 마그네타는 크기가 20km 정도에 자전 주기는 7.5초이고, 자전 속도는 빛의 속도의 10%에 이른다. 이 천체는 2004년 12월 27일 태양이 10만 년간 방출하는 에너지보다 더 많은 양을 0.1초 만에 감마선으로 내뿜었다. 심지어 이때 나온 감마선에 의해 지구의 이온층이 잠시 팽창했을 정도였다.

이런 폭발이 10광년 이내에서 발생한다면 지구의 오존층을 파괴할 수도 있다. 다행히도 지구에서 가장 가까운 마그네타(1E 2259+586)는 1만 3000 광년 떨어져 있다. 최근 찬드라와 같은 X선 관측 위성이 지구 대기권 밖에서 X선 펄서의 스펙트럼을 관측해 주변 원반 구조와 중력장 세기를 정확히 측정하고 중성자별의 크기와 질량을 알아냈다. 지상에서도 각국의 전파망원경으로 전체 하늘의 전파 펄서를 탐색하고 있다. 펄서의 베일을 한 꺼풀 더 벗기기 위한 우주와 지상에서의 합동작전은 계속될 것이다. 🔲

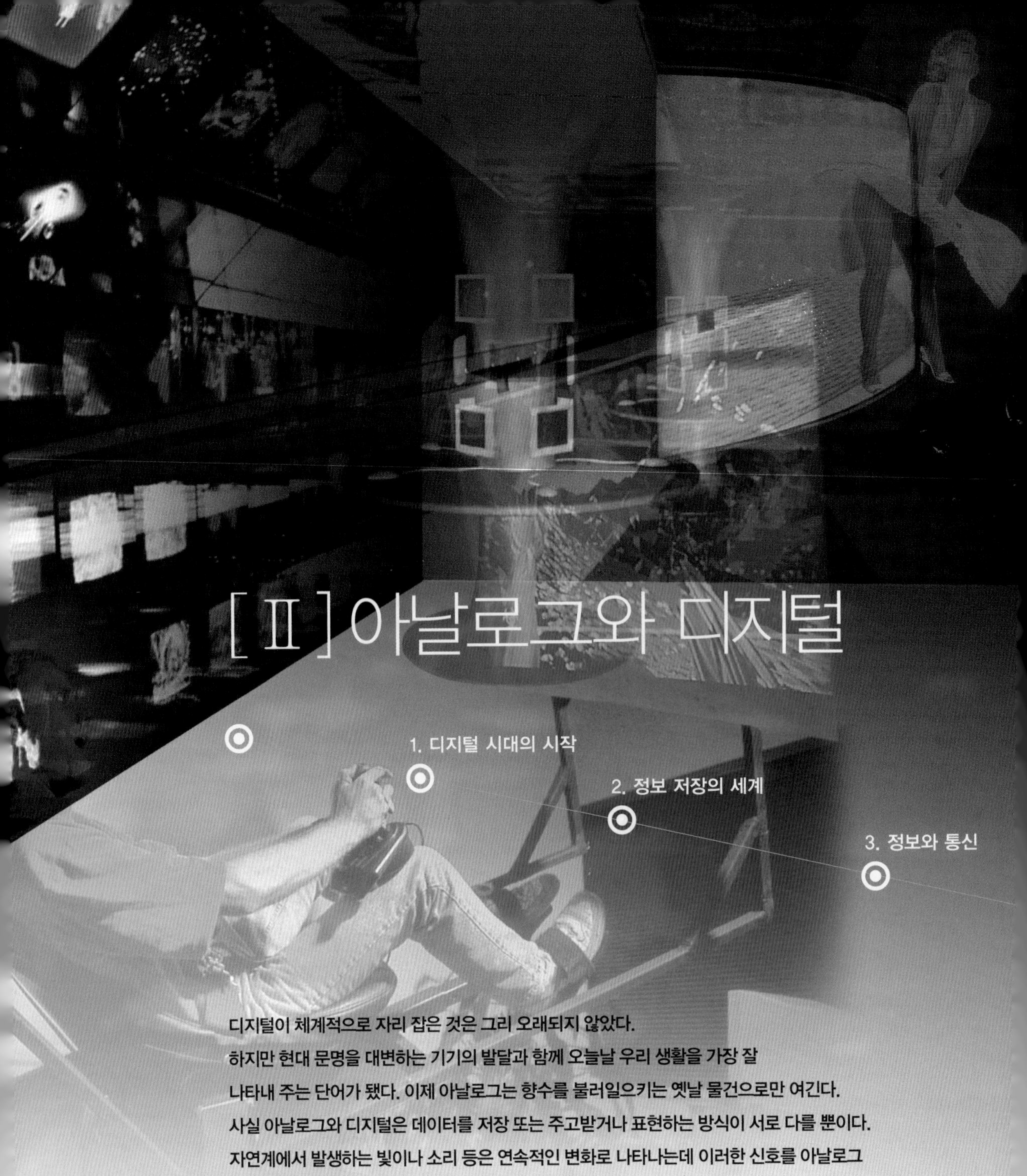

[Ⅱ]아날로그와 디지털

1. 디지털 시대의 시작

2. 정보 저장의 세계

3. 정보와 통신

디지털이 체계적으로 자리 잡은 것은 그리 오래되지 않았다.

하지만 현대 문명을 대변하는 기기의 발달과 함께 오늘날 우리 생활을 가장 잘

나타내 주는 단어가 됐다. 이제 아날로그는 향수를 불러일으키는 옛날 물건으로만 여긴다.

사실 아날로그와 디지털은 데이터를 저장 또는 주고받거나 표현하는 방식이 서로 다를 뿐이다.

자연계에서 발생하는 빛이나 소리 등은 연속적인 변화로 나타나는데 이러한 신호를 아날로그

신호라고 한다. 반면 스위치를 눌러 방 안의 불을 켜거나 끄는 것처럼 꺼짐과 켜짐

두 가지로 표현되는 불연속적인 신호를 디지털 신호라고 한다.

아날로그 방식은 세분된 여러 단계로 디지털 방식보다 더 정확하지만, 오차가 발생할 수 있다.

반면 디지털 방식은 아날로그 방식보다 오차가 적고 안정적이다.

컴퓨터가 널리 쓰이면서 정보의 처리 방식에서 아날로그보다 디지털이 더 많은 비중을 차지하는

이유가 여기에 있다. 본 장에서는 디지털 정보의 저장 방식과 매체, 그리고 통신 방식에 대해

알아보고 디지털로 표현되는 디스플레이, 모바일 기기 등을 다룬다.

정보통신과 신소재

1. 생활 속의 디지털

픽사의 디지털 모험

미국 월트디즈니 사와 픽사 테크놀러지 사가 1995년 겨울에 선보인 영화 「토이 스토리」. 6살 소년 앤디의 카우보이 장난감인 우디와 첨단 로봇인 형 버즈의 애증으로 신·구세대 간, 과거와 미래 간, 디지털과 아날로그 간의 갈등을 그린 이 영화는 영화 탄생 100년 만에 등장한 세계 최초의 100% 디지털 영화다.

「토이 스토리」는 132분의 상영 시간 동안 등장하는 장난감들의 익살스러운 행동이나 안면의 표정 변화 등 모든 영상이 실사 촬영 없이 대용량 워크스테이션을 통해 제작됐다. 수천만 장의 정지 화면이 컴퓨터 그래픽에 의해 만들어지고 색깔과 3차원 입체감 등은 컴퓨터 소프트웨어가 표현했다. 또한, 촬영 장소 세팅 – 필름 촬영 – 편집 – 포스트프로덕션(후반 작업) 등 전통적인 영화제작 기법이 철저히 무시된 대신 그래픽 디자이너가 카메라 기사 역할을, 컴퓨터 엔지니어들이 촬영 감독을 맡았다.

영화사에 기록될 만한 최초의 장편 디지털 애니메이션인 「토이 스토리」의 성공 덕택에 애플의 회장직을 그만둔 뒤 아웃사이더로 전전하던 픽사의 회장이었던 스티브 잡스는 일약 억만장자가 됐고 정보통신업계의 기린아로 떠올랐다.

흔히 디지털 시대는 '첨단 정보 시대'라는 등식이 일반화되어 있다. 디지털이란 단어는 아직 실현되지 않은 머나먼 미래의 일로 치부됐고, 디지털 시대의 각종 청사진은 '현실은 전혀 그렇지 못하다'라는 냉소 어린 대답을 듣기 일쑤였다.

그러나 1946년 미국 펜실베이니아에서 최초의 컴퓨터 에니악(ENIAC)이 웅장하게 돌아가면서 컴퓨터 시대가 시작된 이래 50년 동안, 컴퓨터 혁명은 모든 정보를 0과 1의 조합으로 처리하는 디지털 시대를 조용히 실현해 왔다.

에니악 이전에도 수치를 자동으로 계산해주는 전자계산기가 없던 것은 아니다. 그러나 1만 8000개의 진공관으로 이루어져 펜실베이니아 모든 가정의 전등을 깜빡거리게 할 정도로 엄청난 전력을 사용했던 에니악은 모든 정보를 0과 1의 방식으로 처리한 '디지털 시대의 메신저'였다.

캘리포니아 주 에머리빌에 위치한 픽사
애니메이션 스튜디오.

우리를 둘러싼
만물의 구성 단위가 '아톰'에서
'비트'로 변하고 있다.
디지털 영화 '토이 스토리'
(오른쪽)의 등장도
이 맥락에서 해석된다.

정보 가전의 시대

디지털은 불, 원자력의 발견에 이어 세 번째로 인류의 삶을 바꾸는 동력이 되었다. 가정의 생활필수품이던 TV, 오디오 등 가전제품도 '정보 가전'이라는 새로운 이름으로 재탄생하였고, '디지털의 화신' 컴퓨터는 인터넷의 발달로 통신 기기의 대표주자로 가정과 사무실에 깊숙이 파고들었다. 최근 등장한 스마트폰과 태블릿PC는 움직이는 상황에서도 디지털 세상을 만끽할 수 있는 아이콘이 됐다.

인류에게 무형의 정보가 상품이 될 수 있다는 것을 실례로 보여준 것도 디지털의 공헌이다. 이전까지는 형태를 보인 물건만이 매매의 대상이었고, 이를 거래하기 위해서는 직접 물건이 오가야만 했으나 디지털 시대는 이 같은 절차와 형식을 파괴해가고 있다.

우리나라를 비롯해 미국과 일본, 유럽 연합(EU) 등의 국가는 현재 모든 가정과 관공서·기업을 눈 깜짝할 사이에 수십GB의 정보를 전달하는 광섬유로 연결해 각종 첨단 서비스를 제공하는 전대미문의 사업을 벌이고 있다. 머리카락 굵기의 광섬유를 타고 수십만 개의 0과 1의 조합이 넘나들며 때로는 최신 뉴스를, 때로는 보고 싶은 영화를 각 가정에 배달하는 것이다. 디지털은 이제 친숙한 삶의 영역으로 내려와 인류의 생활양식을 바꾸고 있다.

미국의 지역 전화 사업자인 사우스웨스턴 사는 영사기 없이 영화를 상영하는 디지털 주문형 영화 시스템을 개발했다. 전통적인 영화 상영 절차는 영화 제작을 끝내고 마스터 필름을 기초로 수십 개의 다양한 복제 필름을 만들면 이를 영사기에 걸어 대형 대형스크린에 투사하는 식이었다.

주문형 영화 서비스는 대형 서버(컴퓨터)와 수백GB 용량을 지닌 디스크 볼트를 갖추고 대용량의 데이터 전송용 비동기식 전송 모드(ATM) 교환기를 통해 광섬유로 연결된 극장에 영상 데이터를 전송해주는 것이다. 데이터를 전해 받은 극장은 뒤편에 있는 영사기가 스크린에 화면을 투시하는 것이 아니라 컴퓨터가 대형 스크린에 화면을 쏘아주게 된다.

이에 따라 관람객은 영사기로 여러 번 영화를 상영했을 때 나타날 수밖에 없는 스크래치(화면이 긁혀 나타나는 것) 현상이 없는 깨끗한 영화를 볼 수 있고, 무슨 소리인지도 알아들을 수 없을 정도로 울리는 소리 대신 CD 음질 수준의 깨끗한 음향을 즐길 수 있다.

이는 미국의 미디어 재벌 타임워너 그룹이 실리콘그래픽스, AT&T, 히타치 등 10여 개의 첨단 기술 대기업과 공동으로 미국 플로리다 올랜도 시에서 제공하고 있는 '풀 서비스 네트워크'(FSN) 서비스나 홍콩 텔레콤(HTC)이 홍콩에서 서비스하고 있는 주문형 비디오(VOD)를 극장의 영역으로 확대한 서비스다.

모든 정보를 끊이지 않는 연속 선상에서 처리하는 아날로그 방식이 마모라는 기본적인 한계를 가지고 있음에 비해 디지털의 세계는 무궁하다.

아날로그와 디지털의 세계를 비교 설명할 때

디지털카메라를 부분적으로 분해시킨
모습. 센서(오른쪽 하단)가 이미지를
감지해 LCD 스크린(왼쪽 상단)에
나타나게 한다.

가장 단골로 등장하는 비유는 LP와 CD이다. LP는 미세한 바늘이 LP의 골(LP는 수천 개의 골이 있는 것처럼 보이나 실은 엄청나게 긴 골 하나로 되어 있음)을 따라 움직이며 발생시키는 소리를 증폭시킨다. 그러나 디지털 사운드 재생 방식을 취하는 CD는 수억 개의 0과 1로 구성된 음성 정보를 광입력(일명 픽업) 장치가 읽어들이고 이를 재생하는 방식을 취한다. 골이 마모될수록 음질이 나빠지는 LP와 달리 CD는 수없이 재생해도 음질이 나빠지지 않는다.

순간과 영원, 비효율과 효율, 마모와 복제의 대결이 아날로그와 디지털에 숨어있고 이 대결은 최근 쏟아져 나오고 있는 디지털 생활용품에서 여실히 나타난다.

삼성전자는 필름 없이 사진을 찍고 현상 인화 절차를 따로 거칠 필요 없이 프린터로 출력할 수 있는 디지털카메라를 선보였다. 디지털카메라는 렌즈로 들어오는 광신호를 고체촬영 소자(CCD)를 통해 아날로그 신호로 바꾸고 이를 다시 디지털 영상 신호 처리기를 이용해 0과 1의 조합인 디지털 정보로 변환시킨다. 이런 방식으로 디지털화된 데이터는 메모리 카드에 임시 저장한다. 한마디로 메모리 칩이 필름 역할을 하는 셈이다.

디지털카메라의 장점은 촬영한 영상을 카메라에 부착된 액정화면(LCD)을 통해 확인할 수 있다는 것이다. 또 디지털카메라를 노트북 컴퓨터와 연결해 사진을 멀리 있는 컴퓨터로 전송한 후 이 컴퓨터에서 사진의 밝기 크기 등을 조정할 수 있다. 눈을 감은 채로 백일 사진을 찍었다면 그래픽 소프트웨어를 이용해 눈을 뜨고 있는 사진으로 합성할 수 있다. 이런 식으로 사진을 컴퓨터의 하드디스크에 모아 편집을 해 CD롬으로 만들면 훌륭한 가족 사진첩이 된다.

물론 디지털카메라도 단점은 있었다. 처음 디지털카메라가 등장했을 때 비싼 가격과 함께 화질이 문제가 됐다. 가격은 보편화하면 떨어지기 마련이지만, 해상도는 필름 카메라와 비교하면 그리 만족스럽지 않았다. 보통 사진이 400만~600만 정도의 픽셀(점, 하나의 점은 1개의 비트로 구성) 해상도를 나타내는 데 비해 디지털카메라는 200만 픽셀 정도의 해상도를 나타냈다. 하지만 해상도 역시 기술력이 뒷받침되면서 2000만 화소 이상급 디지털카메라도 등장했다.

디지털의 바다로 흘러가다

1995년 국내에서 세계 최초로 상용화에 성공한, 흔히 2G라고 불리는, CDMA(코드분할 다중 접속장치) 휴대전화 서비스도 디지털 시대의 발전을 이끌어갔다.

CDMA 휴대전화는 사람의 아날로그 음성 신호를 디지털 신호로 바꾸고 이 신호를 일정하게 나눠서 교환기와 중계기를 통해 상대방에게 전송하는 디지털 방식의 시스템이다. 사람의 음성을 수십만 개의 조각으로 미분해 이를 무선 주파수에 실어 전송하고 조각으로 나뉜 신호를 다시 순서대로 조립해 재생하는 식이다. 원래 군부대에서 비밀 통화를 위해 개발된 방식인 이 기술은 기지국에서 단말기까지 보내고자 하는 데이터에 의도적인 노이즈성 신호를 곱해 보내고 받는 쪽에서도 같은 방식을 이용해 수신한다.

유통업계가 골치 아파하는 재고 관리도 사진과 같은 '몸에 입는 컴퓨터'를 이용해 간단히 해치울 수 있다.

우리나라에서 1988년에 상용화된 아날로그 방식의 이동통신 시스템(흔히 1G라 불림)은 30kHz의 주파수 폭에서 한 사람만이 통화할 수 있어 주파수 부족에 따른 혼선과 잡음이 많았다. 이에 비해 CDMA는 한 채널의 점유 주파수 폭을 1.25MHz로 넓히고 통화자에게 개별적 코드를 부여, 같은 코드끼리만 연결되도록 한다. 따라서 주파수를 5~10배 정도 효율적으로 사용할 수 있을 뿐만 아니라 사람의 음성을 연속적인 아날로그 신호로 전달하는 기존 휴대전화 시스템의 치명적인 약점인 중간 끊어지기, 통화 잡음, 혼선 등의 현상을 없앴다. 또한, 휴대전화와 노트북 컴퓨터를 서로 연결해 각종 정보를 주고받을 수 있는 무선 데이터 통신으로 응용할 수 있는 기반이 됐다.

CDMA는 문자를 보내는 것 이외에 다양한 데이터를 주고받는 데 어려움이 많았다. 이러한 기술적 한계를 극복하며 등장한 것이 WCDMA 기술과 CDMA2000 기술이다. WCDMA는 흔히 3G로 불리는데 데이터의 업로드와 다운로드가 2Mbps의 속도를 낼 수 있어 영상 통화 시대를 열었다. WCDMA의 기술을 더욱 발전시켜 등장한 것이 HSPA 기술로 최대 14.4Mbps의 다운로드 속도를 낼 수 있다. 우리나라에서는 SK텔레콤과 KT가 HSPA 기술로 3G 서비스를 시행하고 있다. 한편, CMDA2000은 CDMA를 개선한 것으로 3G로 분류되기도 하지만 데이터 전송 속도가 느린 편이다. 우리나라에서는 LG유플러스가 이 기술로 3G 서비스를 하고 있다.

이밖에 최근 주목받는 디지털 통신 수단으로는 하나의 주파수를 수많은 사람이 공동으로 쓸 수

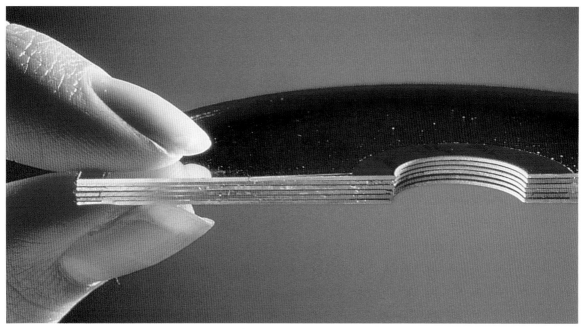

자기 방식의 뒤를 이어 등장한 대표적 디지털 저장 매체인 광디스크. 디지털 기술은 저장 매체 분야에서도 엄청난 발전을 가져왔다.

있게 해주는 디지털 주파수 공용통신(TRS) 등이 있다.

디지털 혁명의 또 다른 특징은 컨버전스(융합, convergence)이다. 음성과 문자, 2차원과 3차원이 만나 멀티미디어를 이루고 TV와 컴퓨터, VCR, 오디오가 뭉쳐 전혀 새로운 기기(가령 스마트폰)를 만들어냈다. 끊임없이 합쳐지는 가운데 어제의 신기술이 오늘은 무용지물이 되고 개별적인 영역은 디지털이라는 망망대해로 통합되었다.

낡은 디지털 기술은 새롭게 등장한, 더욱 진보된 디지털 기술에 자리를 내주는 현상도 일어나고 있다. 더 잘게 잘라내고 이를 압축 전송할 수 있는 기술이 나타나면 이전의 것은 설 자리를 잃고 만다. CD와 DVD의 관계는 그 단적인 예다.

디지털 세계를 장악하려는 세계 첨단기술 기업들의 관심은 온통 디지털 비디오디스크(DVD)에 쏠려 있다. DVD는 영화와 음악뿐만 아니라 컴퓨터 자료까지 기록할 수 있는 새로운 디지털 미디어. 기존의 비디오 CD가 일반 VTR 수준의 화질을 구현하는 영상을 74분 정도 기록 재생하는 것에 비해 DVD는 레이저디스크 수준의 133분짜리 영화를 담을 수 있다.

DVD의 외모는 일반 음악CD와 비슷하다. 그러나 이 조그마한 원반에 음악CD와 보통 VTR 테이프 8장의 데이터를 저장할 수 있을 뿐더러 음질 화질도 크게 개선할 수 있었다.

한때 650MB의 데이터를 저장할 수 있어 차세대 매체로 주목받았던 CD롬과 10년 넘게 전 세계인의 사랑을 받았던 VTR은 DVD에 그 자리를 내어줬다. 하지만 이마저도 인터넷과 반도체 기술의 발달(예를 들어, 인터넷으로 접속해 사용하는 네트워크하드)로 새로운 국면에 접어들었다.

디지털 혁명은 모작 분야에서 일어나고 있다. 예전에 상상하지도 못했던 서비스가 어느 날 갑자기 등장하기 시작했다. 교수, 과학자, 컴퓨터 엔지니어의 전유물이었던 인터넷이 이제 전 세계 거의 모든 국가를 연결하고 있다. 인터넷을 통해 미국의 휴대전화 가입자에게 문자 메시지를 보내거나 전자우편으로 답장을 받을 수 있는 서비스가 가능하고, 위성중계 시스템을 이용하지 않고 전 세계로 동영상을 생중계할 수 있다.

바야흐로 0과 1의 조합인 디지털 세상이 전 세계 인류의 삶을 규정하고 있는 것이다. 세계 최대의 디지털 연구개발센터인 미국 매사추세츠 공과대학교(MIT)의 미래학자 니콜라스 네그로폰테 교수의 정의는 그래서 더욱 의미심장하다.

"컴퓨터는 더는 컴퓨터가 아니라 인간의 삶이다. 만물의 가장 최소 단위는 원자(atom)가 아니라 비트(bit)이고, 이는 디지털 세계의 DNA다." 🔲

● 2. 풀어 쓴 디지털사

주판에서 시작, 컴퓨터 통신의 주역으로

우리 주변의 수많은 분야에서 디지털 방식이 아날로그 방식을 대체하고 있다. 1993년 위성 방송의 전송 방식을 둘러싸고 정보통신부 (현, 방송통신위원회)의 디지털 방식과 국정홍보처의 아날로그 방식이 서로 대립하다가 마침내는 디지털 방식이 승리한 것은 단적인 예이다. 또한, 무선전화 운영 방식도 아날로그 방식에서 디지털 방식으로 전환된 지 오래다. 하지만 역사적으로 보면 아날로그 방식과 디지털 방식은 오랜 세월을 두고 공존해왔다.

◀ 16세기 말 독일에서 사용하던 천문 관측의 (astrolabe). 가장 오랜 기간 보편적으로 사용되던 아날로그 계산기다.
▼ 최첨단의 개인용 휴대 정보통신기기. 디지털기기들은 아날로그 방식으로는 도저히 구현할 수 없는 일을 해내고 있다.

아날로그 방식은 불연속적인 정수나 단위를 사용하는 디지털 방식과는 달리 연속적인 변수를 쓰고 있다. 한 가지 예로 바늘로 표시되는 자동차 속도계를 살펴보자. 속도계는 자동차 구동축에 연결된 발전기에서 전압을 얻어 움직이는 전형적인 아날로그 방식의 기계다. 최근에 만들어진 자동차에서는 아예 속도계를 숫자판으로 대체한 경우도 있다. 이는 속도계 자체에 아날로그 신호를 디지털 신호로 바꾸는 장치가 설치된 것으로, 결국 아날로그 방식과 디지털 방식을 혼합해서 사용하고 있는 혼성 방식의 기계라고 할 수 있다.

인간은 다른 동물과 마찬가지로 생존에 필요한 데이터 대부분을 아날로그 형식으로 처리하고 있다. 하지만 수를 발견하고 여러 계산법과 이에 상응하는 논리적 연산을 발전시키면서 디지털 방식도 함께 사용하기 시작했다.

우리 생활에 필요한 계산을 신속하게 하는 건 무척 어려운 일이다. 따라서 오랜 옛날부터 사람들은 비록 정확하지는 않더라도 허용되는 오차의 한계 내에서 쉽게 이용할 수 있는 수많은 아날로그 기계를 발전시켜 왔다.

가장 오랫동안 그리고 보편적으로 사용되던 아날로그 계산기로는 고대로부터 천문학자들이 주로 사용하던 천문 관측의(astrolabe)를 들 수 있다.

주판은
가장 원초적인
디지털 계산기다.

천문학자들이 천문 관측의로 무려 1만 1000여 가지 이상의 천문 계산을 해낼 수 있었다고 한다.

한편 건축 토목기계학을 비롯한 실제적인 일에 종사하는 사람들은 오랫동안 아날로그 계산기의 일종인 계산자(slide rule)를 이용해서 복잡한 계산을 빠르게 수행할 수 있었다. 계산자의 발전은 1614년 존 네이어가 발표한 로그 개념이 확산하는 것과 밀접한 연관이 있다.

로그가 발명된 뒤 1622년 윌리엄 오트레드는 원형의 형태를 띤 최초의 계산자를 발명해냈다. 1650년대에 이르면 계산자는 오늘날과 같이 두 개의 고정된 나무판 사이를 움직이는 슬라이드를 지닌 형태로 발전했다. 그 뒤 계산자는 거의 200년 동안 거의 발전하지 못하다가 1850년 프랑스의 포병 장교였던 만하임이 매우 간단하고 사용하기 편리한 계산자를 발명한 이후 여러 나라에서 이와 유사한 계산기를 널리 사용하기 시작했다. 이 계산자는 1970년대에 휴대용 전자계산기가 보급되기 이전까지 많은 현장 기술자들에게 애용되던 필수품이었다.

조차를 예보하기 위한 조수 예보기(tide predictor) 역시 이미 오래전부터 발전한 아날로그 계산기의 일종이었다. 이미 15세기에 서양에서는 조수 예보기가 등장했는데, 이런 목적의 계산기로 가장 발달한 형태는 아마도 1872년 영국의 켈빈 경에 의해서 고안된 조수 예보기일 것이다.

복잡한 진동파의 형태를 지닌 실제 조수를 예보하기 위해서는 매우 복잡한 사인파(sin wave)로 구성된 조화 진동을 계산해야 했는데, 켈빈 경이 고안한 아날로그 계산기는 최대 12개의 코사인(cosin) 항을 동시에 계산할 수 있었다. 그뒤 이 장치는 미국에서 17개와 37개의 항을 처리하는 기계로 발전됐으며, 심지어 80개의 사인파 항을 처리하는 조화 합성기(harmonic synthesizer)까지 등장하기도 했다.

1931년 미국 매사추세츠 공과대학교(MIT)의 전기공학자였던 부시는 아날로그 계산기의 역사 속에서 가장 획기적인 작품이었던 미분 해석기(Differential Analyzer)를 창안해냈다. 부시가 고안한 이 기계적 계산기는 그 뒤 전 세계의 수많은 연구소에 설치돼 디지털 컴퓨터가 나오기 전까지 많은 영향을 미쳤다.

제2차 세계대전이 발발하기 직전까지 최소한 5대 이상의 부시 기계 복제품이 만들어졌다. 그중에서도 필라델피아의 무어 공과대학교와 매사추세츠 공과대학교에 설치된 미분 해석기는 전쟁 기간 중 많은 미분방정식을 포함하는 탄도 계산을 하는데 광범위하게 활용됐다. 하지만 부시의 이 기계적 미분해석기는 곧이어 등장한 아날로그 및 디지털 컴퓨터에 의해 무용지물이 되고 말았다. 부시가 만든 원래의 장치는 1960년대 초 고철로 팔려나갔고, 이제는 몇몇 유사 장치만이 매사추세츠 공과대학교와 런던의 과학박물관에 전시된 형편이다.

● 2. 풀어 쓴 디지털사

전쟁과 함께 발전한 기술

파스칼계산기. 톱니바퀴의 회전을
이용, 정수 계산을 수행하는
디지털 계산기의 일종이다.

아날로그 계산기의 역사속에서 가장 획기적인 작품으로
평가받는 부시의 미분 해석기.

현재 사용되는 대부분 컴퓨터는 디지털 방식으로 작동하고 있으나 초창기에 만들어진 컴퓨터 일부는 아날로그 방식으로 만들어진 것도 있었다. 초기의 아날로그 컴퓨터는 방공 체계의 구축을 위한 탄도 계산 분야에 활용됐다. 즉 목표물의 고도, 위도와 경도, 대기 온도, 목표물의 속도 등 다양한 변수를 아날로그 형식으로 입력하고 연산 과정을 거친 다음 각종 장비가 효과적으로 작동하도록 출력을 아날로그 형식으로 산출시키는 것이다.

항공기나 방공 체계 장비에서 필요한 것은 숫자가 아니라 장비의 효율적인 작동이다. 이 일은 아날로그 방식으로도 별 무리가 없었다. 하지만 아날로그 방식의 컴퓨터는 정확도와 신뢰도에서 한계가 있었기 때문에 고도로 정밀한 장치에는 곧이어 놀라운 속도로 발전한 디지털 컴퓨터가 사용됐다.

디지털 계산기도 아날로그 계산기 못지않게 오랜 역사를 가지고 있다. 우리나라나 중국, 일본 등에서 오랜전부터 사용됐던 주판도 넓은 의미로 해석한다면 디지털 계산기의 일종이다.

1642년 프랑스의 파스칼이 아버지 사업을 돕기 위해 제작했다고 하는 계산기도 정수로 세는 장치였기 때문에 디지털 계산기에 속한다. 파스칼의 장치는 기어를 이용해서 최고 8자리까지의 수를 더하고 뺄 수 있었는데, 1674년 독일의 수학자 라이프니츠는 파스칼의 이 장치를 개량해서 곱셈과 나눗셈, 그리고 제곱근 계산을 가능하게 했다.

근대적 컴퓨터의 아버지로 일컬어지고 있는 찰스 배비지가 1834년에 제안한 해석 기관(analytical engine) 역시 천공카드에 의한 입출력, 연산장치, 기억장치 그리고 제어장치를 갖추어 근대 디지털 컴퓨터에 해당하는 모습을 하고 있었다. 배비지의 생각은 1930년대에 재발견됐다. 그리고 그 결과물은

제2차 세계대전이 끝나기 직전 폰 노이만에 의해서 분명한 형태의 저장 프로그램 전자 컴퓨터의 형태로 발전됐다. 근대적 컴퓨터가 아날로그 형식에서 디지털 형식으로 바뀌는 데는 1945년 미국 해군이 추진하던 모의실험 비행장치 개발계획인 선풍 계획(Project Whirlwind)이 디지털 방식을 채택한 것이 결정적인 역할을 했다.

애초에 이 계획은 부시의 미분 해석기를 응용한 아날로그 컴퓨터를 활용해서 조종사의 조종

행동에 대한 반응을 시뮬레이션하기로 돼 있었다. 하지만 당시에 이용 가능했던 아날로그 기술로는 계산 속도가 너무 느려 실시간으로 조종사의 반응을 계산해 모의 비행장치를 조절해낼 수 없었다.

이런 문제점을 해결하기 위해서 선풍 계획 팀은 1945년 말에 이르러 기존에 활용하려고 했던 아날로그 방식을 포기하고 새로운 대안이었던 디지털 방식을 택했다. 이리하여 항공기 모의실험 장치를 비롯한 여러 항공 시설의 통제 시스템을 연구하기 위한 노력은 디지털 컴퓨터의 발전과 궤를 같이하게 됐다.

19세기를 거치는 동안 인간은 전화와 전신이라는 중요한 통신수단을 개발해서 실용화시켰다. 전화와 전신은 모두 전기공학의 발전에 힘입어 함께 발전했지만, 전화는 음성을 전기적으로 연속적으로 변화시키는 아날로그 방식을 채택했다. 반면 전신은 모스 부호와 같이 불연속적인 코드를 이용하는 디지털 방식을 채택했다.

1872년에 이르러 프랑스의 보도는 시분할 다중화(time-division multiplex) 인쇄 전신 체계를 창안, 근대적인 텔레타이프라이터의 길을 열어 놓았다. 이 텔레타이프라이터 역시 전신과 마찬가지로 디지털 방식으로 작동하는 기계였다.

한편 전화와 전신이 서로 다른 범위의 주파수를 사용하고 있다는 것에 착안해서 하나의 전선으로 전화와 전신을 동시에 사용하기 위한 노력이 행해졌고, 이에 따라 주파수 분할 다중화(frequency-division multiplex) 방식이라는 새로운 전송 방식이 창안됐다. 텔레타이프라이터의 전신 신호를 변조시켜 전화선과 함께 사용하게 되면서 텔레타이프라이터는 급속히 발전했다. 1990년대에 개인용 컴퓨터 통신에서 핵심적인 역할을 담당한 모뎀이 나타난 것도 이 과정에서다.

컴퓨터가 아날로그 신호보다는 디지털 신호를 정보 처리의 기본 단위로 채택하게 되자 통신 쪽에서도 기존의 전화에서 채택한 아날로그 방식이 아니라 새로운 디지털 방식을 채택하기 시작했다. 일본은 고화질 텔레비전(HDTV) 방송 체계에서 아날로그 방식을 채택했지만, 미국은 컴퓨터와 결합을 할 수 있는 디지털 방식을 채택했다.

우리나라도 2013년부터 미국식 디지털 방식으로 고화질 방송을 시작할 예정이다. 또한, 2011년부터 통신사들이 서비스를 시작한 LTE(롱텀에볼루션, long term evolution)는 기존의 고속 무선데이터 송수신 방식에서 12배 이상 빠른 속도를 내며 등장하였다. 지금 우리는 과거의 어느 시기에도 보지 못했던 디지털 전성시대를 사는 것이다. 🔲

● 1. 정보를 담는 그릇들

자기의 시대, 빛의 시대

앨빈 토플러가 "인류는 곧 정보화 시대로 접어들게 된다."고 힘주어 말하던 때가 바로 엊그제 같은데, 우리는 이미 정보의 홍수 속에서 살고 있다. 30여 년에 걸쳐 만든 팔만대장경을 CD 1장에 넣을 수 있는 세상이 됐다. 또한, 인터넷을 통해 하루 동안 생성됐다가 사라지는 정보의 양은 우리가 책이라는 형태로 물려받은 문화유산의 총량보다 많을지도 모른다.

인간이 다른 생명체와 달리 문명을 공유하며 계승, 발전시킬 수 있는 것은 바로 정보를 저장할 수 있었기 때문일 것이다. 동굴이나 무덤의 벽화에 저장하던 원시적인 정보 저장법의 혁명적인 진전은 종이와 인쇄술의 발명이었다. 이를 통해 작은 부피에 실로 많은 양의 정보를 저장할 수 있었고, 대량 제작으로 정보의 공유가 가능해졌다. 정보가 저장되지 않는다면 가수의 노래는 한순간에 사라지고, 추억의 순간들은 머릿속의 기억으로만 재현될 뿐이다. 정보의 교환을 커뮤니케이션이라고 한다면 현대 사회의 대량 정보교환(매스 커뮤니케이션)은 정보 저장법의 발전 없이는 불가능한 것이다.

그림 정보 또한 고대의 동굴 벽화로까지 저장의 기원이 거슬러 올라가지만, 그것은 매우 불완전하고 부족한 것이었다. 정확한 그림 정보의 저장과 대량화를 이룩한 것은 19세기 말 사진술이 등장하면서부터다. 한 장의 필름으로 무수히 많은 그림을 대량 생산할 수 있는 사진술은 그림 정보 저장의 새 시대를 열었다. 그 후 사진술은 연속적으로 사진을 찍어서 재생할 수 있는 영상기술로 발전했고, 현대의 영상기술은 엄청난 양의 그림 정보를 정확하게 저장하고 빠르게 재생할 수 있도록 했다.

한편 소리 정보는 쉽게 사라지는 성질이 있어서 정보 저장 기술 중 가장 늦게 발달했다. 1930년대 축음기가 발명되기까지 소리는 한순간 존재했다 사

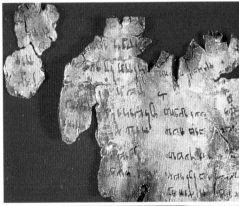

정보 저장 매체로 가장 널리 쓰인 종이. 고대의 기록을 지금도 보존하고 있다.

LP 디스크, 테이프, CD의 등장은 현대의 정보 혁명을 이끌었다.

라져버리는 가장 취약한 정보였다. 소리 정보를 저장해 두었다가 필요할 때 재생할 수 있는 축음기의 발명은 소리 정보 저장의 역사에서 하나의 이정표였다. 플라스틱판에 홈을 내 음성 정보를 저장하고 전기적인 장치를 통해 재생했던 축음기는 인류의 정보 욕구를 한 단계 높게 충족시켰다.

자기 기록 매체의 발명은 정보 저장의 역사에서 새로운 혁명이었다. 책과 사진에 저장되던 정보는 조그마한 카세트테이프와 비디오테이프에 저장됐고, 플로피디스크와 하드디스크에 담김으로써 20세기 정보화 시대를 연 것이다. 자기 기록 매체의 발전은 소리(카세트테이프리코더, 1963년), 영상(비디오카세트리코더, 1969년), 컴퓨터 분야(PC용 5.25인치 플로피디스크 드라이브, 1981년; PC용 10MB 하드디스크 드라이브, 1983년)에서 발전을 거듭하면서 고도로 집적화된 정보화 시대를 이끌었다. 생활 주변의 카세트테이프, 비디오테이프, 플로피디스크, 하드디스크, 전화카드, 전철표가 모두 자기 기록의 원리를 채용한 것임을 생각해보면 자기 기록 기술의 위력은 쉽게 짐작할 수 있다.

한편 1970년대 들어 인류의 정보 저장 기술은 또 한 단계 발전하는 계기를 마련했는데, 그것은 빛을 이용한 정보 저장과 재생 기술이다. 1970년대 초반 처음으로 등장한 레이저디스크(LD, 1972년)는 광기록의 원리를 채용한 것으로 자기 기록 방식과 경쟁하게 됐다. 또한, 이어서 나온 콤팩트디스크(CD, 1980년)는 선명한 음질로 레코드판과 자기테이프와 경쟁하며 저장 매체의 주인공으로 부상했다. 이후 DVD(Digital Versatile Disc, 1996년)를 비롯한 광기록 방식의 정보 저장 매체들이 속속 개발되면서 정보 저장의 새 시대를 열었다. 🔃

작은 창고에 큰 정보를 넣다

카세트테이프, 비디오테이프, 플로피디스크, 하드디스크, 현금카드, 예금 통장, 전화카드, 전철표 등 생활 주변의 물품들은 어김없이 자기 기록을 이용해 정보가 저장되고 재생된다. 그만큼 자기 기록은 생활 속에서 정보가 있는 곳이면 어디든지 있는 정보화 사회의 지배자라고 해도 과언이 아니다. 여러 번 반복해서 기록과 재생을 할 수 있고, 아날로그 신호를 디지털 신호로 변환해 저장하면 정보가 안전하고 우수한 음질과 화질을 얻을 수 있기 때문에 정보 저장 방식 중에서 가장 널리 쓰이고 있다.

자기 기록 기술의 발전사는 크게 세 가지로 특징 지을 수 있다. 첫째 테이프에서 시작해 자기드럼을 거쳐, 플로피디스크 드라이브(FDD)나 하드디스크 드라이브(HDD)와 같은 디스크 타입으로 매체의 형태가 변화했다. 이는 달리 말하면 정보처리 속도가 향상되는 방향으로의 변화다. 둘째 부피는 작아지면서도 오히려 정보 저장 용량은 급속히 증가하는 방향으로의 변화. 셋째 정보처리 속도가 급속히 증가했음에도 불구하고 기록·재생의 정확성이 꾸준히 향상됐다. 이는 제품의 신뢰성이 향상되는 방향이다. 첫째와 둘째는 기록매체와 기록·재생 장치(헤드) 제조 기술의 발달에 바탕을 두고 있으며 셋째는 신호 처리(아날로그에서 디지털로) 및 구동 방식(헤드 구동)의 발달에 바탕을 두고 있다.

자기 기록 기술은 크게 ①정보가 저장되는 기록매체 ②정보를 저장하는 기록 헤드 ③기록된 정보를 판독하는 재생 헤드로 이루어진다. 기록매체로는 테이프와 디스크, 카드 등이 있는데, 이들은 각각 자기 정보를 기록할 수 있는 산화물 또는 금속 자성물질을 테이프나 디스크, 플라스틱 또는 종이에 도포해서 만든다. 기록 헤드와 재생 헤드는 일반적으로 고리 모양을 한 자기

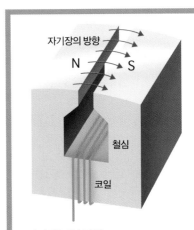

자기 헤드의 구성
철심에도 선을 감아 도선에 흐르는 전류가 자기장을 만들어낸다. 기록, 재생, 소거를 위해 자석은 수시로 자성을 바꿀 수 있는 전자석이 돼야 한다.

철심에 머리카락 굵기의 가는 전선을 코일로 감아 만든 전자석을 사용한다. 최근에는 박막 형태로 전자석을 만든 박막 헤드나 자기저항 헤드가 기록 헤드와 재생 헤드로 쓰인다.

자기 기록이란 한마디로 영구자석으로 정보를 보존하고, 전자석으로 기록·재생하는 것이다. 철은 자석에 근접하거나 전류가 흐르는 코일 안에 놓이게 되면 자석이 된다. 바늘에 자석을 붙였다

대표적인 자기 기록매체들.
왼쪽부터 3.5인치 플로피디스크,
5.25인치플로피디스크,
하드디스크.

기록 헤드

기록

헤드에 발생한 자기장이 매체에
발라진 자성물질을 자화시킨다.
이는 영구자석에 철바늘을 붙였을 때
철바늘이 자기장의 방향으로
자화되는 것과 같다.

재생 헤드

재생

자성물질이 헤드를 지나면서 헤드에
자기장을 전달하면 헤드는 이를
전기 신호로 바꾸어 정보를 재생한다.
이는 코일 주변에 영구자석을 움직이면
유도전류가 생기는 것과 같은 원리이다.

자기 기록과 재생의 원리

가 떼면 바늘이 약한 자석이 되는 것이 그 예이다. 자기 기록매체에 정보를 기록하는 것은 바늘이 영구자석으로 변하는 현상을 이용한 것이다. 전자석은 자기장의 방향과 세기를 변화시킬 수 있다. 전자석(기록 헤드)으로 자기장의 방향을 바꾸어주면서 기록매체에 N 또는 S극을 형성시켜 정보를 저장하는 것이다.

재생 헤드는 기록 헤드의 원리를 반대로 적용

해 유도 전류의 발생을 이용한 것이다. 코일에 자석을 넣었다 뺐다 하면 유도 전류가 생기고, 이때의 전류는 자석이 움직이는 속도에 비례하는 성질이 있다. 기록매체 표면의 N 또는 S극으로부터 발생한 자기장은 재생 헤드에 전달되는데 헤드에 전달되는 자기장의 시간변화율에 비례해 전기신호가 발생한다. 최근에 쓰였던 자기저항 헤드는 전달되는 자기장의 세기에 비례해 전기신호가 발생한다. 자기장의 시간변화율이나 세기로부터 발생한 전기신호를 해석하면 기록된 정보가 재생되는 것이다.

더욱 작은 자석을 향하여

녹음테이프는 중간에 녹음된 곡을 듣기 위해 원하는 위치까지 테이프를 감아주어야 하는 불편한 점이 있다. 초기의 컴퓨터에서도 테이프를 이용해 데이터를 입출력했는데, 처리 속도를 생명으로 하는 컴퓨터에서 이렇게 낭비되는 시간이 생기는 것은 치명적이었다. 이러한 약점을 극복하기 위해 등장한 디스크(FDD, HDD)는 표면을 트랙과 섹터로 구성된 수많은 구역으로 나누어 정보를 처리함으로써 테이프보다 정보처리 속도를 월등히 향상시킬 수 있었다.

한편 녹음테이프는 두 줄의 트랙을 형성해 좌우에 정보를 기록하는데, 이 트랙을 여러 개 두고 다중으로 정보를 기록하면 더욱 많은 양의 정보를 저장할 수 있다. 그러나 이를 위해서는 복잡한 구조의 헤드가 필요하고 신호 처리 회로도 복잡해지므로 방송용을 제외한 테이프리코더에는 채택되지 않았다. 그 대신 가정용 비디오테이프는 소량의 테이프에 다량의 영상 정보를 담기 위해 테이프에 비스듬히 정보를 기록하는 방식으로 정보 용량을 늘렸다.

저장 용량을 늘리기 위한 효과적인 방법은 정보를 저장하는 매체 표면의 영구자석 크기를 가능한 한 작게 만드는 것이다. 작은 영구자석을 매체 표면에 심기 위해서는 우선 자성물질 입자의 크기가 작아져야 하며 자성물질 입자들 간의 간섭(상호작용)을 최소화해야 한다. 입자 크기가 큰 산화물 재료를 도포해 만든 테이프는 가장 흔한 것으로 일반 음악 녹음용으로 쓰이고 있다. 더욱 많은 정보를 담아야 하는 비디오테이프용으로는 입자가 작은 금속분말 도포 테이프(메탈 테이프)가 쓰인다. 더욱 더 높은 기록 밀도가 요구되는 하드디스크에는 입자 크기를 초미세화하고 입자 간의 상호작용을 최소화한 코발트-크롬계 합금 박막이 널리 쓰이고 있다. 🔲

모노테이프와 스테레오테이프

모노테이프는 정방향, 역방향의 두 줄의 트랙에 소리 정보를 기록한다. 소리 정보는 재생되면서 양쪽 스피커 전체에 전달 된다. 스테레오테이프는 트랙을 여러 개 두어 좌우 스피커의 소리를 분리해 기록 재생하므로 생동감 있는 음질이 된다.

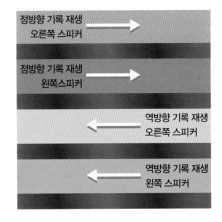

자기 기록매체의구조

자성물질을 자화시켜 정보를 저장한다는
점에서 테이프와 디스켓은 공통이다.
테이프는 임의의 정보를 찾을 때
순차적으로 찾아야하는 반면, 디스크는
어느 지점으로나 이동이 쉬워 정보를 찾는
시간이 단축된다.

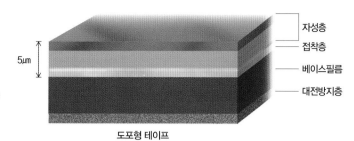

5㎛

자성층
접착층
베이스필름
대전방지층

도포형 테이프

섹터

트랙

플로피디스크

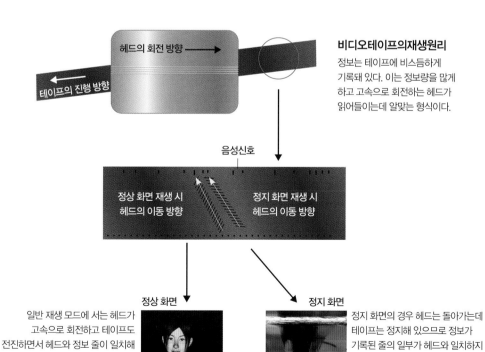

헤드의 회전 방향 →

← 테이프의 진행 방향

비디오테이프의재생원리

정보는 테이프에 비스듬하게
기록돼 있다. 이는 정보량을 많게
하고 고속으로 회전하는 헤드가
읽어들이는데 알맞는 형식이다.

음성신호

정상 화면 재생 시
헤드의 이동 방향

정지 화면 재생 시
헤드의 이동 방향

정상 화면

일반 재생 모드에 서는 헤드가
고속으로 회전하고 테이프도
전진하면서 헤드와 정보 줄이 일치해
화면이 재대로 재생된다.

정지 화면

정지 화면의 경우 헤드는 돌아가는데
테이프는 정지해 있으므로 정보가
기록된 줄의 일부가 헤드와 일치하지
않아 일부 화면이 깨지게 된다.

새로이 등장한 정보 저장법

빛을 이용한 정보 저장법이 새로이 등장함으로써 자기 기록매체와 경쟁하며 새로운 차원의 정보화 사회가 펼쳐졌다. 음악, 영화, 컴퓨터 등 지금껏 자기 기록 매체가 차지하던 영역을 광기록 매체들이 상당 부분을 점유했으며 정보 저장의 역사에서 또 한 번의 전환점이 되었다. 레이저 디스크와 콤팩트디스크는 우리 생활 속에 들어온 지 오래이며, DVD도 서서히 영역을 넓혀갔다.

광기록의 원리는 햇빛을 볼록 렌즈로 모아 종이를 태워 작은 구멍을 내는 것과 유사하다. 햇빛 대신 레이저 다이오드에서 나오는 빛을 렌즈에 통과시켜 매우 작은 크기로 만들어 매체에 초점을 맞춤으로써, 매체에 물리적인 변화를 일으켜 정보를 기록하는 것이다.

가장 먼저 실생활에 사용된 광기록 매체는 레이저디스크(LD, 1972년, 필립스 사, MCA 사)이다. LD는 제작 시에 이미 정보가 디스크에 수록돼 사용자는 재생만을 할 수 있다. 그 원리는 마치 붕어빵을 만드는 것과 비슷하다. 폴리카보네이트라는 기판 재료를 녹여 이를 정보에 대응되는 홈이 새겨져 있는 틀에서 굳힘으로써 정보가 홈의 형태로 기록된 기판이 만들어진다. 그 위에 알루미늄 반사층과 유기 보호층을 형성한다.

정보를 재생할 때는 고속으로 회전하는 광디스크 위에 레이저 광을 쏘아, 홈이 없는 부분에서는 빛이 많이 반사되고, 홈이 있는 부분에서는 빛이 흩어져 적게 반사되는 차이를 이용해 정보를 판독한다.

LD는 지름 30cm 크기로, 2시간 분량의 영화 한 편이 디스크 양면에 수록된다. 영상의 기록은 아날로그 방식이지만, 기존의 VTR에 비해 화질이 좋아 미국이나 일본에서는 인기를 끌었다. 또한, 매체와 재생기가 직접 접촉하지

않고 빛을 쏘아서 재생이 이루어짐으로써 반복해서 재생하더라도 화질의 저하가 없다는 장점이 있다. 그러나 VTR과 달리 사용자가 원하는 정보를 기록할 수 없다는 단점이 있다. 이 때문에 우리나라에서는 고화질을 선호하는 일부 애호가를 제외하고는 널리 대중화되지는 못했다.

콤팩트디스크(CD, 1980년, 네덜란드 필립스 사, 일본 소니 사)는 우리에게 가장 친숙한 광기록 매체이다. CD는 처음에 오디오용으로 개발됐는데, 그 후 여러 가지 용도로 발전해 현재는 음악용 오디오 CD, 영상 저장용 비디오 CD, 각종 컴퓨터 정보 저장용 CD롬으로 사용 영역이 확대됐다. 특히 오디오 CD는 레코드판을 밀어내고 대중적인 음악 저장 매체로 자리 잡았다. 재생 시 매체와 직접 접촉하지 않으므로 음질의 저하가 없어 레코드판이나 카세트테이프보다 훨씬 선명한 음질을 자랑한다. 또한, 선택한 곡을 들으려면 한참 감아 주어야 하는 테이프와 달리 원하는 곡으로의 이동이 쉽다는 것이 큰 장점이다.

음악을 저장한 오디오 CD와 달리, 비디오 CD는 아직 몇 가지 약점이 있다. 영화는 정보량이 많아 2시간 정도의 영화 한 편을 담으려면 2장의

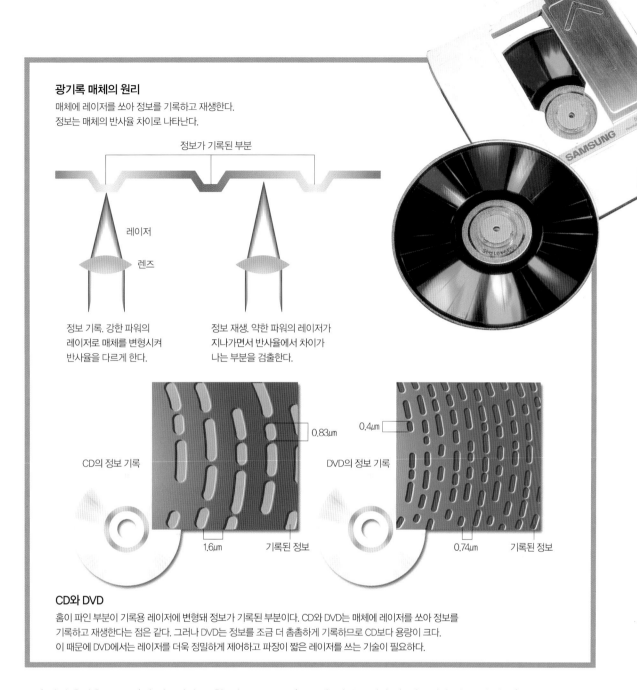

광기록 매체의 원리

매체에 레이저를 쏘아 정보를 기록하고 재생한다.
정보는 매체의 반사율 차이로 나타난다.

정보가 기록된 부분

레이저

렌즈

정보 기록. 강한 파워의
레이저로 매체를 변형시켜
반사율을 다르게 한다.

정보 재생. 약한 파워의 레이저가
지나가면서 반사율에서 차이가
나는 부분을 검출한다.

0.83μm

0.4μm

CD의 정보 기록

DVD의 정보 기록

1.6μm

기록된 정보

0.74μm

기록된 정보

CD와 DVD

홈이 파인 부분이 기록용 레이저에 변형돼 정보가 기록된 부분이다. CD와 DVD는 매체에 레이저를 쏘아 정보를
기록하고 재생한다는 점은 같다. 그러나 DVD는 정보를 조금 더 촘촘하게 기록하므로 CD보다 용량이 크다.
이 때문에 DVD에서는 레이저를 더욱 정밀하게 제어하고 파장이 짧은 레이저를 쓰는 기술이 필요하다.

CD(1장의 용량은 650MB)가 필요하다. 또한, 화질은 LD에 비해 다소 떨어지는 편이다. 이는 정보량을 줄이기 위해 영상 정보를 디지털 신호로 변환할 때 일부분의 정보를 생략하고 저장하기 때문이다. 긴 선을 나타낼 때 연속된 모든 지점의 정보를 기록하는 것이 아니라 점점이 떨어진 점선으로 기록해 정보량을 줄이고 재생할 때 이를 길게 이어주는 것과 비슷하다. 이 때문에 영상의 질이 조금 떨어질 수밖에 없다.

DVD(1996년, 일본 도시바 사, 마쓰시타 사, 소니 사 등)는 이러한 약점을 개선한 것으로 광기록 매체의 신세대를 열었다. 원래 DVD는 한 편의 영화를 고화질로 한 장의 디스크에 저장하는 것이 목표였으며, 이를 위해 CD와 같은 크기의 디스크에 약 7배(CD는 650MB, DVD는 4.7GB)의 정보를 저장할 수 있도록 용량을 늘렸다. DVD는 이를 위해 정보를 표시하는 표면의 홈을 미세하게 만들어 공간 효율을 높인 다음, 그래도 모자라는 공간을 MPEG-2라는 영상 압축 기술로 정보를 압축함으로써 대용량을 실현했다. DVD 역시 정보를 저장, 재생하는 원리가 LD, CD와 기본적으로 같아 DVD 오디오, DVD 비디오, DVD롬 등으로 용도가 다양하다.

● 3. 광기록의 매체

광디스크에 영화를 기록하다

CD, LD, DVD는 모두 대용량의 정보를 담고 있으나 제품의 생산 단계에서 정보가 한 번 기록되면 사용자가 정보를 바꿀 수 없다는 단점이 있다. 그래서 사용자가 정보를 기록할 수 있는 광디스크 매체들이 등장했다. 그 선두주자가 CD-R(Recordable, 1988년, 일본 태양유전사)이다. CD-R 디스크는 1회 기록용 광디스크로써 마치 밭이랑과 같은 연속된 홈이 형성된 폴리카보네이트 기판 위에 시아닌과 같은 염료로 만들어진 기록층, 금 또는 은으로 만들어진 반사층, 유기보호층으로 구성된다.

정보를 기록할 때에는 강한 레이저 빔을 디스크의 움푹 파인 영역에 조사한다. 염료가 빛을 흡수하면 온도가 약 300℃ 이상으로 올라가 기판에 국부적인 변형이 일어나고, 염료가 분해돼 주변 영역과 반사율 차이가 생기게 된다. 정보를 재생할 때는 약한 레이저 빔을 쏘아 염료가 분해된 곳과 그렇지 않은 곳의 반사율 차이를 검출한다.

CD-R은 데이터의 백업용으로 사용되고, 자신만의 오디오 CD를 만드는 데도 이용되고 있다. 그러나 CD-R이라도 자유로이 지우고 쓸 수 있는 것이 아니라 단지 1회만 기록할 수 있을 뿐이다. CD-R과 같은 원리로 작동하는 DVD-R(Recordable, 1997년, 일본 미쯔비시 화학사 등)도 제품화됐다.

정보를 1회만 기록할 수 있고 수정할 수 없다는 것은 사용자로서는 매우 답답한 일이다. 그래서 반복적으로 정보를 기록할 수 있는 광기록 매체가 여러 가지 개발됐다. 1000회 이상 정보를 기록할 수 있는 CD-RW(Rewritable, 1997년, 일본 리코 사) 제품이 그 예다. CD-RW는 CD-R과 마찬가지로 연속된 홈이 형성된 플라스틱 기판 위에 하부 보호층, 상변화 기록층, 상부 보호층, 반사층, 유기보호층의 다층막 구조를 갖는다.

CD에는 재생을 위한 한 종류의 파워를 갖는 레이저 빔이 사용되고, CD-R에는 기록과 재생을 위해 두 가지 종류의 파워를 갖는 빔이 사용되는 반면, CD-RW는 기록, 소거, 재생을 위한 세 가지 파워의 빔이 사용된다. 정보의 기록을 위해서는 가장 강한 파워의 빔이 사용되는데, 이때 상변화 기록층이 일단 용융된다. 디스크가 고속으로 회전하기 때문에 용융된 부분은 급속도로 냉각된다. 이때 원자들이 에너지적으로 미처 안정한 결정 구조를 만들지 못하고 다소 불규칙한 구조로 고화돼 비정질 구조가 된다. 결국, 주변부는 규칙적인 결정 구조이고, 정보가 입력된 부분만 비정질 구조가 된다. 결정 부분에서는 빛의 반사율이 높지만, 비정질 부분에서는 반사율이 낮으므로 이 반사율 차이로 기록된 정보를 판독한다.

정보를 소거할 때에는 기록 레이저와 재생 레이저의 중간 파워의 레이저가 사용된다. 비정질 부분은 소거용 레이저 빔을 쏘이면 에너지를 얻음으로써 원자들이 안정한 자리를 찾아가 규칙적인 결정 구조로 바뀌면서 정보가 소거된다.

그런데 CD-R은 반사율의 차이가 CD와 거의 같아 CD롬 드라이브에서 바로 재생할 수 있지만, CD-RW 디스크는 반사율 차이가 크지 않기 때문에 CD롬 드라이브에 반사율을 증폭시킬 수 있는 장치를 장착해야 재생할 수 있다. CD롬 드라이브는 대부분 이런 기능이 있기 때문에 CD-RW 디스크를 문제없이 재생할 수 있다.

CD-RW 디스크의 가격은 다소 비싼 편이지만, 그 편리성 때문에 CD-R 사용자가 CD-RW 쪽으로 빠르게 이동했다. 널리 알려지지는 않았지만, 이러한 물질의 상변화 원리를 이용한 광디스크는 CD-RW 이전에 이미 제품화가 돼 있었다. 초기에는 CD와의 호환성을 고려하지 않아 사용자

를 많이 확보하지 못했었는데, CD-RW가 제품화되기 직전에 나온 파워 드라이브(PD, 1996년, 일본 마쓰시타 사)는 국내에서도 꽤 알려졌던 제품이다. PD(용량 650MB)는 정보의 저장, 소거, 재생의 원리가 CD-RW와 같은데, 다만 상변화 기록층의 재료가 약간 다르고, 10만 회 이상 정보를 재기록할 수 있다는 점이 다르다. PD 드라이브에서 CD롬을 재생할 수는 있지만, CD롬 드라이브에서 PD 디스크를 재생할 수 없다는 단점이 있다.

DVD 계열의 재기록 가능 광디스크도 상변화 원리를 이용한다. 10만 회 이상 기록이 가능한 단면 2.6GB, 양면 5.2GB 용량의 DVD-RAM(Random Access Memory, 1997년, 일본 마쓰시타 사 등)이 이미 나왔고, 용량을 높인 단면 기준 4.7GB 용량의 DVD-RAM의 규격화가 마무리되었다. 또한, 1000 회 이상 기록이 가능한 단면 기준 4.7GB 용량의 DVD-RW(Rewritable)가 제품화되었다. 이처럼 광디스크는 수 GB의 용량을 갖는데, 이를 이용해 자기 테이프를 이용하는 캠코더와 VTR을 대체해 광디스크에 디지털 영상을 직접 기록하는 DVDR(Digital Video Disc Recorder) 제품도 등장했다.

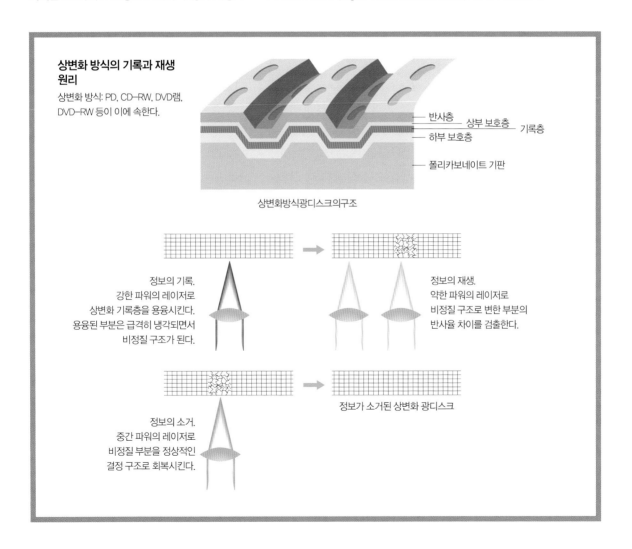

상변화 방식의 기록과 재생 원리

상변화 방식: PD, CD-RW, DVD램, DVD-RW 등이 이에 속한다.

반사층
상부 보호층 } 기록층
하부 보호층
폴리카보네이트 기판

상변화방식광디스크의구조

정보의 기록.
강한 파워의 레이저로 상변화 기록층을 용융시킨다. 용융된 부분은 급격히 냉각되면서 비정질 구조가 된다.

정보의 재생.
약한 파워의 레이저로 비정질 구조로 변한 부분의 반사율 차이를 검출한다.

정보의 소거.
중간 파워의 레이저로 비정질 부분을 정상적인 결정 구조로 회복시킨다.

정보가 소거된 상변화 광디스크

손바닥 위의 도서관

상변화 방식과 다른 반복 기록용 광디스크로서 광자기 디스크(MO, Magneto-optic disc, 128MB, 1991년, 일본 소니 사 등)도 한때 주목받았다. 이는 자기 기록 방식과 광기록 방식을 통합한 것으로 반복 기록이 쉽고 정보의 안정성이 뛰어나 미래형 정보 저장매체로 부상했다. MO 디스크의 구성은 상변화 방식과 거의 비슷한데, 기록층에 상변화 물질이 아닌 자성 재료가 사용된다는 점이 중요한 차이다.

정보를 기록할 때, 강한 레이저 빔을 조사하면 기록층의 온도가 올라간다. 자성 재료는 온도가 높아지면 자화 방향을 약한 자장에 의해서도 쉽게 바꿀 수 있게 되므로, 이 상태에서 자화 코일을 이용해 자화 방향을 위 또는 아래로 바꾸어 정보를 기록하게 된다. 정보를 재생하기 위해 한 방향으로만 진동하는 약한 레이저 빔을 보내면, 기록층에서 빛이 반사될 때 기록층의 자화 방향에 따라 진동면이 시계 방향 또는 반시계 방향으로 회전하게 돼 그 회전 방향으로 정보를 판독하게 된다.

그런데 MO 디스크는 반사율 차이를 이용하는 것이 아니므로 기본적으로 CD 계열과 호환이 어렵다는 단점이 있다. 그러나 100만 회 이상 반복 기록이 가능한 것에서 알 수 있듯이 데이터의 안정성이 뛰어나고, 기가바이트(GB)대로 저장매체의 필요 용량이 커지면서 광자기 방식이 상변화 방식보다 용량을 늘리기가 유리하다는 관측도 있다.

MO 방식의 응용 제품으로서 MD(Mini Disc, 1992년, 일본 소니 사)라는 것

이 있는데, 이는 지름 2.5인치(약 6.4cm) 크기의 디스크에 최대 74분의 소리를 저장, 재생할 수 있다. 매우 작은 크기의 디스크에 CD와 거의 비슷한 음질과 분량의 음악을 저장할 수 있지만, 가격이 비싸서 우리나라에서는 널리 사용되지 못했다. 또한, 일본 샤프 사에서는 MO 디스크를 디지털카메라의 저장매체로 사용했는데, 이를 이용하면 디스크 한 장에 수천 장의 사진을 저장하는 것이 가능하다.

광디스크는 그 용량이 수 GB대로 영화 한 편을 충분히 담을 수 있지만, 15GB 이상의 용량을 갖는 광디스크에 대한 연구도 진행됐다. 고화질 TV(HDTV)에 대응하기 위한 기록 매체이다. 일반적으로 TV에서 재생되는 2시간짜리 영화는 약 4.7GB의 용량이면 충분하다. 하지만 화질이 훨씬 선명한 HDTV는 그만큼 많은 정보가 매체에 저장되어 있어야 하는데 그 용량이 대량 15GB 이상이다.

대용량을 위해서는 현재의 광디스크 드라이브에 사용되는 적색 레이저는 빔의 크기가 커서 적절하지 못하다. 레이저 빔의 크기에 비해 정보가 기록되는 영역의 크기가 너무 작기 때문이다. 현

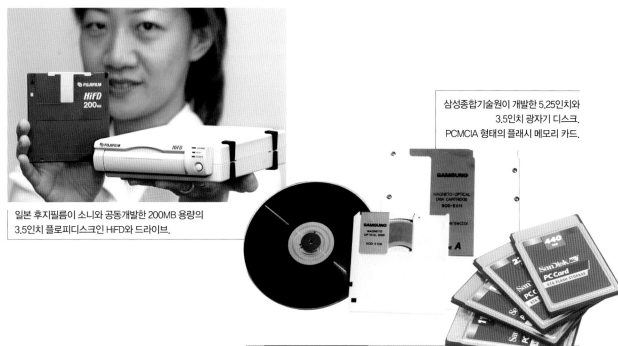

일본 후지필름이 소니와 공동개발한 200MB 용량의
3.5인치 플로피디스크인 HiFD와 드라이브.

삼성종합기술원이 개발한 5.25인치와
3.5인치 광자기 디스크,
PCMCIA 형태의 플래시 메모리 카드.

재 빔의 크기를 크게 줄일 수 있는 청색 반도체 레이저의 개발이 경쟁적으로 진행되었는데, 그것이 바로 HD DVD와 Blu-ray 디스크이다.

자기 기록 매체인 하드디스크와 마찬가지로 광디스크 분야에서도 수십 GB 용량의 매체가 활발히 연구되고 있다. 가령 특수하게 제작된 광학 부품들을 사용하거나, 미세한 광케이블을 통해 광을 입사시키고, 광의 입력부와 매체의 간격을 하드디스크처럼 매우 가까이 근접시키는 근접 저장 기록 방법이 그 예이다. 심지어는 수백 GB 용량을 구현하려는 방법도 모색되고 있다. 기록된 부분이 지금처럼 0 또는 1에만 대응되는 것이 아니라, 0, 1, 2 등 여러 값을 갖도록 하면 저장할 수 있는 용량이 기하급수적으로 늘어날 수 있다. 또한, 지금처럼 디스크의 한 층에만 정보를 기록하는 것이 아니라, 여러 층에 정보를 기록해 용량을 늘리는 방법도 속속 등장하고 있다.

이러한 기술들이 실현되면 하나의 기록 매체에 작은 도서관 수준의 문자 정보를 기록하고 고음질의 음악을 수백 곡, 고화질의 영화를 수십 편 저장하는 대용량 정보 저장 시대가 열리게 될 것이다. ▨

충격과 먼지에 강한 플래시 드라이브

반도체 기술이 발달하고 가격이 저렴해지면서 플래시 메모리와 같이 전력이 공급되지 않아도 기록이 보관되는 메모리를 이용한 저장 장치도 주목을 받고 있다. 플래시 메모리 형태의 저장 장치는 스마트폰, 디지털카메라, 디지털 녹음기, MP3 플레이어 등과 같이 적은 전력 소모와 가볍고 작은 크기가 있어야 하는 휴대용 디지털 기기에 꼭 필요하다.

이러한 플래시 메모리 형태의 저장 장치는 인터페이스 형태나 내부 구조, 사용하는 전압, 크기 등에 따라 몇 가지 종류가 있다.

우선 PCMCIA 형태의 플래시 메모리 카드는 PC 카드 슬롯을 가진 노트북이나 PDA에서 사용할 수 있고, 상당한 용량을 가진 제품까지 개발돼 있다. 이보다 크기가 3분의 1 정도로 작은 콤팩트 플래시 메모리는 두께에 따라 타입 I (1.7mm)과 타입 II (3.3mm)로 구분된다.

스마트 미디어는 두께가 약 0.76mm에 무게는 2g 정도로 콤팩트 플래시보다 작고 가벼운 것이 특징이다. 내부적으로는 콤팩트 플래시는 장치를 관리하는 컨트롤러가 내장된 데 비해 스마트 미디어는 컨트롤러가 내장돼 있지 않다. 스마트 미디어는 용량에 따라 사용하는 전압이 5V인 것과 3.3V인 것이 있기 때문에 유의해야 한다. 콤팩트 플래시나 스마트 미디어는 디지털카메라나 MP3 플레이어용 메모리로 가장 널리 사용되며, 보통 4~32GB 용량의 제품이 널리 사용된다.

● 1. 통신 혁명의 주춧돌, 정보 이론

정보란 무엇일까

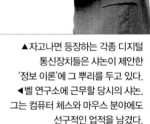

▲자고나면 등장하는 각종 디지털 통신장치들은 샤논이 제안한 '정보 이론'에 그 뿌리를 두고 있다.
◀벨 연구소에 근무할 당시의 샤논. 그는 컴퓨터 체스와 마우스 분야에도 선구적인 업적을 남겼다.

일상용어가 되어 거리낌 없이 사용하는 낱말 중 '통신'이란 단어가 있다. 이동통신, 휴대통신, 위성통신, 정보통신, PC통신 등. 과연 통신이란 무엇인가? 일단은 '정보의 전송 및 저장'으로 정의하는 것이 가장 적절할 것이다. 그렇다면 '정보'란 무엇인가? 어떻게 정보가 많은지 적은지를 알 수 있을까? 또 정보를 어떻게 전송하고 저장하는 것일까?

이렇듯 추상적이며 모호한 문제를 수학적으로 정의하고 접근할 방법이 없을까? 다른 모든 과학 분야와 마찬가지로 수학적인 접근은 통신 분야에서도 최적의 시스템을 설계하고, 또 그 성능을 평가하는 데 아주 중요하고 명확한 객관적인 근거가 되고 있다.

제2차 세계대전 후 디지털 통신에 관한 관심이 고조되면서 미국 벨 연구소의 샤논 박사는 1948년 「통신의 수학적 이론」이란 논문을 발표했다. 이른바 '정보 이론'이란 새로운 학문 분야가 탄생한 것이다.

샤논은 그의 논문에서 정보를 '불확정성', 혹은 '불확실성'으로 정의했다. 즉 어떤 사건이나 사실이 확실할수록 그에 따른 정보는 적어지고 반대로 불확실할수록 그 정보는 많아진다는 것이다. 예를 들어 시베리아 지방과 적도 부근에서 1월 중에 폭설이 내리는 사건을 한번 가상해 보자. 똑같은 사건임에도 시베리아 지방에서는 별로 새로운 정보의 가치가 없음을, 반대로 적도 부근은 그 반대로 정보의 가치가 엄청나다는 것을 충분히 예상할 수 있을 것이다.

이 두 경우의 차이점은 무엇일까? 바로 사건 발생 확률의 차이인 것이다. 알다시피 한겨울에 시베리아 지방에 폭설이 내린다는 것은 누구나 다 짐작할 수 있는 일인 반면, 적도 부근에서 그러한 일이 일어난다는 것은 아무도 예상하지 못한다.

이 점에 착안해 그는 정보의 양이 많고 적음을 나타내는 척도를 '엔트로피'로 칭하고 그것을 발생 확률에 반비례하도록 정의했다. 물론 단순 반비례가 아니고 발생 확률의 역수의 대수값(로그)으로 정의했다.

이는 전체적으로 확률과 엔트로피 사이의 반비례 관계를 유지하면서 앞서 제기된 다른 의문사항에 대한 해답과의 상관관계를 고려해 결정된 것이다. 우리는 발생 확률만 알면 그 사건이 일어났다는 것을 알았거나 통보받았을 경우, 받은 정보의 양을 수학적으로 측정할 수 있게 됐다.

근본적인 통신의 문제로 들어가서, 과연 어떻게 하면 효율적으로 정보를 전송, 혹은 저장할 수 있겠는가? 효율적이란 말이 상당히 주관적이고 모호하다 보니 여기에 대해 보는 사람의 관점에 따라 여러 가지로 다양한 답이 나올 수 있다. 1차적으로 이 물음에 대해 샤논은 '같은 정보를 전송하는 경우에는 좀 더 짧은 시간에, 또 저장하면 좀 더 적은 기억공간이나 저장장소만으로도 가능하다.'고 보았다.

신문 한 장의 내용을 전송하는 데 1시간이 걸리는 경우와 1분에 가능한 때가 있다면 당연히 후자가 더 효율적이다. 또한 이를 저장할 때 디스켓이나 하드디스크의 필요 메모리량은 적으면 적을수록 더 효율적이다. 이때 실제로 전송하거나 저장되는 것은 정보 그 자체가 아니고 사실은 그 정보를 적절하게 표현한 전기신호에 해당한다.

따라서 통신의 기본 목적인 '효율적인 정보의 전송 및 저장'을 좀 더 실제로 해석하면 같은 정보를 어떤 형태의 신호로 표현할 것인가의 문제가 되고, 가능한 한 적은 양의 신호로 표현하는 것이 바람직하다. 일반적으로 디지털 신호를 표현하는 데는 1대 1로 대응되는 2진수인 비트를 사용한다. 따라서 효율적인 통신의 1차적인 목표는 동일한 정보를 최대한 적은 수의 비트로 표현하는 것이다.

● 1. 통신 혁명의 주춧돌, 정보 이론

숨어 있는 비트를 찾아라

샤논은 최소 비트 수가 바로 정보량이 된다는 이론을 통해 통신의 최대목적인 '더 많은 정보를 효율적으로 전송하거나 저장'하는 방법을 찾는 데 물꼬를 텄다.

그렇다면 과연 특정한 정보가 있을 때 그 정보를 나타내는 비트 수는 얼마나 줄일 수 있을까? 제한 없이 줄일 수 있을까? 여기에 대한 대답으로 샤논은 최소 비트 수가 바로 정보량, 즉 엔트로피가 된다고 밝혔다.

앞서 언급한 바와 같이 이 관계를 만들기 위해 그는 엔트로피를 확률의 역수의 대수값으로 정했고, 또 그 단위를 비트라 했다. 다시 말하면 어떤 정보를 표현하는 데 있어 아무리 좋은 방법을 동원하더라도 그 정보량 이하로 비트 수를 줄일 수는 없다는 것이다.

자, 이제 어떻게 최소의 비트로 주어진 정보를 표현할 수 있을지 생각해 보자. 즉 주어진 정보에 대해 이를 표현하는 신호나 부호를 어떻게 선택하면 최소 비트 수에 도달할 수 있겠는가? 여기에 대해 아주 간단하고 체계적으로 이를 구하는 방법을 1952년에 데이비드 호프만 교수가 논문으로 발표했는데, 이를 '호프만 부호'라 부른다.

그 기본 개념은 정보의 양이 바로 확률로 정의되므로 이를 표현하는 부호

도 그 확률에 맞추어 자주 일어나는 사건, 혹은 심벌에는 짧은 부호를 할당하고, 그렇지 않을 때에는 상대적으로 긴 부호를 할당하자는 것이다. 이렇게 되면 사건이나 심벌에 따라 부호의 길이가 다른, 이른바 '가변장 부호'가 발생한다.

일반적으로 같은 발생 확률, 예를 들어 발생 확률이 4분의 1인 4가지 경우를 표현하기 위해서는 00, 01, 10, 11과 같이 모든 경우에 대해 똑같이 2비트가 필요하며, 따라서 평균적으로도 2비트가 필요하다. 그러나 만약 4가지 경우의 발생 확률이 다르다면, 즉 1/2, 1/4, 1/8, 1/8이면 이를 0, 10, 110, 111과 같이 각 경우에 따라 길이가 다른 부호를 사용할 수 있다. 이때 최소 및 최대 부호의 길

이는 각각 1과 3이지만 평균 길이는 1.75비트가 된다.

다시 말해 고정된 2비트씩을 배정하는 것보다 가변장 부호를 사용함으로써 12.5%의 비트 수 감소 효과를 볼 수 있고, 이 경우 실제로 샤논이 제시한 최소 비트 수에 도달한다. 이러한 호프만 부호는 현재 팩스나 영상 신호 등에서 그대로, 혹은 약간 변형된 형태로 응용되고 있다.

만약 송신이나 저장된 정보가 수신 측이나 재생 측에서 완벽하게 재현된다면 통신은 아무 문제가 되지 않을 것이다. 그러나 실제 통신 시스템에서는 찌그러지거나 변형된 신호를 받을 수밖에 없다. 이런 열악한 환경에서 완벽하게 신호를 재현하는 것은 통신의 가장 기본적이면서도 영원한 숙제다. 열악한 환경의 주된 원인은 크게 왜곡과 잡음 현상 때문인데, 특히 잡음은 그 예측 불가능한 특성으로 통신 시스템에서의 가장 중요하고 심각한 문제다.

이러한 현상은 정보의 흐름 측면에서 해석할 수 있다. 예를 들어 흠집이 있는 수도관을 상상해 보자. 수도관을 통해 흘러가는 물은 정보로, 흠집은 열악한 환경으로 볼 수 있다. 수도관을 통해 흘러가는 물 일부는 목적지에 도달하기 전에 흠집을 통해 밖으로 새나가고, 또 그 흠집을 통해 밖에 있던 오수가 흘러들어올 수도 있다. 즉 송신 측에서 보내진 정보는 그대로 전달되지 못하고 일부가 중간에서 소실되고, 또 불필요한 정보가 덧붙여져서 수신 측으로 전달된다. 결국, 수신 정보는 송신 정보에서 소실된 정보를 빼고 불필요한 정보가 더해진 값이 된다.

수신 측에서 실제 필요한 정보는 도달한 전체 수신 정보에서 불필요하게 더해진 정보를 제외한 것이며, 이는 또한 송신 정보에서 소실된 정보가 빠진 것과 같다. 이를 송신 측과 수신 측의 '상호 정보'라 하고 이 상호 정보의 최대값을 채널 용량이라 한다. 다시 말하면 채널 용량은 주어진 채널, 즉 통신매체를 통해 전달할 수 있는 최대 정보량

이 된다.

샤논의 논문이 발표되기 전에는 일반적으로 잡음이 정보의 흐름을 제한시키기 때문에 채널 상에서 발생되는 오류를 줄이기 위해서는 데이터 전송률을 감소시켜야만 가능한 것으로 알려졌었다. 그러나 샤논은 만약 데이터 전송률이 채널 용량보다 적다면 오류 확률을 임의로 줄일 수 있음을 증명해냈다.

이는 일정한 범위 안에서는 데이터 전송률을 줄이지 않고도 오류 확률을 마음대로 줄일 수 있으며, 오류 확률과 데이터 전송률은 서로 무관하게 결정된다는 뜻이다. 이러한 샤논의 주장을 역으로 해석하면 채널 용량 이상의 데이터 전송률에서는 우리가 원하는 오류 관련 성능에 도달할 수 없음을 의미한다.

오늘날 우리가 사용하는 대부분의 통신, 저장장치는 오류제어 부호를 사용하고 있다.

그렇다면 채널 용량 이하의 데이터 전송률에서는 어떠한 방법으로 임의의 최소 오류 확률에 도달할 수 있겠는가? 그 대답은 개념적으로 '잉여의 정보'를 이용하는 것이다. 예를 들면 '2012년 첫째 날 1월 1일 일요일'이란 문장에서 2012년 1월 1일을 제외한 첫째날과 일요일은 덧붙여 있는 잉여의 정보다. 즉 2012년 1월 1일만 알아도 그것이 2012년의 첫째 날이며 일요일이란 것은 따로 이야기할 필요가 없는 군더더기의 정보인 셈이다.

만약 이 문장을 전송하는 중에 오류가 발생해 '2012년 첫째 날 1월 2일 일요일'로 수신했다면 여기에서 첫날과 일요일은 실제 1월 1일이므로 2일로 수신한 것은 오류에 의한 것임을 짐작할 수 있을 것이다.

그러나 만약 꼭 필요한 정보만 전송한 경우, 즉 '2012년 1월 1일'로 송신했으나 오류에 의해 '2012년 1월 2일'로 수신한 경우에는 이 문장에 오류가 있다는 사실을 알 방법이 없다. 따라서 잉여 정보를 이용하면 전송 중의 오류를 찾아낼 수도 있고, 더 나아가 고칠 수도 있으므로 주어진 채널에서 임의의 오류 성능을 구현할 수 있다.

이러한 개념을 이용해 효율적으로 잡음에 대항할 수 있는 부호화 방법을 연구하는 분야가 '부호 이론'이며 이는 정보 이론의 가장 중요한 부분이다. 특히 이 방법은 '오류에 대한 부호화'라 해서, 여기서 사용하는 부호를 '오류 제어 부호' 혹은 '오류 검출 및 정정 부호'라 한다. 컴퓨터 통신이나 콤팩트 디스크 등 현재의 거의 모든 선진화된 전송·저장 시스템에서는 거의 필수적으로 오류제어 부호를 사용하고 있다.

● 1. 통신 혁명의 주춧돌, 정보 이론

정보 이론의 유용성

지금까지 샤논 박사의 논문에서 시작된 좁은 의미의 정보 이론을 간단하게 살펴보았다. 현재 정보 이론 분야는 전자 및 전기공학회(IEEE) 산하에 연구회가 조직돼 있고 정기적으로 학술대회 개최 및 논문지 발간을 하고 있다. 소속 회원들은 대부분 전자 및 전기공학 전공자이긴 하지만, 이들뿐 아니라 학문의 특성상 순수과학인 수학이나 물리학 전공자도 많이 참석하고 있다.

정보 이론을 탐구하는 가장 큰 이유는 바로 그것이 정보 전송 시스템을 설계하는 기준을 제공해 준다는 점일 것이다. 정보와 전송에 대한 명확한 개념을 개발함으로써 기술의 목표와 한계를 더 확실히 이해할 수 있다. 이런 이해로 말미암아 좀 더 효율적인 방향으로 연구와 개발이 진행될 수 있고, 이것이 바로 정보 이론의 가장 중요한 성공 분야로 간주한다.

정보 이론의 여러 가지 응용 분야 중에서도 가장 중요한 것은 통신의 제반 문제에 관련된 것이다. 현재 잡음 채널 상에서 일반적인 최적 데이터 전송 방식은 알려지지 않았다. 특히 데이터의 정보율이 채널의 정보 용량보다 더 클 때 왜곡이나 변형 없이 데이터를 전송한다는 것은 불가능하다.

즉 채널 용량과 송신 데이터의 정보량, 엔트로피의 개념을 도입함으로써 정보 이론은 통신 시스템의 최적 성능을 정확하게 판단할 수 있게 해준다. 덧붙여 최적 시스템을 합리적으로 설계하는 방안도 제공해 준다.

위성통신, 데이터통신, 자기 기록장치 등과 같은 디지털 통신 시스템에서는 현재 신호 파형을 더는 한 번에 한 비트씩 송수신하지 않고, 더 많은 비트열에 해당하는 파형을 전송하는 좀 더 복잡하고 발전된 형태를 사용하고 있다. 정보 이론은 이런 앞서나가는 방식들의 개발에 지침을 마련해 주고 또 얼

통신 이론에 엔트로피의 개념을 도입함으로써 정보이론은 통신 시스템의 최적 성능을 정확하게 판단할 수 있도록 해준다.

마나 많은 개선의 여지가 있는가를 알려준다.

정보 이론은 통신의 가장 기본적인 문제인 정보의 효율적인 전송 및 저장에 대한 기본 방향을 제시해 주고, 또 이론적인 최적 성능에 도달하는 방안을 제공해 준다. 따라서 50년 전 샤논 박사에 의해 시작된 현대 정보 이론은 이론 그 자체도 지금까지 엄청난 발전을 해왔으며, 또한 그 응용도 최신 통신 분야의 발전에 끼친 영향이 지대하다. 더구나 지금까지의 발전에 그치지 않고 다가오는 차세대의 변화, 발전되는 통신 환경에 맞추어 더욱더 큰 발전과 광범위한 응용이 기대되고 있다. 🔳

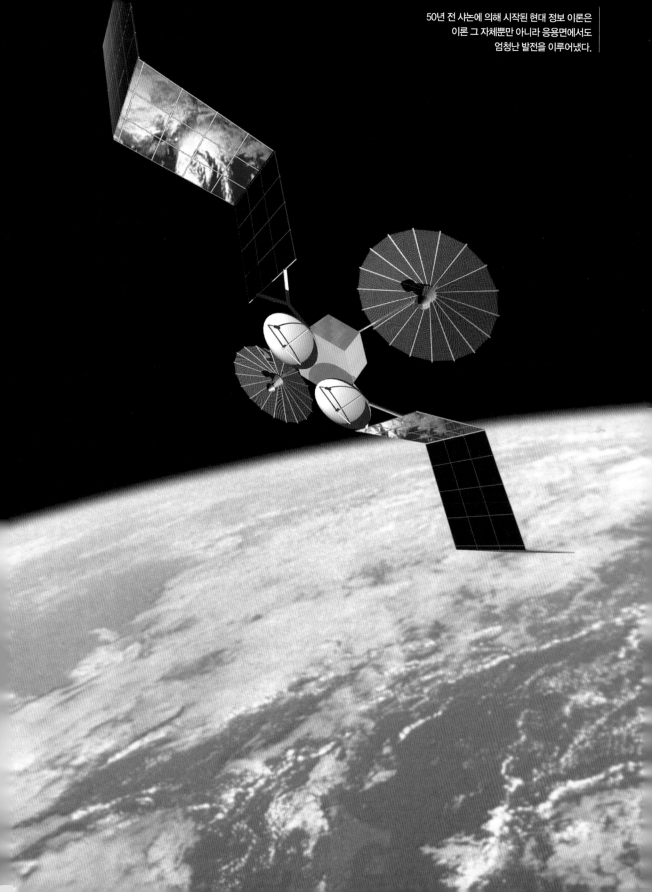

50년 전 샤논에 의해 시작된 현대 정보 이론은
이론 그 자체뿐만 아니라 응용면에서도
엄청난 발전을 이루어냈다.

2. 전자를 뛰어넘는 통신의 세계

전자와 트랜지스터

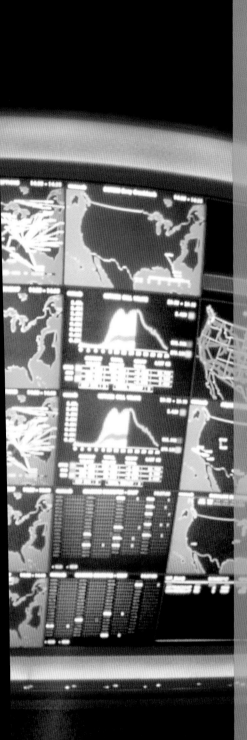

지리적으로 멀리 떨어져 있는 사람들과 정보를 주고받을 수 있는 수단을 마련하려는 노력은 인류의 역사만큼이나 오래됐다. 그러나 원거리 통신이 봉화와 같은 원시 수준에서 벗어나 전기를 이용하기 시작한 것은 19세기에 들어서다. 현대적 의미가 있는 전기 통신의 시초는 1835년 발명된 모스 부호에 의한 전신이다. 1875년에는 알렉산더 그레이엄 벨이 전화를 발명했고, 1895년에는 마르코니에 의해 무선 전신이 등장했다.

20세기 특히 제2차 세계대전은 통신 기술을 비약적으로 발전시켰다. 이때 처음으로 '전자공학'이라는 분야가 나타났다. 전자공학의 꽃은 1947년 미국의 AT&T 벨 연구소가 개발한 트랜지스터였다.

트랜지스터는 복잡한 전자회로를 매우 작은 크기로 만들 수 있도록 도왔다. 이때부터 적은 비용으로 집적 회로를 대량 생산하는 것이 가능해졌다. 집적 회로의 발전은 유·무선 통신 시스템의 성능을 크게 발전시켰고 컴퓨터 기술이 발전하는데 그 터를 닦았다.

컴퓨터와 기존 통신 기술의 접목으로 통신은 음성이나 기호를 전달하는 수준에서 벗어났다. 여러 가지 형태의 멀티미디어 정보를 전달하고 검색하며 교환하거나 저장해주는 복합적인 정보기술로 진화하기 시작한 것이다. 이런 기술의 발달로 '정보통신'이라는 용어의 사용이 일반화되고, 정보통신 기술은 사회를 유지·발전시켜 나갈 핵심 기반 기술로 인식됐다.

한편 전자가 아닌 빛, 즉 광자를 이용한 광통신이 기존의 전자 통신을 뛰어넘는 새로운 세계를 보여주고 있다. 광통신도 따지고 보면 원시 시대부터 있었다. 봉화를 이용한 통신 방법도 일종의 빛을 이용한 것이기 때문이다. 그러나 현대적 의미의 광통신 기술은 20세기 중반부터 등장했다. 전자 시대를 연 트랜지스터가 발명된 지 10여 년 후인 1958년 레이저 이론이 발표된 것이다. 그 후 1960년대 초반에는 루비레이저, He—Ne 레이저 등이 개발됐다.

1966년 카오가 광섬유를 통신에 쓸 수 있다고 발표한 후 1970년 카프론이 1km에 20데시벨(dB)의 손실만을 가져오는 저손실 광섬유를 제작했다. 같은 해 벨 연구소에서는 발광소자 제작에 성공함으로써 광통신을 실용화시켰다. 광통신 시스템은 1970년대 중반 첫 상용화가 이뤄졌다. 또 1988년에는 대서양을 건너는 해저 광통신 케이블이 처음으로 깔렸다.

그 뒤 급속한 속도로 발전한 광통신 기술은 현재 초당 수백억 비트(bit)의 데이터 전송이 가능한 시스템으로 발전하고 있다. 초당 1백억 비트를 전송할 수 있다는 것은 국내 일간신문 6~7년 치(8만여 쪽)를 단 1초에 전송할 수 있다는 것을 뜻한다.

영상 매체의 제왕인 TV, 전화, 그리고 컴퓨터에 의한 데이터 전송이 정보통신에 의해 모두 통합되는 시대가 다가왔다.

전자 통신을 넘어선 광통신

정보화 사회에서 요구하는 여러 가지 멀티미디어 형태의 초고속 대용량 통신 서비스가 가능하게 하려면 우선 뼈대가 되는 기간 통신망의 전송용량을 수십 Gbps(1Giga=10^9) 이상으로 높여야 한다. 이런 초고속 정보 통신망은 광자가 전자의 자리를 물려받는 것을 의미한다.

이상적인 전송 시스템은 ①전송 대역폭이 넓어 대용량의 정보를 처리할 수 있고 ②전송로의 손실이 없어 장거리 전송이 가능하고 ③신호가 다른 신호로부터 간섭을 받지 않아 왜곡 없이 전달되고 ④경제적으로 비용이 최소여야 한다는 조건을 갖춰야 한다. 광통신은 이 같은 조건을 대부분 만족하게 한다. 요즘 많은 통신회사가 땅에 구리 동선보다 광섬유를 묻는 이유는 광전송망이 대용량 전송 능력을 지니고 있고 경제적이기 때문이다.

그러나 전송된 광신호를 전기신호로 변화시켜 처리하는 전자 교환기는 한때 전자 회로 자체가 지닌 속도의 한계와 병렬 처리의 어려움 때문에 총 교환 용량을 높이지 못했다. 통신 기술의 바탕이었던 전자 기술이 초고속 정보통신 시대에 걸림돌이 되었던 것이다. 이를 극복하기 위해 전자교환기 대신 광자를 이용한 광교환기를 만들 계획을 세웠다. 현재 광교환 기술의 개발은 상당

❶ 1947년 발명된 최초의 트랜지스터.
❷ 전기 통신 시대를 열었던 모스.
❸ 대용량의 정보를 초고속으로 전송하는 삼성전자의 비동기 전송 방식(ATM) 교환기

❹ 광통신 케이블.
❺ 위성통신을 장악하려 했던 이리듐
사의 로버트 칸지 전 회상
❻ ISDN 서비스를 구현한 전자식 디지털

한 수준까지 진척된 상태다. 다만 광교환이 어려운 것은 교환의 주된 기능인 정보를 처리하는 수단으로서 아직 광자가 전자에 미치지 못한다는 데 있다.

광자를 교환 시스템에 효과적으로 사용하려면 광자가 가진 고유의 장점을 적절히 써야 한다. 즉 광대역 전송이 쉽다는 점과 상호 간섭 현상이 없어 대용량 병렬 처리가 가능하다는 점이다.

일반적으로 교환 시스템은 입력 신호를 목표하는 곳까지 보내는 경로를 설정하는 제어 기능과 설정된 경로를 따라 정보를 전달하는 전송 기능으로 나누어 생각할 수 있다. 그러므로 광자에게 교환 시스템 안의 전송 기능을 맡기고 특수한 경우에 한 해 약간의 제어 기능을 돕도록 하는 것이 합리적이다. 최근 실험되는 소규모 광교환 시스템은 전광(all-optical)시스템이 아닌 전자 제어형 광교환 시스템이다.

정보화 사회에서는 다양한 정보를 멀티미디어 형태로 주고받을 수 있는 초고속 통신망이 중요하다. 초고속 통신망을 만드는 데는 광통신 기술이 점점 더 일반적으로 쓰이게 된다. 그러나 광자가 전자를 모두 대치하지는 않는다. 정보통신 기술은 단순한 데이터의 송수신 기술이 아니라 다량의 정보를 검색하고 전달하며 저장하는 총체적인 정보 기술로 발전되고 있다. 이때 광자는 주로 사람의 신경망이나 혈관의 역할을 맡는다면 전자는 전체 시스템을 통제하는 뇌의 역할을 맡는 방향이 될 것이다. 🄼

최고의 정보고속도로 펼치는 통신망 구현

"아, 왜 이렇게 속도가 느린 걸까?"

"이게 뭐야, 또 끊겼잖아!"

생활의 필수요소로 자리 잡은 인터넷을 사용하면서 누구나 한 번쯤은 느껴봤던 심정이다. 문자 위주로 된 전자메일이나 인스턴트 메시지 등은 쉽게 이용할 수 있지만, 데이터의 종류와 크기가 다양해진 현시점에서는 사정이 다르다.

예를 들어 인터넷 쇼핑몰을 통해 물건을 구매한다고 가정하자. 소비자는 구입할 제품을 눈으로 직접 확인하기 위해 문자 정보뿐만 아니라 이미지, 동영상 등 수많은 정보가 필요하다. 보고 싶은 영화를 직접 골라 그 자리에서 감상하고 싶을 때도 마찬가지. 방대한 분량의 데이터를 직접 내 컴퓨터에 내려받기해야 한다.

결국, 문자, 이미지, 동영상 등 각종 멀티미디어 서비스가 발전할수록 통신망을 통해 전달해야 하는 데이터양은 엄청나게 늘어난다. 이런 멀티미디어 데이터를 좀 더 빠르게, 그리고 끊김 없이 송수신하기 위한 좋은 방법은 없을까.

광섬유를 이용해 빠르고 손실 없이 통신한다면?

광통신은 말 그대로 빛을 이용해 통신하는 시스템이다. 즉 문자, 이미지, 동영상 등 각종 데이터를 전기신호 대신 광신호로 바꿔 보냄으로써 많은 양의 데이터를 신속하게 전달하는 통신 방법을 말한다. 광통신의 원리는 간단하다. 실처럼 가늘고 투명한 물체(광섬유)에 빛을 비추면 빛은 이 물체를 따라 진행하는데, 광섬유가 휘어져 있다고 하더라도 빛은 계속 광섬유를 따라 진행한다. 광섬유에서 바깥쪽으로 나가려던 빛이 광섬유와 공기의 경계면에

서 광섬유 중심 쪽으로 반사되는 전반사 현상이 발생하기 때문이다.

전기신호는 전선의 저항을 최대한 줄인다 해도 초당 수천km의 이동 속도를 갖는 반면 빛은 초당 30만km의 속도를 낼 수 있어 같은 시간 동안 훨씬 많은 정보를 전달할 수 있다. 또한, 광섬유는 유리나 플라스틱으로 만들어진 부도체이기 때문에 전기가 도체에 흐를 때 표면에서 발생하는 손실 현상이 없어진다. 이러한 광섬유의 장점을 살리면 음성 데이터와 대용량 디지털 비디오 등 고품질의 멀티미디어 전송 서비스를 효율적으로 펼칠 수 있다. 광통신이 가장 주목받을 기술로 떠오르는 이유이기도 하다.

광섬유를 이용한 초장거리 광전송 시스템, 망

여러 도시를 연결하는 통신망에서는 각 도시에서 신호를 나누고 결합하는 회선 분배 작업이 필요하다. 회선 분배 작업은 장거리 통신시스템과 함께 중요한 연구 수행 과제 중 하나다.

의 성능 감시와 장애 복구 기술 등 각종 시스템 등의 분야에서 광통신 관련 연구는 계속해서 진행되고 있다. 초장거리 광전송 분야에서는 파장분할 다중 방식(Wavelength Division Multi-plexing) 장거리 광전송 시스템을 구현해 초당 1.28Tbit(1Tera=10^{12})의 정보량을 단일 모드 광섬유를 통해 320km 전송한 바 있다.

파장분할 다중 방식은 파장이 서로 다른 여러 광원을 전송 데이터에 따라 변조시킨 뒤 이 빛을 서로 합쳐 한 가닥의 광섬유를 통해 전달하는 방법으로, 광섬유당 전송 용량을 기하급수적으로 증가시킬 수 있는 첨단 기술이다. 이 기술이 구현된 시스템을 사용하면 약 1500만 명이 동시에 전화 통화를 하거나, 영화 130여 편을 서울에서 대구까지 단 1초 이내에 전송할 수 있다.

장거리 통신 시스템뿐만 아니라 여러 도시를 서로 연결해주는 통신망도 연구 수행 과제 중 하나다. 여러 도시를 연결하는 통신망에서는 각 도시에서 신호를 나누고 결합하는 회선 분배 작업이 필요하다. 현재 쓰이는 회선 분배기는 일단 광신호를 전기신호로 바꾼 뒤 특정 도시에서 사용할 신호는 나눠서 두고, 다른 도시에 보낼 신호는 통과하는 신호와 결합해 다시 광신호로 변환한 후 전송하는 방식으로 구현돼 있다. 이 방식을 이용해 수십 Gbps급의 초고속 신호를 처리하려면 회선 분배기의 크기가 커져야 하므로 초고층 전화국이 필요하다.

하지만 광회선 분배기는 중간에서 사용할 신호만을 전기신호로 변환하고, 나머지는 광신호 그대로 전송하는 방식이다. 예를 들어 서울에서 부산으로 떠나는 기차가 있다고 가정하자. 기존의 회선 분배기 방식이라면 기차가 대전에 도착할 때 모든 손님을 내리게 하고 다시 배치해 승차시키는 것과 같다. 하지만 광회선 분배기 방식은 대전에 도착했을 땐 내릴 승객만 내리고, 나머지 승객은 모두 그대로 그 열차에 타고 부산으로 향하는 개념이다.

이러한 광통신망에는 빠른 장애 복구 기능과 망의 신뢰성을 보장하기 위한 성능 감시 기능이 필수적으로 뒤따라야 한다. 막대한 양의 정보가 전달되는 초대용량 광통신망에서 장애가 발생해 통신이 끊기면 각종 금융기관과 행정기관, 공항과 병원 시스템 등의 전산망 마비 때문에 경제적 손실과 사회적 혼란이 커지기 때문이다.

우리나라는 한국과학기술원(KAIST)의 광통신 연구실에서 진행되는 연구를 바탕으로 광신호의 파장과 전력 감시, 광신호대 잡음비 감시, 경로 감시 등의 분야에서 세계 최고 수준의 기술을 확보하고 있다. 또한 가입자당 하향 방향으로 622Mbps(1Mega=10^6), 상향 방향으로 155Mbps 이상의 데이터 속도를 제공할 수 있는 파장분할 다중 방식 양 방향 광통신도 이미 실험에 성공했다. ◪

반도체에 이어 핵심 전략 산업으로 부각

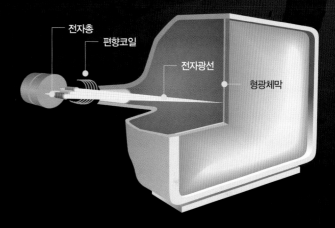

브라운관(CRT)의 원리
전자총으로부터 나온 전자들이 전자광선을 형성해
화면에 코팅된 형광체에 부딪치면 전자의
충돌에너지가 빛에너지로 바뀌면서 형광체가 발광한다.

- 전자총
- 편향코일
- 전자광선
- 형광체막

영상 시대의 개막은 인류의 문명에 커다란 변화를 안겨줬다. 사진에 만족해야 했던 각종 정보를 눈앞에서 생생하게 감상한다는 디스플레이 개념은 그야말로 엄청난 혁신이라고 할 수 있다. 특히 다양한 멀티미디어 정보가 넘쳐나는 현대 사회에서 디스플레이의 중요성은 두말할 나위 없이 더욱 크다. 인간과 정보의 인터페이스 역할을 하는 정보디스플레이는 어떤 흐름을 거쳐 발전해온 것일까.

1. 전자총으로 구현된 CRT

근대적인 의미에서 정보디스플레이의 역사를 살펴보면 그 출발점은 TV에 있다고 할 수 있다. TV의 역사에서 가장 중요한 발명을 한 사람은 독일의 전기기술자인 닙코프다. 그는 1884년 전기신호를 영상으로 바꿀 수 있는 초보적인 장치를 개발했다. 이어 1926년 영국의 전기기술자인 베어드는 닙코프의 장치를 이용해 최초의 기계식 TV를 발명했다. 이 기술은 1927년 실험방송을 거쳐 1929년 영국 BBC의 정규 실험방송으로 채택되기에 이르렀다.

전자식 TV의 개발은 1897년 독일의 물리학자인 브라운 박사가 전기 현상을 이용해 오늘날의 CRT(Cathode Ray Tube)와 같은 기본적인 기능을 모두 갖춘 최초의 전자관을 발명함으로써 시작됐다. 발명자의 이름을 따 브라운관이라고도 불리는 CRT는 전자광선의 작용을 통해 전기신호를 영상으로 변환해 표시하는 장치다. CRT는 유리로 만들어진 진공 용기, 전자총, 형광면, 그리고 편향코일로 구성돼 있다. 전자총으로부터 튀어나온 전자들이 장치

속에서 가속되면서 전자광선을 형성해 화면을 향하게 된다. 화면에는 형광체가 코팅돼 있다. 전자광선이 이 화면에 부딪히면 전자의 충돌에너지가 빛에너지로 바뀌면서 발광하고, 이 빛이 사람의 눈에 보이는 것이다. 형광체는 적색, 녹색, 청색이 있으며, 세 가지 빛의 세기를 조절해 다양한 색을 구현할 수 있다.

예를 들어 세 가지 빛이 다 켜지면 백색의 빛이 나오고 다 꺼지면 흑색이 된다. 이것이 흑백 TV가 화상을 구현하는 원리다. 컬러 TV는 전자총과 형광체의 색깔이 다양하게 조합돼 색을 발현한다. 빛의 밝기는 전자총에서 나오는 전자광선의 세기에 따라 결정된다.

● 1. 인간과 정보의 경계를 허무는 인터페이스

신기술로
세계의 주도권 잡는다

2. CRT를 넘어 LCD, PDP, 유기EL로 발전

최초의 CRT가 탄생한 지 100여 년이 지난 지금, 노트북이나 PC의 모니터로는 LCD를, 대형 TV로는 PDP를 떠올릴 만큼 차세대 디스플레이 산업에 대한 연구가 매우 활발하게 진행되고 있다. CRT는 대화면으로 갈수록 전자를 가속하는 공간이 커져야 하므로 부피가 커지고 무게가 많이 나간다. 또한, 소비전력도 높아서 휴대용 디스플레이로는 불가능하다는 단점이 있다. LCD, PDP, 유기EL 등으로 대표되는 평판 디스플레이는 이러한 단점을 극복하기 위해 탄생했다.

LCD(Liquid Crystal Display)의 시초는 1888년 오스트리아의 라이니처가 액체와 고체의 특징을 모두 가질 수 있는 액정을 처음 발견하면서 출발했다. 하지만 지금과 같은 개념의 디스플레이가 탄생하기까지는 비교적 오랜 시간이 걸렸다. 1968년에 들어서야 미국 RCA 사가 액정을 이용한 디스플레이를 만들어냈고, 1973년부터 시계와 전자계산기 등에 이용되면서 꾸준히 발전했다. 이후 1990년대에 들어와서 10인치 TFT-LCD가 본격적으로 양산되면서 노트북 화면의 대표적인 디스플레이로 자리 잡았다. 사무용이나 가정용 PC의 모니터가 빠른 속도로 대체되었다.

플라스마라는 기체의 방전 현상을 이용해 만들어진 PDP(Plasma Display Panel)는 1927년 벨시스템 사가 개발한 가스방전 현상을 이용한 TV에 출발점을 둘 수 있다. 이후 1964년 미국 일리노이 대학교에서 지금과 같은 개념의 PDP로 처음 화면을 나타내는 데 성공했고, 이때부터 본격적인 PDP 연구가 시작돼 1991년 21인치 PDP 실용화 시대를 열었다. 1994년 40인치급 대형 TV용 PDP를 개발하는 데 성공하면서 현재에 이르기까지 다양한 PDP 제품

이 출시되고 있다.

한편 전압을 가하면 스스로 발광하는 유기발광소자를 이용한 유기EL은 1987년 미국의 이스트먼코닥 사가 처음 개발했다. 일본의 산요전기에서도 1989년부터 유기EL의 개발에 착수해 1995년에는 기존보다 긴 수명의 소자를 개발하는 등 연구에 박차를 가하고 있다. 2002년 10월에는 이스트먼코닥과 산요전기가 공동으로 15인치 HDTV용 유기EL을 개발하는 등 전 세계적으로 개발 경쟁이 가속화되고 있다. 우리나라에서도 2001년 10월, 발표 당시 세계에서 가장 큰 15.1인치 유기발광 패널을 개발하는 등 세계 1위로 도약할 수 있는 발판을 마련했다. 유기EL 연구는 현재 활발히 수행되고 있어 언제 어디서나 갖고 다

LCD는 1990년대 들어와서 소형 정보통신기기의 대표적인 화면으로 자리잡았다.

디스플레이는 일상생활에서 생생하고 정확한 정보를 제공하는데 중요한 역할을 한다. 디스플레이가 달린 슈퍼마켓 카트가 일반화될 날도 멀지 않았다.

니면서 읽을 수 있는 두루마리 디스플레이의 가능성을 한층 더 높여주고 있다.

미래형 디스플레이를 좌우하는 또 하나의 흐름으로 탄소 나노 튜브 기술을 꼽을 수 있다. 탄소 나노 튜브는 탄소 원자들이 육각형 벌집 무늬를 이뤄 긴 튜브처럼 속이 텅 빈 구조로 둥글게 말려 있는 형태로, 지름이 1nm(나노미터, 1nm=10^{-9}m)에 불과하다. 그런데 탄소 나노 튜브 분자는 여러 다발을 이루거나 튜브 모양을 적당하게 변형시키면 저절로 반도체 성질을 나타낼 수 있다. 즉 분자 자체를 반도체 소자로 활용할 수 있어 반도체 소자를 제작할 때 필요한 도핑 작업을 거치지 않아도 된다. 따라서 트랜지스터를 초고집적화 하는데 매우 유리하다. 또한, 튜브 끝에서 전자들을 방출해 정확한 방향으로 쏠 수 있어 고화질 평판 디스플레이를 만들 수 있다.

분자 크기인 탄소 나노 튜브의 끝이 매우 뾰족하기 때문에 낮은 전압으로도 전자를 방출할 수 있고, 화면의 형광 물질에 정확하게 부딪쳐 화상을 구현할 수 있는 것이다. 결국, 전자총의 원리를 갖는 CRT만큼 값이 저렴하면서도 고화질을 구현하고, LCD나 PDP를 능가하는 얇은 평면을 구현

할 수 있다. 나노 물질을 이용한 디스플레이의 개발은 현재 초기 단계지만, 앞으로의 발전 가능성이 무궁무진한 분야라고 할 수 있다.

정보디스플레이 관련 산업은 우리나라를 비롯한 일본, 대만이 세계 3대 경쟁 구도를 형성하면서 승부를 가리고 있는 상황이다. 반도체 기술의 뒤를 이어 우리나라가 전 세계의 주도권을 잡을 수 있는 분야이자 엄청난 부가가치를 창출할 수 있는 분야인 셈이다. 그래서 21세기 프런티어 연구개발사업 지원을 받는 차세대 정보디스플레이 기술개발사업단(지식경제부 산하)이 구성되어 정보디스플레이 산업을 국가적인 주도 기술로 이끌고 있다.

2002년 12월 현판식을 하고 본격적인 연구활동에 돌입한 사업단은 2012년 5월까지 정부와 민간으로부터 총사업비 1400억 원을 지원받아 관련 기술 개발에 주력하였다. 이 사업단은 미래를 내다보고 있는 차세대 디스플레이 사업단의 목표를 크게 두 가지로 요약했다. 첫째 기존의 경쟁력 있는 부분을 어떻게 지켜나갈 것인지에 대한 고민이다. CRT에 이어 LCD 분야에서도 우리나라가 세계 1위의 위치를 굳히고 있기 때문에 산학연 연계를 통한 핵심 기술을 키워나가면서 앞으로도 지속적인 우위를 지키는 것이다. 이에 따라 40인치급 이상의 HDTV용 LCD와 70인치급 HDTV용 PDP의 개발과 실용화를 성공리에 수행해낸다는 목표를 세웠다.

두 번째 목표는 앞으로 전도유망한 전유기 디스플레이(AOD) 분야에서 선두 자리를 선점하는 것이다. 전유기 디스플레이는 All-Organic Display의 약자로, 디스플레이를 구성하는 소자가 모두 유기물로 만들어진 것을 말한다. 따라서 기존의 디스플레이보다 훨씬 가볍고, 접었다 펴는 등 변형하기 쉬우며, 소비전력도 낮아서 경제적인 디스플레이가 될 수 있다. ▨

한눈에 보는 정보디스플레이의 흐름
DISPLAY

▲ 완전평면TV 등장

볼록 TV의 시대가 끝나고 화면의 왜곡을 없앤
새로운 완전평면 TV 시대가 열렸다. 초기
CRT가 볼록했던 이유는 화면의 가장자리에
전자광선이 퍼지지 않도록 곡률 반경을
맞춘 원주상에 형광체면이 있었기 때문이다.
이 문제를 해결하기 위해 화면의 상하좌우
위치별로 전자광선이 퍼지지 않도록 초점
거리를 조절할 수 있는 전자총 제어방식이
개발돼 완전평면이 가능해졌다.

▲ 브라운관(CRT) 출현

전자식 TV의 개발은 1897년 독일의 물리학자인 브라운 박사가
전기현상을 이용해 최초의 CRT인 전자관을 발명함으로써
시작됐다. 1941년 흑백 TV 방송이 본격적으로 실용화됐으며,
이어 1953년 세계 최초의 컬러 TV 방송이 개시됐다. 컬러 TV
방송은 일본에서 1960년, 우리나라에서 1980년 처음 시작됐다.

알짜 디스플레이 연표

1884년 독일의 닙코프가 전기신호를 영상으로
바꿀 수 있는 초보적인 장치 개발

1888년 오스트리아의 라이니처가 액정을 처음
발견

1897년 독일의 브라운이 전기현상을 이용해
최초의 전자관 CRT 발명

1926년 영국의 베어드가 닙코프의 장치를
이용해 최초의 기계식 TV 발명

1934년 영국의 쇤베르크가 CRT를 이용한 TV
발명

1935년 세계 최초의 TV 방송 시작

1941년 흑백 TV 방송이 본격적으로 실용화

1950년 컬러 TV 개발

1953년 미국에서 세계 최초의 컬러 TV 방송을
시작

1964년 미국 일리노이 대학교에서 PDP 화면
구현 성공

1968년 미국 RCA 사가 액정을 이용한
디스플레이 개발

1973년 액정 시계와 액정 전자계산기 실용화

1980년 대형 평면, 와이드 TV 등장하기 시작

1984년 액정 컬러 TV 상품화

▶ 차세대 평판디스플레이 3인방

최초의 CRT가 탄생한지 100여 년이 지난 지금, PC의
모니터로는 LCD, 대형 TV로는 PDP가 재인식될 만큼 차세대
디스플레이 산업에 대한 연구가 활발하게 진행되고 있다.
CRT를 대형화하기 위해서는 그만큼 전자를 가속화하는
공간이 커져야 하기 때문에 부피가 커지고 무게가 많이
나간다. 유기EL(❶), PDP(❷), LCD(❸)로 대표되는 평판
디스플레이는 이런 단점을 극복하기 위해 탄생했다.

▼ 대화면 프로젝션TV

프로젝션TV는 PDP가 본격적으로 보급되기 전 2~3년간 PDP를
대체할 수 있는 가장 유력한 제품이다. 프로젝션TV의 원리는
TV 내부에 설치된 CRT나 LCD가 일차 화면을 만들고 이 화면을
거울로 반사시켜 큰 화면을 재현한다는 것이다. 부피와 무게는
다소 부담스럽지만 PDP의 절반도 되지 않는 가격으로 대화면의
생생함을 누릴 수 있다는 장점이 있다.

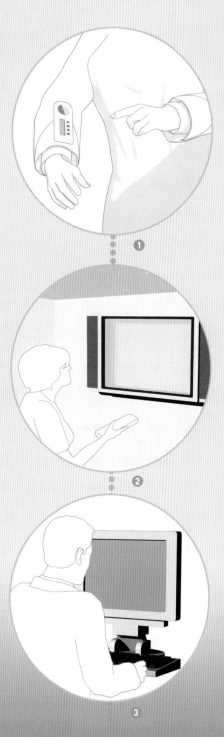

❶

❷

❸

1987년 미국 이스트먼 코닥사가 유기EL 개발

1992년 일본 후지쯔가 세계 최초의 풀컬러 PDP 발표

1990년대 후반 – 현재
프로젝션 TV, 완전평면 TV 출시, 대형 TV용 PDP 개발
성공 및 상용화 확산 사무용, 가정용 LCD 모니터가
빠른 속도로 확산
15인치급 이상 유기발광 패널 개발

대화면 디스플레이 대표주자 PDP

1970년대에 나온 「스타워즈」와 같은 공상과학 영화에서 주인공들은 서로 떨어져 있는 행성 또는 은하계 간 대화를 하거나 우주선 항로를 관찰할 때, 실물 크기를 나타낼 수 있는 커다란 평판 디스플레이를 이용한다. 공상과학 영화에서나 가능해 보였던 이런 평판 디스플레이가 최근 지하철 역사나 공항 등 사람들이 많이 모이는 곳에 광고 및 안내용으로 우리의 생활에 밀접하게 다가왔다. 과거에는 생동감 있는 영화나 생생한 음악을 감상하려면 극장 또는 공연장을 가야 했고, 많은 사람과 격동적인 스포츠 경기를 즐기고 싶다면 경기장을 찾아야 했다. 그러나 대형 화면의 평판 디스플레이가 보급됨에 따라 가정에서도 공연장 또는 경기장에서처럼 실감 나는 영상을 느낄 수 있게 됐다. 대화면 평판 디스플레이의 위력은 월드컵 경기나 국제 경기 중계를 통해 유감없이 발휘됐다고 해도 과언이 아니다.

평판 디스플레이가 현대 생활의 많은 부분에 급속하게 침투하는 이유는 브라운관 TV와 비교하면 손으로 잡을 정도로 두께가 얇고, 액자처럼 벽에 걸거나 천장에 매다는 것이 가능할 정도로 무게가 가벼워 공간을 효율적이고 조화롭게 이용할 수 있다는 장점이 있기 때문이다. 브라운관을 40인치로 만들면 두께는 약 1m, 무게는 약 100kg 정도가 된다. 이렇게 두껍고 무거운 TV를 천장에 매달거나 길거리의 광고용 모니터로 사용할 수는 없을 것이다.

대화면 평판 디스플레이의 대표주자인 PDP는 두께가 얇고 무게가 가벼워 40인치 이상의 대형 화면 제작에 매우 유리하다. 실제로 PDP를 브라운관 TV와 비교할 때 두께는 10분의 1 정도에 지나지 않고 무게는 40인치를 기준으로 약 6분의 1 정도에 불과하다. 최근에는 6m×3m 크기의 대형 PDP가 개발되고 있다.

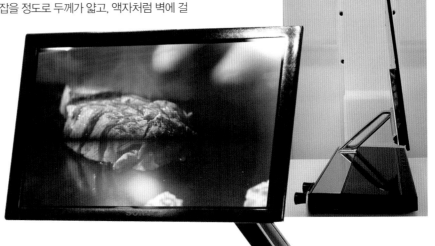

PDP를 선두로 한 평판 디스플레이 기술의 발달 덕분에 텔레비전이나 컴퓨터의 모니터 두께가 점점 얇아지고 있다.

PDP의 핵심인 플라스마는 핵융합 개발에도 응용된다. 핵융합로 내부(❶)에 실제 플라스마가 갇혀 있는 모습(❷).

이러한 기술이 가능한 이유는 PDP의 핵심인 플라스마에서 찾을 수 있다. 플라스마라는 단어는 1928년 미국의 물리학자 랭뮤어가 처음 사용한 말로, 하전된 입자(전하를 갖고 있는 입자, 즉 전자와 이온)와 중성 입자(전기적으로 중성인 입자)가 혼합된 기체다. 지구에서는 플라스마 물질 상태가 자연적으로 존재하기 어렵지만, 온도가 매우 높은 은하계 행성, 즉 태양과 같은 행성은 플라스마 상태로 돼 있다.

CRT는 전자를 가속시킬 공간이 필요하므로 대화면으로 갈수록 부피가 커지지만, 플라스마는 수백 마이크론 단위의 픽셀(화소) 내부에서 형광체를 자극할 수 있는 특정 파장을 발생시키면서 화상을 만들어내므로 얇은 두께로도 대화면을 구현할 수 있다.

PDP에서 화상을 나타내는 원리를 이해하기 위해서는 먼저 플라스마의 상태를 이해해야 한다. 물질의 상태를 떠올려보자. 자연계를 구성하고 있는 물질의 상태는 기체, 액체, 고체라고 배운 기억이 있을 것이다. 플라스마는 이러한 전통적인 기체, 액체, 고체와 구별되는 제4의 상으로 구분되고, 우주 공간의 99.9%를 차지하고 있다. 따라서 우리가 살고 있는 지구도 우주 일부분으로 생각해 보면, 지금까지 우리가 접하고 있던 물질은 전 우주에서 볼 때 0.01%에 지나지 않는다. 우리가 사는 자연 또한 얼마나 좁고 작은 존재인지를 느낄 수 있다.

플라스마는 하전된 입자들을 포함하기 때문에 우리가 일반적으로 접하는 대기와는 매우 다른 성질을 갖고 있다. 만약 대기 중에서 두 개의 피복된 전선을 서로 5cm가량 떨어뜨린 후 100V 정도의 전원에 연결하면 어떤 일이 발생할까. 손에 물이 젖어 있지 않다면 이들 두 전선 사이에는 아무런 일이 발생하지 않을 것이다. 그러나 이들 전선을 플라스마 기체 내에 넣고 전압을 가하면, 대기 중과는 다르게 이들 전선 사이의 플라스마를 통해 전선에서 전선으로 전류가 흐르게 된다. 도체인 금속 내부에 자유롭게 움직이는 자유 전자가 있어 전류를 통하게 하는 것과 마찬가지로, 플라스마 기체에는 전자와 이온이 있어, 가해진 전압에 의해 하전된 입자가 움직여 전류를 흐르게 하기 때문이다.

플라스마 기체의 특징 중 하나는 가시광선을 포함해 X선, 감마선 등과 같이 다양한 파장의 전자기 광선을 방출한다는 것이다. 우리는 태양의 플라스마에서 방출되는 가시광선을 이용해 사물을 시각적으로 인지할 뿐만 아니라, 이 가시광선이 식물에서 엽록소 동화작용을 일으켜 지구의 생태계를 지탱하는 먹이 사슬을 가능케 하고 있다.

손으로 만져도 뜨겁지 않다

대화면을 구현하면서도 얇은 두께를 자랑하는 PDP는 가정용 벽걸이 TV, 주식거래 상황판, 각종 안내 광고용 디스플레이 등으로 그 사용이 점차 보편화되고 있다.

우리가 일상생활에 접하고 있는 기체는 대부분 안정한 중성 상태를 유지하고 있다. 이에 비해 플라스마 기체는 음성의 전자와 양성의 이온으로 구성된 불안정한 상태다. 예를 들면, 헬륨(He)의 원자핵 주위에는 두 개의 전자가 일정한 궤도를 그리면서 돌고 있는데, 이 전자 중 하나를 원자핵으로부터 떼어내 헬륨 양이온과 전자로 만들기 위해서는 약 350kcal/mole 정도의 에너지가 필요하다(그만큼 에너지가 올라가서 불안정한 상태다). 거꾸로 플라스마 상태에 있는 헬륨 양이온과 선자가 결합해 숭성의 헬륨 원자를 만들면 위의 값에 해당하는 만큼 에너지를 방출해야 한다. 이 에너지는 전자기파 형태로 방출되는데, 전자기파의 파장은 에너지 차이에 반비례한다. 즉 에너지 차이가 클 경우 단파장의 광선이 나오고, 작을 경우 장파장의 광선이 방출된다. 플라스마에는 여러 종류의 이온과 에너지 상태가 존재하기 때문에 방출되는 에너지가 여러 값을 가질 수 있다. 즉 방출되는 광선의 파장이 다양하다.

플라스마는 가스를 수십만도 이상의 초고온 상태로 유지하거나, 가스에 전기장을 가하면 생성된다. 가스를 초고온 상태로 유지하면 원자 내의 전자와 원자핵 간의 결합 에너지보다 이들의 운동 에너지가 커져, 전자가 원자로부터 해리돼 전자, 양이온 및 기체 분자가 혼합된 플라스마가 형성되는 것이다. 이에 비해 가스에 전기장을 가할 때에는 가해진 전기장에 의해 가스 내의 전자가 가속되고, 가속된 전자는 중성 원자와 충돌해 이 원자를 이온화시킨다. 이온화 과정을 통해 새로운 전자와 양이온이 생성되는 과정은 처음에는 국부적으로 발생하지만, 마치 눈사태와 같이 삽시간에 전체 가스 내로 이온화가 진행돼 전체의 기체 방전, 즉 플라스마 상태가 된다.

그런데 PDP에 사용하기 위한 플라스마는 최소한 두 가지 전제 조건을 만족해야 한다. 먼저 플라스마는 우리가 필요로 하는 특정한 파장을 가진 광선을 가능한 한 많이 발생시켜야 한다. 이 광선은 형광체를 자극해 화상을 표시하는 가시광선을 발생하게 하는 것이다. 둘째 PDP용 플라스마는 저온에서 전기장을 약하게 가해도 형성될 수 있어야 한다. 만약 태양에서 형성된 플라스마를 사용해 PDP를 구성한다면, 모든 부품이 녹아버려 사용하는 것이 불가능할 것이다. 이러한 요구 조건을 만족하는 가스를 페닝(Penning) 가스라고 하는데, PDP에서 플라스마를 얻는 데 주로 사용된다. 이 플라스마는 우리가 손으로 만진다 하더라고 뜨겁게 느껴지지 않을 정도로 낮은 온도다.

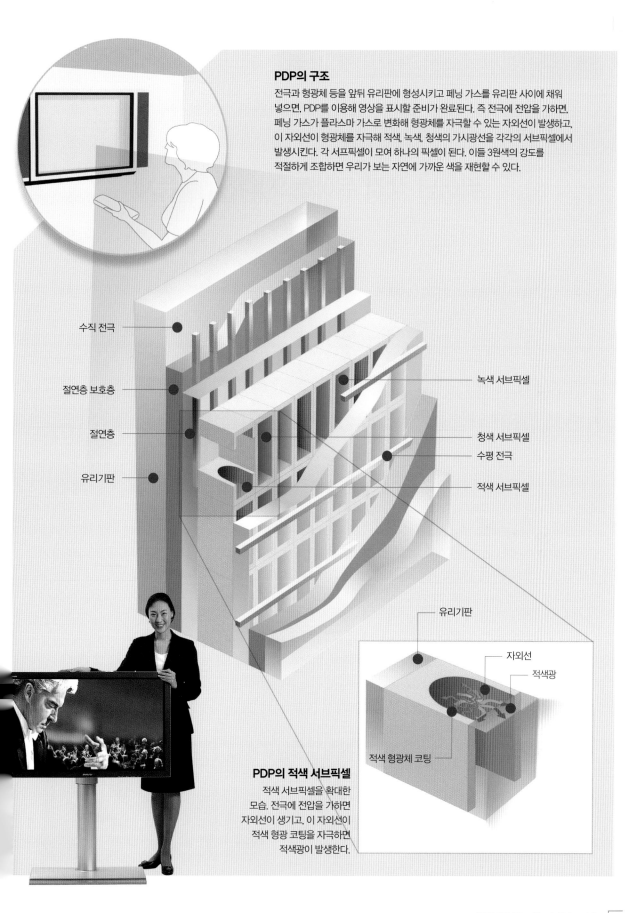

PDP의 구조

전극과 형광체 등을 앞뒤 유리판에 형성시키고 페닝 가스를 유리판 사이에 채워 넣으면, PDP를 이용해 영상을 표시할 준비가 완료된다. 즉 전극에 전압을 가하면, 페닝 가스가 플라스마 가스로 변화해 형광체를 자극할 수 있는 자외선이 발생하고, 이 자외선이 형광체를 자극해 적색, 녹색, 청색의 가시광선을 각각의 서브픽셀에서 발생시킨다. 각 서프픽셀이 모여 하나의 픽셀이 된다. 이들 3원색의 강도를 적절하게 조합하면 우리가 보는 자연에 가까운 색을 재현할 수 있다.

수직 전극

절연층 보호층

절연층

유리기판

녹색 서브픽셀

청색 서브픽셀
수평 전극

적색 서브픽셀

유리기판

자외선

적색광

적색 형광체 코팅

PDP의 적색 서브픽셀

적색 서브픽셀을 확대한 모습. 전극에 전압을 가하면 자외선이 생기고, 이 자외선이 적색 형광 코팅을 자극하면 적색광이 발생한다.

2. 평판 디스플레이 3인방 PDP, LCD, 유기EL

뛰어난 색감 뒤에는 지나친 열 문제

PDP를 가능하게 하는 플라스마 기체를 이해하는 것은 상당한 과학적 사고를 요구하지만, 이를 이용한 PDP 표시 장치의 구조는 매우 단순하다.

두께가 각각 3mm 정도 되는 유리판을 앞뒤로 일정한 간격으로 떼어놓고, 이들 사이에 페닝 가스를 채워 넣는 구조다. 전극과 형광체 등을 앞뒤 유리판에 형성시키고 페닝 가스를 유리판 사이에 채워 넣으면, PDP를 이용해 영상을 표시할 준비가 완료된 것이다.

즉 전극에 전압을 가하면, 페닝 가스가 플라스마 가스로 변화해 형광체를 자극할 수 있는 자외선이 발생하고, 형광체는 이 자외선에 의해 빨강, 녹색, 파란색의 가시광선을 각각의 서브 픽셀에서 발생시키게 된다. 이들 3원색의 강도를 적절하게 조합해 우리가 보는 자연에 가까운 색을 재현해 내는 것이다.

이러한 원리로 만들어진 PDP는 LCD보다 자연색에 가까운 선명한 화상을 구현하고, 어느 각도에서 보더라도 화면 밝기가 비슷하다는 장점이 있다. 이는 플라스마가 형광체를 자극해 가시광선을 발생시키는 자체 발광 특성이

있기 때문이다. 마지막으로 전압을 켜고 끄면 플라스마를 쉽게 켜고 끌 수 있어 화상을 빠르게 동작시키는 것이 가능해 운동 경기와 같은 동적인 장면을 쉽게 구현할 수 있다.

이러한 특징들이 PDP가 차세대 벽걸이 TV로서 주목을 받는 이유다. 따라서 PDP는 가정용 벽걸이 TV, 주식거래 상황판, 화상 회의 디스플레이, 각종 안내 광고용 디스플레이 등으로 그 사용이 점점 보편화하고 있다.

60인치 정도 되는 큰 화면의 PDP를 멀리서 보면 상이 또렷하게 보이는데, 가까이에서 보면 화상이 얼기설기하게 보이는 것을 경험했을 것이다. 이것은 단위 면적당 화상을 구현하는 최소 단위인 화소의 수가 적기 때문에 나타나는 현상이다.

우리나라에서는 1990년대 중반부터 PDP 연구를 시작했다.

현재는 50만 개의 화소를 갖는 PDP가 주로 사용되고 있는데, 앞으로는 200만 개 이상의 화소를 가진 HD(High Definition) TV용 PDP가 개발돼 판매될 것으로 예상한다. 이 TV는 가까이에서 관찰해도 영상의 선명도를 그대로 유지할 수 있다. 그러나 이러한 PDP TV를 일반 가정까지 보급하기 위해서는 앞으로도 많은 연구 개발이 필요하다.

PDP 옆에 다가가면 열이 상당히 많이 발생한다는 것을 눈치챘을 것이다. 이것은 전압을 가해 플라스마를 형성할 때의 효율이 낮아서인데, 현재 브라운관 TV보다 전기 효율이 약 1/4~1/5 정도로 낮은 수준이다. PDP는 간단하게 말해 플라스마에서 자외선을 발생시키고, 이것이 형광체를 자극해 컬러 영상을 나타낸다는 개념이다. 따라서 플라스마 가스에서 자외선의 발생 정도를 지금보다 10배 정도만 증가시키는 방법이 개발된다면, 우리나라의 PDP 산업이 세계를 이끌 수 있는 기반을 마련하게 될 것이다.

또한, PDP는 전력 소모가 많다. 이것의 원인은 PDP에서 플라스마 상태를 만드는 전압이 높기 때문이다. 만약 플라스마 상태를 100V 이하의 낮은 전압에서 유지할 수 있는 기술이 개발된다면, 가정에서 누구나 HD PDP TV를 즐길 수 있는 날이 올 것이다.

● 2. 평판 디스플레이 3인방 PDP, LCD, 유기EL

PC에 이어 TV 군살빼기 나선 LCD

PC 모니터가 LCD로 대체되고 태블릿 PC가 등장함에 따라 미래의 사무 환경은 훨씬 더 넓고 쾌적해질 것이다.

지금으로부터 몇 년 전의 사무 환경을 현재와 비교해볼 때 가장 눈에 띄는 변화 중 하나는 PC의 슬림화를 꼽을 수 있다. 특히 좁은 책상 위에서 불편한 듯 뚱뚱한 몸집을 유지하고 있는 CRT 모니터가 점차 LCD 모니터로 바뀌면서 넓고 쾌적한 분위기를 조성하는데 일조했다. LCD(LCD, Liquid Crystal Display)는 어떤 원리를 갖고 있으며, 장점은 무엇일까?

LCD의 가장 큰 장점은 두께가 얇고 소비전력이 낮다는 점인데, 그 이유는 두께가 단지 수 μm(마이크로미터, 1μm=10^{-6}m)에 불과한 액정층을 핵심 재료로 사용하기 때문이다.

LCD는 저온 플라스마를 통해 자체 발광을 하는 PDP와는 달리 빛을 발하지 않은 비발광 디스플레이다. 따라서 LCD로 화면을 만들려면 형광등으로 제작된 백라이트(backlight)가 요구된다. 백라이트로 빛을 보내면 두 장의 유리기판 사이에 주입된 액정이, 가해지는 전기장의 세기에 따라 움직이면서 빛의 투과량을 조절한다.

액정이란 형태가 변하지 않는 고체와 일정한 형태가 없는 액체의 중간상을 뜻한다. 액정상을 이루는 분자는 가늘고 긴 막대 모양을 하고 있는데, 전기장이나 자기장을 외부에서 걸어주면 분자들의 배열이 바뀌어서 입사된 빛의 방향을 바꿔주는 광학적 이방성을 갖고 있다. 따라서 전기장이나 자기장을 이용해 외부로 나타나는 물성을 제어할 수 있다. 즉 액정의 양단에 필요한 전압을 가함으로써 빛의 투과량을 조절할 수 있다. 빛의 진행 방향과 액정 분자의 방향과의 차이에 따라 굴절율과 전도율이 달라진다.

결국 액정은 빛의 투과 또는 반사량을 조절하는 광 조절 밸브의 역할을 하는 셈이다. 또한, 액정은 적은 전압으로도 분자 배열을 쉽게 조절할 수 있어 소비 전력이 적고, CRT처럼 전자총을 이용하지 않으므로 전자파와 같은 문제가 없다는 장점이 있다. 이러한 장점 덕분에 LCD는 차세대 디스플레이의 대표주자로 주목받고 있다.

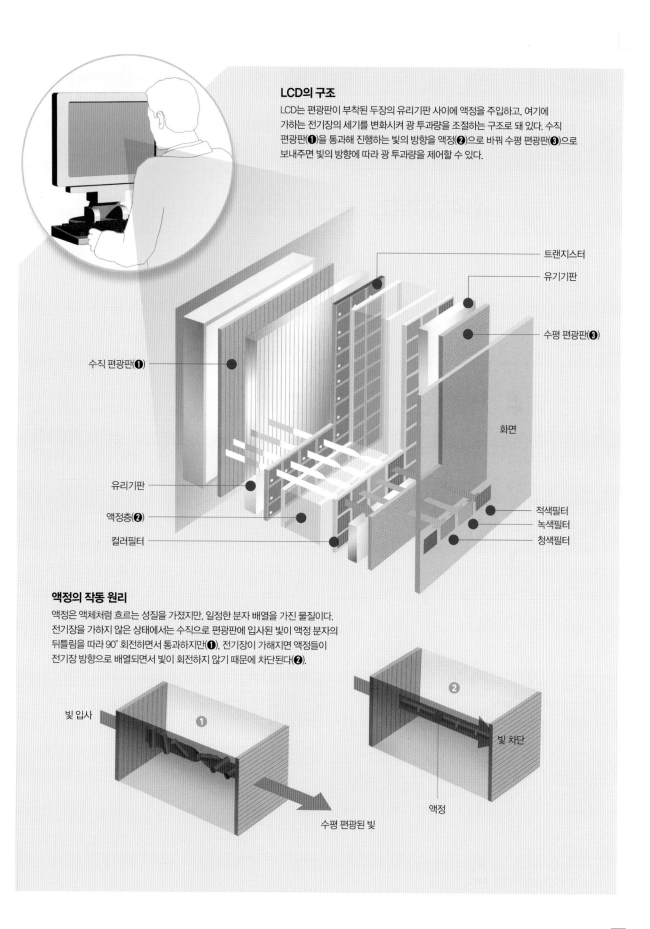

LCD의 구조

LCD는 편광판이 부착된 두장의 유리기판 사이에 액정을 주입하고, 여기에 가하는 전기장의 세기를 변화시켜 광 투과량을 조절하는 구조로 돼 있다. 수직 편광판(①)을 통과해 진행하는 빛의 방향을 액정(②)으로 바꿔 수평 편광판(③)으로 보내주면 빛의 방향에 따라 광 투과량을 제어할 수 있다.

트랜지스터

유기기판

수평 편광판(③)

수직 편광판(①)

화면

유리기판

액정층(②)

컬러필터

적색필터

녹색필터

청색필터

액정의 작동 원리

액정은 액체처럼 흐르는 성질을 가졌지만, 일정한 분자 배열을 가진 물질이다. 전기장을 가하지 않은 상태에서는 수직으로 편광판에 입사된 빛이 액정 분자의 뒤틀림을 따라 90˚ 회전하면서 통과하지만(①), 전기장이 가해지면 액정들이 전기장 방향으로 배열되면서 빛이 회전하지 않기 때문에 차단된다(②).

②

빛 입사

①

빛 차단

액정

수평 편광된 빛

소비 전력은 낮지만 응답 속도가 느려

그렇다면 액정 디스플레이는 어떤 구조를 갖추고 있는지 조금 더 자세히 알아보자. 일반적으로 액정 디스플레이는 편광판이 부착된 두 장의 유리 사이에 액정을 주입하고 여기에 가하는 전기장의 세기를 조절해 광 투과량을 조절하는 구조로 돼 있다. 예를 들어 편광판을 통과해 진행하는 빛의 방향을 액정으로 바꿔 다른 쪽의 편광판으로 보내주면 빛의 방향에 따라 광 투과량을 제어할 수 있다.

균일한 밝기와 높은 콘트라스트비(영암 대비, 가장 밝을 때와 가장 어두울 때의 빛의 세기 비)를 갖는 LCD를 만들기 위해서는 액정 분자들을 일정한 방향으로 배열시켜야 한다. 이처럼 액정 분자들을 일정한 방향으로 배열시키는 작업을 배향이라고 한다.

시야각을 넓히는 연구가 지속적으로 진행되고 있어 머지 않아 여러 사람이 대형 LCD TV 화면을 함께 시청할 수 있을 것이다.

현재 많이 사용되고 있는 LCD는 TN(Twisted Nematic)형과 VA(Verti-cal Alignment)형인데, 노트북에 사용하는 액정 화면은 모두 TN형 액정을 이용한 것이다. TN형 LCD를 살펴보면 두 장의 편광판 사이에 액정이 끼워져 있고, 액정 분자의 긴 축은 전압을 가하지 않을 경우 상하 기판에서 90° 연속적으로 비틀린 구조를 하고 있다. 수직으로 편광판에 입사된 광은 LCD를 통과할 때 액정 분자의 뒤틀림을 따라 90° 회전하면서 또 다른 편광판에 도달한다. 전기장을 가하지 않은 상태에서 빛은 그대로 통과하게 되므로 밝은 상태가 되는데, 전기장이 가해지면 액정들이 전기장 방향으로 일정하게 배열돼 편광판을 통과한 빛이 액정 분자에 의해 회전하지 않기 때문에 차단된다. 반면 두 편광판을 평행하게 설치한다면 이와 반대로 전기장이 가해지지 않은 상태에서 어둡게 된다. 액정 디스플레이의 화상은 이런 원리를 통해 구현된다.

LCD 화면을 구성하기 위해 가로 세로로 바둑판처럼 나누는 매트릭스 구조가 필요한데, 화면의 최소 단위인 화소 하나에 트랜지스터 하나를 붙여서 화면을 만드는 장치가 TFT-LCD(Thin-

Film Transistor Liquid-Crystal Display)다. 즉, 각 화소가 켜지고 꺼지는데 따라 정보가 표현되고, 이들 전체가 조화를 이뤄 화면을 구성하게 된다. 패널을 살펴보면 두 유리판 사이에 액정이 약 4μm 두께로 채워져 있고, 한쪽의 유리판 위에 TFT와 ITO(투명전극)가 있다. 그리고 다른 쪽의 유리 위에는 컬러필터가 형성돼 있다. 컬러필터는 CRT에서 색깔을 내기 위한 형광체의 역할과 같다. 컬러화상은 RGB(적색, 녹색, 청색) 세 종류의 컬러필터를 조합해 얻는다. RGB 세 개가 모여 색상이 구현되고, 우리 눈은 RGB가 합성된 빛깔을 인식하게 된다.

LCD는 두께가 얇고 소비전력이 적으며, 전자파가 없다는 점이 있지만, 가해지는 전기장의 세기에 따라 분자의 배열이 바뀌는 등 액정의 이방성 특징 때문에 응답 속도가 느리다는 단점이 있다. 따라서 일반적인 워드 작업이나 간단한 응용 프로그램을 사용할 때는 문제가 되지 않지만, 영화나 게임 등 빠른 속도를 소화해야 하는 동영상은 화질이 나빠질 수 있다. 또한 LCD는 보는 각도에 따라 빛의 투과량이 달라져 정면에서 볼 때는 화면의 색상이나 화상이 제대로 보이지만, 여러 사람이 모니터 한 대를 봐야 하는 경우 등 측면에서 볼 때는 화질이 나빠진다. 그러나 지난 5년 동안 시야각을 넓히는 연구가 지속해서 진행돼 여러 사람이 LCD TV를 볼 수 있을 정도로 발전했다.

1983년 처음으로 3인치 액정 TV가 시장에 나온 이후, 1990년까지 3~5인치급 소형 TV에 TFT-LCD가 이용됐다. 이후 1991년부터 8.4~10.4인치 크기의 노트북용이 생산됐고, 1995년부터는 11.3~13.3인치 크기의 제품이 생산됐다. 최근에는 모니터용으로 15.1~24인치급의 TFT-LCD가 생산되고 있고, TV용으로 30~40인치급도 생산되고 있다. TFT-LCD의 크기는 지난 20년 동안 계속 커져 현재 40인치급에서 PDP와 경쟁할 수 있는 단계에 와 있다.

LCD는 응용 제품의 특성에 따라 노트북용, 모니터용, 소형 정보통신용으로 구분된다. 이 중 휴대용 디스플레이 분야에서 유기EL과 함께 강력한 경쟁력을 갖출 것으로 예상된다.

또한, TFT-LCD의 가장 큰 문제로 지적됐던 좁은 시야각 문제가 연구 개발로 차츰 해결되면서 생산에 적용되고 있다. 그런데 우리나라의 LG디스플레이, 삼성SDI 등에서 채용한 시야각 향상 기술이 각각 다르다. 양산에 적용된 기술은 회사의 기술 개발 능력, 양산 경험, 장비, 기술자의 능력, 회사 정책 등에 따라서 크게 다르다.

TFT-LCD는 응용 제품의 특성에 따라 크게 노트북용, 모니터용, TV용 및 소형 정보통신용으로 구분된다. 노트북으로는 연간 약 3000만 개가 생산되고 있고, PC용 LCD 모니터의 확산 속도도 매우 빠르게 진행되고 있다. 미래에는 휴대전화기를 이용해 실시간으로 동영상을 송수신하는 일이 가능할 것이다. 이러한 단말기 디스플레이의 후보가 TFT-LCD와 유기EL이다. 유기EL은 신뢰성을 확보해 상용화하는데 아직 어려움이 있기 때문에 당분간 TFT-LCD가 가장 유력한 휴대용 디스플레이이고, 유기EL도 점차 시장 점유율이 증가할 전망이다.

두루마리 디스플레이 시대를 여는 유기EL

유기EL이라는 새로운 평판 디스플레이가 실생활에 등장하고 있다. 최신 기술에 관심이 많은 독자라면 휴대전화뿐만 아니라 머지않아 유기EL 디스플레이를 사용하는 노트북이나 TV가 출시되고, 두루마리처럼 둘둘 말았다가 펴서 볼 수 있는 디스플레이가 나오게 될 것이라는 소식을 자주 접할 것이다. 유기EL이 LCD의 뒤를 이어 차세대 디스플레이로 주목받기 시작하자 세계적으로 개발과 상용화의 붐이 일고 있다. 유기EL은 어떤 원리로 작동하는 것인지 알아보자.

유기EL의 핵심은 두께가 100~200nm(나노미터, 1nm=10^{-9}m) 정도인 유기 박막층이다. 이 박막층은 CRT에서의 형광체와 같은 역할을 하기 때문에 이를 이용해 만든 소자에 전류를 흘려주면 빛이 발생한다. 이 현상을 전기발광(Electro Luminescence, EL)이라고 부른다.

실리콘과 같은 무기 반도체보다 고분자로 이뤄진 유기 반도체는 분자 구조를 변화시킨다거나 분자에 새로운 기능을 할 수 있는 다른 분자를 덧붙임으로써 전자에너지 구조를 쉽게 조절할 수 있다. 또한 무기 반도체보다 훨씬 낮은 온도에서 쉽게 제조할 수 있어 다양한 제작 기술을 활용할 수 있고, 플라스틱과 같은 기판을 사용할 수 있기 때문에 새로운 반도체 신소재로 각광을 받고 있다.

유기 반도체는 무기 반도체와 마찬가지로 도핑(미량의 다른 물질을 재료에 첨가해 그 성질을 개선하는 일)해서 전기 전도도를 도체 수준까지도 올릴 수 있으므로 전도성 고분자 또는 합성 금속이라고도 한다. 2000년도 노벨화학상은 이와 같은 전도성 고분자를 개발한 미국 앨런 히거, 앨런 맥더미드, 일본의 히데키 시라카와 교수의 몫으로 돌아갔다.

유기 반도체를 이용한 유기 발광다이오드는 1987년에 미국의 이스트먼코닥 사에 있는 중국인 과학자 칭 W. 탕에 의해 개발됐다. Alq$_3$로 불리는 저분자 유기물질로 이뤄진 얇은 박막에 전류를 흘려주자 마치 무기 반도체 발광다이오드처럼 밝은 초록빛을 내는 것을 발견하고 특허를 출원했다.

유기EL은 스스로 빛을 내기 때문에 백라이트를 사용해 간접 발광하는 LCD에 비해 구조와 제조 공정이 간단해서 제조비가 저렴하다. 초박막을 핵심 재료로 이용하므로 매우 얇은 두께를 만들 수 있음은 물론이다. 또한, 백열전구보다 2~3배 우수할 정도로 자체 발광 효율이 높고 선명하며, 화상을 볼 수 있는 각도가 크고 소비전력이 낮

스스로 빛을 낼 수 있는 유기 박막층을 사용해 만드는 유기EL 디스플레이는 두께가 매우 얇고 구부러질 수 있는 특징을 갖고 있다. 머지 않아 두루마리 전자잡지의 꿈도 실현될 수 있을 것이다.

다는 장점이 있다. 더욱이 기존 LCD보다 1000배 이상의 응답속도를 낼 수 있어 뛰어난 동영상 구현이 가능하다. 그러나 유기EL은 다른 디스플레이에 비해 수명이 짧다는 단점이 있다. 유기 물질은 수분이나 산소와 화학적인 반응을 일으키기 쉬운데, 현재 수분이나 산소를 확실하게 차단할 수 있는 기술이 개발되지 못했기 때문이다.

그런데 유기 반도체는 어떻게 빛을 낼 수 있고, 색을 조절할 수 있을까. 실리콘과 같은 무기 반도체와 마찬가지로 유기 분자의 외곽에는 가전자를 이루는 전자가 있는데, 고체를 형성하면 이와 같은 많은 전자의 에너지 준위는 에너지띠를 형성하게 된다. 예를 들어 반도체는 전자가 꽉 찬 에너지띠와 비어 있는 에너지띠 사이에 전자가 존재

하지 않는 에너지 밴드갭(band gap)이 있다. 마치 사람으로 꽉 찬 지하철 안에서는 움직이기 어려운 것과 같이 전자가 꽉 찬 에너지띠에서는 전자가 움직이지 못한다. 그런데 빛, 열, 또는 전기에너지 등에 의해 전자는 에너지 밴드갭을 넘어서 그 위에 비어 있는 에너지띠로 올라가서 움직일 수 있다. 그러면 아래에 있는 에너지띠에서도 일부 전자가 빠졌기 때문에 움직일 수 있고, 이것은 마치 전자가 빠진 빈 구멍이 움직이는 것과 같으므로 양의 전하를 가진 정공(hole)이라고 한다.

이와 같은 유기 반도체를 이용한 소자에 순방향의 전압을 가하면 양극에서는 양의 전하를 가진 정공이 에너지 밴드갭 아래의 에너지띠에 들어가고, 음극에서는 음의 전하를 가진 전자가 에너지 밴드갭 위의 에너지띠에 들어가게 된다. 서로 반대의 전하를 가진 양공과 전자는 쿨롱의 힘에 의해 서로 끌리게 돼 만나는데, 에너지 밴드갭 위의 높은 에너지를 가진 전자가 아래의 양공과 재결합하면서 이 에너지 차이를 빛으로 내보내게 된다. 따라서 빛의 색깔은 에너지 밴드갭의 크기로 결정된다.

짧은 수명은 해결해야 할 과제

밴드갭이 크면 짧은 파장을 가진 파란색 쪽의 빛이 나오고, 작으면 긴 파장을 갖는 빨간색 쪽의 빛이 나오게 된다. 만약 파장이 가시광선 영역을 벗어나면 자외선이나 적외선이 나온다. 따라서 원하는 빛의 파장에 해당하는 에너지 밴드갭을 가진 유기 반도체를 발광층에 사용해 빛의 색깔을 마음대로 조절할 수 있다.

그렇다면 유기EL은 어떤 구조와 원리를 갖고 있을까. 유기EL 소자는 양극과 음극 사이에 두께가 100~200nm 정도인 유기 박막층이 있는 구조로 돼 있다. 유기 박막층은 단일 물질로 제작할 수 있으나, 일반적으로 여러 유기물질의 다층 구조를 주로 사용한다. 또한 발광효율을 높이기 위해 발광층에 발광효율이 우수한 유기 색소를 약 0.1~10% 정도 도핑한다.

양극 재료는 투명한 ITO 전극을 주로 사용하고, 음극 재료로는 일함수(물질 내에 있는 전자를 밖으로 끌어내는 데 필요한 최소의 일)가 낮은 금속 또는 합금(Li, Ca, Al:Li, Mg:Ag 등)을 사용한다. 이 소자에 순방향의 전류가 흐르면 빛이 나온다. 유기EL 소자는 약 5V 정도의 낮은 전압에서도 TV 화면 밝기 정도(단위 평방미터당 수백 칸델라 정도, 약 $200 \sim 300 cd/m^2$)의 빛을 방출한다.

1990년에는 영국 캠브리지 대학교의 리차드 프렌드 교수 연구실에서 폴리파라페닐렌(PPV)라는 녹색 발광 고분자를 이용한 유기EL 소자도 발명됐다. 그리고 1992년 미국 산타바버라에 있는 캘리포니아 대학교의 앨런 히거 교수 연구실에서는 플라스틱 기판 위에 폴리아닐린이라는 전도성 고분자를 투명전극으로 사용한 플라스틱 유기EL 소자를 개발해 두루마리 디스플레이의 가능성을 열었다. 전 세계적으로 치열한 연구개발 경쟁이 벌어진 결과 빛

의 삼원색뿐만 아니라 다양한 색상의 유기EL 소자가 개발됐다.

최근에는 의복에도 부착할 수 있는 두께 0.2mm의 유기EL 디스플레이가 개발돼 입는 컴퓨터의 실현할 수 있게 하고 있으며, 두루마리처럼 말아서 갖고 다닐 수 있는 스크린에 대한 연구도 활발하게 진행되고 있다. 이런 스크린이 실용화되려면 앞으로 수년이 더 걸릴 것으로 예상하지만, 양산되기 시작하면 인터넷과 컴퓨터 산업에 큰 변화를 가져다줄 것이다.

미국 코닥과 일본 산요의 합작회사인 SK디스플레이 사에서는 14.7인치 천연색 유기EL 디스플레이를 발표했고, 일본 도시바 마쓰시타 디스플레이 사에서는 발광 고분자를 사용한 잉크젯 프린팅 방법으로 17인치 천연색 유기EL 디스플레이 제품을 발표했다. 전 세계적으로 약 100개 기업이 유기EL의 상용화를 위한 연구 개발을 하고 있어서 본격적인 유기EL 시대가 열릴 것을 예고하고 있다. 우리나라도 삼성SDI에서 15.1인치 천연색 유기EL 디스플레이를 발표했고, LG디스플레이, 오리온 전기 등에서 유기EL과 관련된 우수한 결과를 발표했다. ⓓ

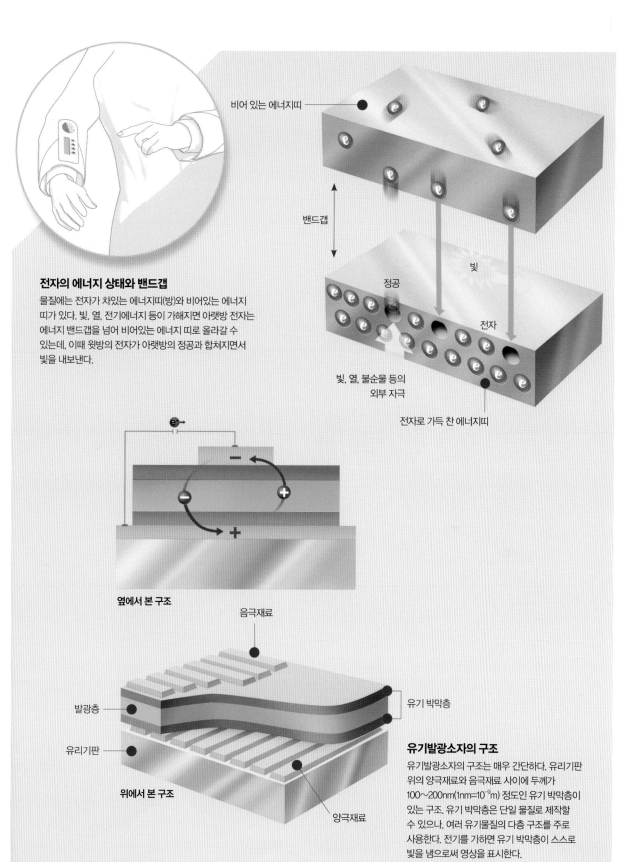

전자의 에너지 상태와 밴드갭

물질에는 전자가 차있는 에너지띠(방)와 비어있는 에너지
띠가 있다. 빛, 열, 전기에너지 등이 가해지면 아랫방 전자는
에너지 밴드갭을 넘어 비어있는 에너지 띠로 올라갈 수
있는데, 이때 윗방의 전자가 아랫방의 정공과 합쳐지면서
빛을 내보낸다.

비어 있는 에너지띠

밴드갭

빛

정공

전자

빛, 열, 불순물 등의
외부 자극

전자로 가득 찬 에너지띠

옆에서 본 구조

음극재료

발광층

유기 박막층

유리기판

위에서 본 구조

양극재료

유기발광소자의 구조

유기발광소자의 구조는 매우 간단하다. 유리기판
위의 양극재료와 음극재료 사이에 두께가
100~200nm(1nm=10⁻⁹m) 정도인 유기 박막층이
있는 구조. 유기 박막층은 단일 물질로 제작할
수 있으나, 여러 유기물질의 다층 구조를 주로
사용한다. 전기를 가하면 유기 박막층이 스스로
빛을 냄으로써 영상을 표시한다.

홀로그램 동영상으로 환상적인 영화 감상을

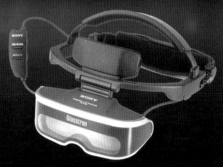

3D 디스플레이 영상을 실감나게 감상할 수 있는 안경형 장치. 인간의 감성을 극대화할 수 있는 각종 입체디스플레이 관련 장치에 대한 기술 개발이 활발하게 진행되고 있다.

2002년에 개봉해 인기를 끌었던 스티븐 스필버그의 영화 「마이너리티 리포트」에는 주인공 톰 크루즈가 가족과 찍은 동영상을 일반적인 디스플레이가 아닌 공중에 홀로그램을 펼쳐놓고 3D 입체영상을 만들어 회상하는 장면이 나온다. 여기서 3D 입체영상은 물리적인 실체는 아니지만 말과 행동, 외형 등 모든 것이 실제 사람을 직접 대하는 것과 똑같다.

현재의 전자기술 발전 상황을 보면 SF 영화에서 보여준 미래의 모습은 그다지 멀게 느껴지지 않는다. 미래지향적인 영상기술이나 제품들이 실제로 개발 완료돼 대중화를 기다리고 있기 때문이다. 일본에서 열린 영상 및 정보통신 전시회인 '세텍(CEATEC) 2002'에서는 영화 속 장면과 같은 3D 입체화면 재생장치가 샤프 사에서 개발돼 선보이는 등 기술의 발전이 어디까지 왔는지 알려줬다. 80% 이상의 정보를 눈으로 받아들이는 인간의 감성을 극대화하려는 듯 실감형 입체 디스플레이 장치에 관한 기술 개발이 뜨겁게 달아오르고 있다.

디스플레이의 흐름을 살펴보면 차세대 디스플레이는 CRT에서 PDP, LCD, 유기EL 등의 평면 형태로 발전하고 있다. 이러한 기술 추세가 최종적으로는 3D 디스플레이 기술로 이어질 것으로 보인다. 2D 기술이 3D 기술로 이어지는 대표적인 증거를 크게 세 가지로 나눠 설명하면 첫째, 초소형화 기술이다. 유기EL 기술이 적용된 정보기기의 휴대화와 더불어 팜탑용(손바닥에 올려놓고 할 수 있는 정도) 또는 1인치 이하의 초소형 마이크로 디스플레이를 적용한 안경 방식이 개발되고 있다. 이것은 핸드헬드 또는 웨어러블 디스플레이로서 정보통신기기, 개인용 게임기와 입체 안경에 응용할 수 있다.

둘째, 대화면 기술이다. PDP와 프로젝션 디스플레이가 개발되면서 벽걸이 TV 시대가 가능하게 됐고, 안방 극장(홈시어터) 시장도 급속히 확대되는 추세다. 향후 입체영화만을 상영하는 소형 입체영화관이나 건축 또는 연예 분야의 이벤트를 위한 3차원 영상 전시가 가능할 것으로 예상한다.

셋째, LCD와 같은 평판 디스플레이를 이용한 입체화다. 여기에는 소형 디스플레이를 이용한 HMD 방식과 평판 디스플레이를 이용한 3차원 정보단말기가 있다. 3차원 디스플레이에 적합한 디스플레이로 LCD가 주로 채용되는데, 이미 개인용 모니터와 각종 표시소자 이용이 증가되고 있다. 따라서 기존의 2차원 디스플레이에 2D와 3D의 호환이 가능한 기술을 접목하면 3D 디스플레이의 응용 분야도 빠른 속도로 증가할 것으로 예상한다. 지금부터 3D 디스플레이 방식의 종류는 무엇이고, 어떤 원리를 가졌는지 알아보자.

양안 시차 통해 입체 사물 인식

사람은 두 눈을 이용해 사물을 입체적으로 본다. 3차원으로 인식한다는 뜻이다. 입체로 볼 수 있으려면 두 눈은 같은 평면에 있어야 한다. 그래야 사물의 원근과 윤곽을 제대로 파악할 수 있다. 한 가지 실험을 해보자. 한눈을 가리고 어떤 물건을 보다가 다른 눈을 가리고 보면 그 물건이 약간 이동한 것처럼 보인다. 이것을 '양안 시차'라고 하는데, 이를 통해 사물을 입체로 느끼게 된다. 만약 인간의 두 눈이 금붕어의 눈처럼 머리 양쪽에 있다면 왼쪽과 오른쪽을 따로 보기 때문에 입체로 볼 수 없었을 것이다. 닭, 개, 돼지, 소 등과 같은 동물도 두 눈이 코를 기준으로 귀 쪽으로 약간 치우쳐 있다. 두 눈이 같은 평면에 있는 동물은 사람을 비롯한 원숭이, 침팬지, 고릴라 등과 같은 영장류밖에 없다.

입체화면은 카메라 두 대로 찍은 영상을 하나로 합친 것이다. 즉 좌우 카메라로 찍은 2개의 영상을 하나로 합치면 그림이 중복돼 깨끗하게 보이지 않는다. 따라서 입체영화를 볼 때 특수 안경을 쓴다. 이 특수 안경은 좌우 영상을 구분해 인공적으로 양안 시차를 만들어줌으로써 입체로 볼 수 있게 해준다.

지난 50여 년간 30여 가지에 달하는 다양한 3D 디스플레이 방식이 제안됐는데, 이들 대부분은 양안 시차의 원리를 이용해 입체영상을 표시하고 있다. 즉 카메라 두 대로 찍은 좌우 영상이 동시에 프로젝션 됐을 때 어떻게 이들 영상을 구분해 좌우 안에 정확히 제시해주느냐 하는 방식에 달려있다.

3D 디스플레이 기술은 양안 시차 방식과 이를 좀 더 개선한 복합 시차 지각 방식, 크게 두 가지 형태로 분류할 수 있다. 먼저 양안 시차 방식은 좌우 안의 시차 상을 이용하는 것으로 안경식과 무

편광 안경 방식 디스플레이의 원리
편광 안경용 영상화면은 좌측과 우측 영상이 각기 다른 편광 상태를 갖고 있다.
수직 편광판(❶)과 수평 편광판(❷)이 부착된 안경을 쓰고 보면 좌측과 우측의 화상이 분리돼 양안 시차가 만들어져 입체감(❸)을 느낄 수 있게 된다.

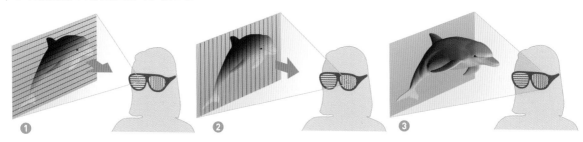

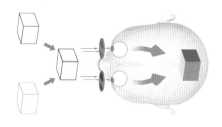

안경식이 있다.

안경 방식의 애너글리프(anaglyph) 디스플레이 방식부터 살펴보자. 이 방식은 상호 보색관계에 있는 두 개의 색 필터를 이용해 좌우 영상을 분리, 선택함으로써 각각의 눈에 제시해주는 방식이다. 이때 적색 안경은 적색이, 청색 안경은 청색이 보인다. 적색과 청색은 서로 보색관계에 있기 때문에 적색 안경으로는 청색을, 청색 안경으로는 적색을 볼 수 없다.

이러한 원리를 이용해 좌우 영상을 각각 적·청색으로 표시한 다음 하나의 영상으로 합성해 애너글리프 사진을 만들자. 그다음 적·청 필터 안경을 사용해 애너글리프 사진을 보면 좌우 영상이 구분돼 양안 시차가 만들어지고 결과적으로 입체영상을 느낄 수 있다.

또 다른 안경 방식으로는 현재 입체 영화에 가장 많이 사용되고 있는 편광안경 방식이다. 편광 안경을 사용하면 고해상도를 갖춘 컬러 동영상 디스플레이가 가능하고 동시에 다수 사람들에게 입체 영상을 보여줄 수 있다.

편광 안경용 영상 화면은 좌측 영상과 우측 영상이 각기 다른 편광 상태를 갖고 있다. 이 영상 화면을 서로 다른 편광판이 부착된 안경을 쓰고 보면 좌측화상과 우측화상이 분리돼 양안 시차가 만들어짐으로써 쉽게 입체감을 느낄 수 있게 된다. 즉 좌우 안에 해당하는 영상을 동시에 표시한 두 개의 모니터를 직각으로 두고 그 모니터 앞에

편광축이 서로 직각인 편광판을 각각 위치시킨다. 그리고 모니터 사이 45° 위치에 반투과 거울을 사용해 하나로 합성된 영상을 서로 직교하는 편광 안경을 통해 관찰하면 양 화면의 분리가 가능하고 결과적으로 양안 시차가 생겨 입체감을 느끼게 된다.

편광 안경 방식은 편광판의 성능에 따라 입체감이 크게 달라진다. 따라서 편광 성능이 떨어지는 안경을 사용할 때 좌·우측 영상이 완전히 분리되지 못하고 좌안 또는 우안에서 어느 정도 보이게 돼 전체적으로 입체감이 떨어지기도 한다.

이런 문제점을 해결하기 위해 최근에는 좌우 영상을 속도가 빠른 한 대의 모니터에서 시간 차이를 두고 반복적으로 나타나게 하고, 액정 셔터를 부착한 특수 안경을 사용하는 방식이 개발됐다. 이 방법을 사용하면 액정 셔터를 시간에 맞춰 열었다가 닫는 작업을 함으로써 좌우 영상을 완전히 분리할 수 있어 양안 시차에 의한 입체감을 크게 향상시킬 수 있다. 즉 색안경 방식과 편광 안경 방식은 좌우 영상을 동시에 디스플레이하는 방식이지만 셔터안경 방식은 좌우 영상을 서로 시분할적으로 교대로 디스플레이하는 방식이다. 따라서 좌영상이 디스플레이될 때에는 좌안에만 영상이 입력되고, 우영상이 디스플레이될 때에는 우안에만 영상이 입력된다.

즉 모니터 화면에는 단순히 좌우 영상을 번갈아 디스플레이하고, 셔터안경은 디스플레이되는 영상과 시간을 맞춰 전자적으로 안경을 개폐시킴으로써 좌우 영상을 분리해 수신하게 된다.

하지만 특수 안경을 사용해 입체영상을 보는 것은 맨눈으로 보는 것에 비해 아무래도 불편하다. 늘 안경을 쓰는 사람이라면 입체영상을 보기 위해 특수 안경까지 이중으로 착용해야 하는 번거로움도 따른다. 이런 불편함을 해결하기 위해 특수 안경을 착용하지 않고도 입체 영상을 볼 수 있는 방식이 무안경식 3D 디스플레이다. 안경 방식이 특수안경을 통해 좌우 영상을 분리함으로써 양안 시차를 만들어줬다면, 무안경 방식은 사람이 쓰던 특수안경을 모니터에 씌운다는 개념이다. 즉 좌우 영상을 구분하는 기능을 가진 특수한 광학판을 모니터 앞뒤에 설치하는 방식이다. 현재 대표적인 무안경 방식으로 렌티큘러 시트(lenticular sheet) 광학판 방식, 패럴랙스 배리어(parallax barrier) 광학판 방식 등이 있다. 이 중 패럴랙스 배리어 방식은 빛을 투과 또는 차단시키기 위한 가느다란 줄무늬 모양의 수직 슬릿을 일정한 간격으로 배열시킨 다음 그 뒤에 적당한 간격을 두고 좌우 영상을 교대로 배치하는 기술이다.

따라서 특정한 시점에서 이 슬릿을 통해 보면 기하 광학적으로 좌우 영상이 정확하게 분리돼 입체감을 느끼게 된다. 즉 모니터 화면 앞에 특수안경 기능을 하는 줄무늬 모양의 패럴랙스 배리어 광학판을 설치해 무안경으로 입체영상을 표시한다.

3. 꿈의 화면 3D 디스플레이

가장 이상적인 3D 기술 홀로그래피란

이 방식은 제작 방법이 매우 간단하지만, 배리어가 눈에 거슬리거나 상당량의 빛이 배리어에 의해 차단되기 때문에 밝은 화면을 얻을 수 없다. 따라서 현재까지는 렌티큘러 시트 방식의 실용화 가능성이 가장 큰 것으로 알려져 있다. 렌티큘러 시트 방식은 반원통형의 모양을 한 렌티큘러 스크린이라고 불리는 렌즈의 초점 면에 좌우 영상을 줄무늬 형태로 배치하고 이 렌즈를 통해 보면 렌즈판의 방향성에 따라 좌우 영상이 분리돼 안경 없이 입체영상을 볼 수 있다. 렌즈 한 개의 폭은 표시기의 화소 폭에 의해 결정되는데, 좌우 영상에 해당하는 두 개의 화소가 들어가게 만든다. 이렇게 하면 렌즈 효과에 의해 렌즈의 좌측에 있는 화소는 오른쪽 눈에만 보이고, 우측에 있는 화소는 왼쪽 눈에만 보이게 됨으로써 좌우 영상의 분리가 가능해진다.

즉 두 대의 스테레오 카메라를 사용해 좌우 영상을 촬영하고 이렇게 촬영된 두 개의 영상은 한 화면 위에 좌우 영상을 줄무늬 형태로 번갈아 배열시켜 합성한다. 그리고 렌티큘러 렌즈를 합성된 영상화면 앞에 설치하면 각각의 영상은 렌티큘러 렌즈를 통과한 후 서로 분리돼 다른 방향으로 진행하기 때문에 시청자가 입체감을 느낄 수 있다.

이렇듯 3D 디스플레이 방식의 대부분은 양안시차를 이용해 입체 영상을 표시하고 있다. 그러나 양안시차는 인간이 3차원 공간을 지각하는 요인의 한 가지일 뿐이고, 실제로는 더 많은 정보 즉, 생리학적 요인인 폭주(눈의 회전각), 조절(눈의 초점 맞춤), 운동시차(관찰자와 물체의 상대적인 운동에 의한 변화)와 심리적인 요인(원근법, 음영) 등을 기본으로 3차원 공간을 지각하고 있다. 결국, 이러한 요인으로 3D 시청의 불편함이나 위화감이 발생할 수도 있다.

따라서 자연스러운 3D 디스플레이를 실현하기 위해서는 실제의 3차원 공간을 보고 있을 때와 똑같은 '자연스러운 입체시'의 구현이 가능해야 한다. 최근 완전 입체시의 구현 방법으로 복합시차 지각 방식이 제시되고 있는데, 이는 양안 시차뿐만 아니라 인간이 갖는 앞뒤 거리 지각능력을 이용하는 방식을 말한다. 예를 들어 양안 시차 방식에 물체의 앞뒤 초점 거리에 대한 보상값을 추가해 적용하거나, 두 대 이상의 카메라를 사용해 여러 방향에서의 양안 시차 영상을 표시해줌으로써 여러 사람이 동시에 시청할 수 있게 하는 등 비교적 넓은 범위에서 자연스러운 입체영상을 시청하는 방법이 개발되고 있다.

한편 가장 이상적인 3D 디스플레이 기술인 동화상 홀로그래피 방식도 활발하게 연구되고 있다. 우리가 사물을 본다는 것은 사물에서 반사된 빛을 눈으로 인식한다는 뜻이다. 다시 말해 사물에서 반사된 빛의 파장, 진폭 그리고 위상에 대한 정보를 감지하는 것이다. 파장은 색깔을 나타내고 진폭은 명암을 나타내며, 위상은 올록볼록한 입체를 나타낸다.

우리가 보통 찍는 일반 사진술은 빛의 파장과

렌티큘러 시트 방식의 원리

두 대의 카메라를 사용해 좌우 영상을 촬영하고 이 영상을 한 화면 위에 줄무늬 형태로 번갈아 배열시켜 합성한다. 합성한 영상화면 앞에 렌티큘러 렌즈를 설치하면 각 영상은 렌즈를 통과한 후 분리돼 다른 방향으로 진행한다. 시청자가 입체감을 느낄 수 있는 원리다.

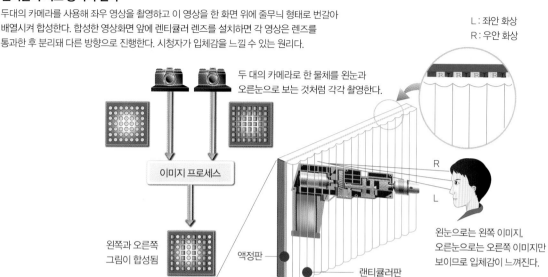

두 대의 카메라로 한 물체를 왼눈과 오른눈으로 보는 것처럼 각각 촬영한다.

이미지 프로세스

왼쪽과 오른쪽 그림이 합성됨

액정판

랜티큘러판

L : 좌안 화상
R : 우안 화상

왼눈으로는 왼쪽 이미지, 오른눈으로는 오른쪽 이미지만 보이므로 입체감이 느껴진다.

진폭만 기록하고, 위상을 기록하지 못한다. 그래서 사진이 납작하게 평면으로 보이는 것이다. 만약 위상까지 기록하는 사진술이 있다면 입체 사진을 만들 수 있을 것이다. 이러한 개념이 바로 홀로그래피다. 홀로그래피는 영국 물리학자인 데니스 가버가 고안한 일종의 3차원 사진술이다. 사진처럼 물체를 보는 한 방향에서 물체의 단면만을 기록하는 것이 아니고, 두 눈으로 보는 것처럼 보는 방향에 따라 형태가 달라지는 물체의 3차원 상을 기록하는 것이다.

홀로그래피에 의한 3D 디스플레이 구현에는 기술적인 어려움이 많다. 가장 큰 문제는 홀로그램이 가진 방대한 데이터의 양인데, 홀로그래피의 데이터양을 줄이기 위해 두 가지 방식이 제안되고 있다. 하나는 합성 홀로그램을 이용하는 것이다. 한 장의 큰 홀로그램 대신에 물체의 여러 방향에서 촬영한 다수의 작은 홀로그램을 이용해 상을 재생하는 이 방법은 재생시 해상도를 해치지 않는 범위 내에서 데이터양을 크게 줄일 수 있다. 다른 하나는 홀로그램 자체의 데이터양을 줄이지 않고 물체에서 반사되는 빛에 포함된 데이터의 용량을 줄이는 개념으로, 홀로그래픽 비디

오라고 한다. 즉 홀로그래픽 비디오는 컴퓨터로 홀로그램을 합성하고, 음향 광 변조기로 불리는 결정 또는 액정을 통해 간섭무늬를 만들어 레이저를 이용해 공간에 상을 재생시키는 방식이다.

3D 디스플레이 기술은 미국, 일본, 유럽을 중심으로 기술 선점을 위해 각각 독립적인 형태로 활발히 개발되고 있다. 미국에서는 이미 국방성의 고등연구계획국(DARPA, Defence Advanced Research Projects Agency)의 연구과제의 하나인 '3D 입체영상 및 그래픽 디스플레이 기술개발'을 비롯해 미 항공우주국(NASA), AT&T, 매사추세츠 공과대학교(MIT) 등을 중심으로 항공우주, 방송통신, 국방, 의료 등의 응용을 목적으로 '실감 3차원 다중매체' 개발을 추진하고 있다.

일본에서는 '고도 입체 동화상 통신'이란 국책과제를 중심으로 NHK, NTT, ATR 등에서 차세대 3D TV에 관한 연구그룹을 형성해 3D TV의 프로토타입을 개발하고 실용화 연구를 진행하고 있다. 유럽에서는 ATM망을 이용한 화상회의용 3D 입체영상 전송 및 디스플레이 시스템을 개발하기 위해 각종 프로젝트를 집중적으로 추진하고 있다. 우리나라의 3D 디스플레이 기술은 선진 각국보다 부족한 점이 많지만 벤처 기업, 국책 연구소, 대학 등을 중심으로 활발한 연구개발이 진행되고 있다.

현재 관찰자의 위치를 자동으로 추적해 3D 영상을 표시하는 무안경식 디스플레이 방식이 개발되고 있으며, 여기에는 머리 추적, 눈동자 추적 그리고 얼굴 추적과 같은 화상인식 기술이 적용되고 있다. 가까운 미래에는 입체영상 기술에서도 인간의 오감을 전부 자극할 수 있는, 보고 듣고 만지며 냄새까지 맡을 수 있는 3D 입체영상 디스플레이를 만날 수 있을 것이다. 🔋

1. 명함을 넓혀 주는 QR코드

스마트한 어플로 바뀌는 첨단 생활

사람을 많이 만나다 보면 서랍에 명함이 수북하게 쌓인다. 이를 간단히 정리해주는 비서가 있다. 바로 명함 인식 스캐너와 명함 인식 애플리케이션(앱, 어플)이다. 명함 스캐너를 컴퓨터에 연결한 뒤 명함을 한 장씩 넣어주거나 휴대전화 카메라로 찍기만 하면 끝이다. 이름과 직책, 전화번호가 따로 구분돼 정리된다.

명함 정리 비서의 비밀은 광학 문자 인식 기술에 있다. 사람이 문자를 읽는 건 간단하지만, 컴퓨터가 문자를 읽는 과정은 간단하지 않다. 이 기술을 '문자 인식'이라고 한다. 전처리, 인식, 후처리 과정으로 나뉜다.

전처리 과정에서는 문자 인식을 위한 사전 작업을 한다. 먼저 배경과 문자를

QR 코드의 구조

■ 위치 지정 패턴 : 세 모서리에 있어 읽는 방향을 지정한다.

■ 정렬 패턴 : 비틀어져 있어도 읽을 수 있도록 도와준다.

✿ 자료와 오류 정정 코드

이 코드를 '쿠루쿠루'나 '스캐니' 등의 스마트폰 애플리케이션으로 읽으면 동아사이언스 홈페이지가 연결된다.

구분한다. 명함의 배경이 화려하면 이것도 쉽지 않다. 명함이 기울어져 있으면 바로잡고, 어두우면 밝게 해 읽을 수 있게 만든다. 사람이 책을 읽을 때 불을 켜고 책을 똑바로 드는 것과 비슷하다.

인식 과정은 두 가지 방식이 있다. 먼저 개발된 것은 사람이 '가'자를 알아보는 방식과 비슷하다. '가'자와 비슷한 글씨가 있으면 머리에 기억된 모든 '가'자와 비교한다. 비슷하다면 '가'는 '가'로 인정받는다. 이 방법은 비교적 정확하지만 모든 '가'를 모아놓고 일일이 비교하다 보니 시간과 비용이 많이 든다. 두 번째는 '가'의 직선과 사선, 교차점 등 구조적 특징에 맞는 글자를 찾는 방식이다. 이 방법은 앞의 방식에 비해 정확성이 떨어지지만 빠른 시간에 인식할 수 있다는 장점이 있다.

후처리 과정에서는 잘못 인식한 글자를 찾고, 이름과 주소, 전화번호를 구분한다. 명함 인식기에는 사전, 맞춤법, 문법 검사 도구가 저장돼 있다. 이를 이용해 잘못된 단어나 문장이 있으면 고쳐준다. 전화번호나 주소 양식도 저장돼 있는데, 인식한 문자와 이 양식을 비교해 이름, 전화번호, 주소를 구분해 저장한다.

서울광장을 거닐다 보면 검은 선과 점으로 이

루어진 기하학적 코드를 볼 수 있다. 이는 'QR코드'인데, 스마트폰 애플리케이션으로 읽으면 서울광장의 각종 공연 정보와 영상을 볼 수 있다. QR(Quick Response)코드는 '빠른 응답'이라는 이름답게 글자보다 빠르게 인식할 수 있다.

QR코드를 명함에 인쇄하기도 한다. 스마트폰으로 읽으면 명함만으로는 전하지 못하는 정보를 더 많이 전달할 수 있다. 2차원 바코드인 QR코드는 수평과 수직 방향 바코드를 조합해 많은 정보를 전할 수 있다. 흔히 볼 수 있는 1차원 바코드는 20개의 숫자만 저장할 수 있다. 이에 비해 QR코드는 숫자 7089자, 한글 1817자까지 저장할 수 있다.

QR코드는 장점이 많다. 오류 정정 코드가 내장돼 있어 코드의 일부가 훼손돼도 내용을 전달할 수 있다. 세 귀퉁이에 위치를 지정해주는 문양이 있어 어느 각도에서 읽어도 상관없다. 별도의 비용 없이 명함에 인쇄만 하면 된다.

눈으로 QR코드를 보면 아무것도 알 수 없다. 복잡한 기호에 불과하기 때문이다. 그래서 명함에는 간단한 개인 정보와 QR코드를 같이 인쇄한다. 그러나 QR코드는 네모난 기하학적 모양을 유지해야 하므로 명함을 예쁘게 만들기엔 한계가

있다. 최근 색깔이 있고 간단한 그림이 들어가는 QR코드가 생겨 이런 단점을 보완하고 있다.

기하학적 코드를 이용하면 명함 위에 증강현실을 구현할 수 있다. 증강현실은 실제 환경에 영상을 합성해 원래 존재하는 것처럼 보이는 기법이다. 스마트폰으로 코드를 읽으면 명함 위에 명함 주인의 얼굴과 간단한 소개 같은 정보가 스마트폰의 화면에 뜬다. 명함의 2차원적 한계를 넘어 3차원 가상현실로 자신을 표현할 수 있다.

종이 명함을 대신하는 디지털 명함이 나오기도 했다. 디지털 명함은 따로 명함을 준비하지 않아도 되고, 받은 후 정리할 필요도 없다. 원하는 정보를 마음껏 전할 수도 있다.

2008년 일본의 포켄 사는 전자태그(RFID)칩을 이용한 디지털명함 '포켄'을 내놓았다. 포켄끼리 가까이 대면 전파로 서로의 정보가 교환된다. 다만 서로 포켄을 가지고 있어야 정보 교환이 가능하다는 점이 아쉽다.

스마트폰이 디지털 명함의 역할을 대신하기도 한다. 스마트폰을 디지털 명함으로 바꿔주는 애플리케이션이 여럿 나왔다. 그중 '범프'라는 어플이 가장 많은 다운로드 수를 기록하고 있다.

범프를 이용하려면 두 스마트폰을 가볍게 부딪치기만 하면 된다. 범프는 스마트폰끼리 부딪힐 때의 움직임을 가속 센서가 감지해 충돌한 시간과 GPS 위치정보를 범프 서버에 전송한다. 서버는 GPS 정보를 이용해 같은 시간, 같은 위치에 있는 스마트폰 간의 충돌을 찾아 상대방의 스마트폰에 미리 저장해둔 정보를 전송해준다. GPS와 가속센서만 있다면 스마트폰이 달라도 정보 교환이 가능하다. ▣

2. 21세기 길라잡이 GPS

나는 네가 지금 어디 있는지 알고 있다

최근 주목받고 있는 위치기반 서비스(LBS, Location-Based Service)는 말 그대로 어떤 플랫폼을 통해 사용자의 위치 정보를 파악할 수 있게 해주는 모든 서비스를 포괄하는 개념이다. 예를 들어 인공위성을 이용해 사용자의 현재 위치를 파악하는 GPS(위성항법장치, Global Positioning System)나 디지털 지도 데이터베이스를 활용해 주변 위치와 상세한 부가 정보를 알아내는 GIS(지리정보시스템, Geographical Information System) 등의 기반 기술들을 활용해 사용자의 위치를 파악하고 부가서비스를 제공하는 총체적인 시스템이 LBS라고 말할 수 있다.

원래 LBS는 대형 유통업체에서 차량이나 화물 운송 추적 등 물류 관제를 위해 사용됐다. 하지만 최근에는 휴대전화나 태블릿PC 등 각종 이동 단말기를 이용해 친구찾기, 실시간 교통정보, 현재 위치의 날씨정보 등 일반인을 위한 LBS가 점차 활성화되는 추세다. 특히 2012년 3월부터 발효되는 '위치정보 보호 및 이용 등에 관한 법률'에 따르면 이동 전화 가입자는 화재나 조난 등 위험 상황에서 휴대전화의 긴급 버튼을 누르면 자신의 정확한 위치가 119 등 긴급 구조기관에 즉시 통보돼 신속한 구조서비스를 받을 수 있다.

기존에는 긴급 구조기관이라도 가입자의 동의를 받지 않았다면 개인 정보 보호 차원에서 위치정보를 알아낼 수 없었지만, 이 법안에 따르면 통신 사업자는 가입자의 동의를 받지 않고도 위치정보를 긴급 구조기관에 제공하도록 하고 있다. 또한, 새로 출시되는 단말기에는 GPS 칩을 장착하는 것이 의무화되어 각종 교통, 보안, 물류 등의 서비스가 더욱 활발하게 전개되고 있다.

LBS는 어떻게 구성되며, 어떤 원리로 작동되는지 알아보자. LBS 시스템을 하드웨어 측면에서 살펴보면 크게 단말기, 위치측정 게이트웨이, 응용 서버로 나눌 수 있다. 단말기는 스마트폰이나 태블릿PC 등을 말하는데, 기기의 위치 정보를 이동 통신망에 전달하는 역할을 한다. 게이트웨이는 다른 네트워크로 들어가는 입구 역할을 하는 것을 뜻한다. 위치측정 게이트웨이는 말 그대로 사용자의 위치 정보를 위치기반 서비스 제공업자에게 전달하는 인터페이스 역할을 하는 시스템이다. 단말기로부터 받은 위치 정보를 처리해 위치를 계산하고 제공하는 역할 외에도 서비스를 요청한 제공업자를 인증하는 작업과 사용자와 서비스 제공업자를 등록·관리하는 작업을 수행한다.

마지막으로 응용 서버는 LBS가 다양한 무선 인터넷 서비스를 제공할 수 있도록 데이터베이스와 연동시키는 역할을 한다. 사용자에 대한 간단한 데이터베이스부터 목표 지점과의 최단거리 등 상세한 디지털 지도를 표현할 수 있는 GIS 데이터베이스, 그리고 실시간 교통량이나 뉴스, 기상 등의 세부적인 부가 콘텐츠까지 그 분량이 매우 방대해서 따로 서버를 두고 활용한다.

그렇다면 LBS는 어떤 원리로 단말기의 위치를 파악할 수 있을까. 예로부터 사람들은 자신의 위치와 이동방향 그리고 시간을 알아내기 위한 수

단으로 다양한 항법 기술을 사용했다. 북극성과 같이 움직임이 거의 없는 별을 이용해 위치를 계산하는 천체항법, 나침반 등을 이용해 위치를 계산하는 추측항법, 위치를 알고 있는 몇 곳으로부터 전송되는 전파를 이용해 현재 전파를 수신하고 있는 자신의 위치를 알아내는 전파 항법 등이 그것이다.

LBS 시스템에서 위치를 파악하는 핵심적인 기술은 바로 GPS다. GPS는 인공위성을 이용해 위치와 시간을 정확하게 알아내는 항법 기술로, 앞선 항법 기술보다 사용이 간편하고 정확하며 시간이나 장소, 기상 여건에 관계없이 사용할 수 있다.

초창기에는 휴대전화와 기지국 사이에 자동으로 신호를 주고받아 이를 바탕으로 기지국이 휴대전화의 위치를 파악하는 방식이 쓰였지만, 이 방식은 오차 범위가 너무 넓다는 단점을 갖고 있다. 비교적 기지국이 촘촘한 수도권은 반경 500m, 기지국이 듬성듬성한 외곽지역은 반경 1km 이상으로 오차가 커진다. 이에 비해 GPS 기술을 적용하면 기지국이 지원하지 못하는 사각지대를 GPS 위성이 찾아냄으로써 정확도를 높일 수 있기 때문에 최근에는 GPS 방식이 주도적으로 쓰이고 있다.

GPS는 원래 1973년 미국 국방성을 중심으로 군사적인 목적으로 개발됐다가 1983년 대한항공 여객기가 사할린 상공에서 피격되는 사건을 계기로 민간 사용이 허용됐다. 그때부터 전 세계적으로 널리 쓰이기 시작했으며, 특히 1991년 걸프전을 통해 뛰어난 성능과 효용성이 검증된 바 있다.

삼각형의 한 점 찾는 원리

그렇다면 GPS는 어떤 원리로 작동되는 것일까. GPS 시스템은 우주 부분, 사용자 부분, 관제 부분 등 크게 세 부분으로 이뤄져 있다. 먼저 우주 부분은 전체 27개의 위성으로 구성돼 있다. 1974년 첫 위성이 발사됐고, 1996년 24기 위성의 배치가 완료된 후 현재는 노후 위성을 대체하기 위한 위성 3기가 포함돼 있다. 위성들은 일정한 간격을 두고 약 2만km 고도에서 지구 주위의 원형 궤도면을 따라 돌고 있는데, 지구상 어떤 위치에서도 4개 이상의 위성이 보이도록 설계돼 있다. 각각의 위성은 궤도 정보와 시간 정보를 개별 위성의 고유 코드와 함께 지상으로 송출한다.

사용자 부분은 GPS 위성 신호를 수신하는 안테나, 위치와 시간을 계산하는 수신기, 그리고 응용 장치로 구성돼 있다. GPS 수신기는 위성에서 보내온 신호가 도달하는 시간을 계산함으로써 위성과 사용자 사이의 거리를 알아낸다.

이를 좀 더 잘 이해하기 위해서 두 점과 거리를 이용해 삼각형을 그리는 장면을 떠올려보자. 두 점을 알고, 이 두 점과 나머지 한 점과의 거리를 알면 나머지 한 점의 위치를 구할 수 있다. 즉 알고 있는 점을 원점으로 하고 나머지 한 점과의 거리를 반지름으로 하는 원을 그리면 두 원의 교점을 구할 수 있는데, 두 개의 교점 중 하나가 구하고자 하는 나머지 한 점이다.

GPS 역시 간단한 삼각형의 원리가 3차원으로 확대된 것이다. 위성이 보내온 신호에는 위성의 위치 데이터가 들어 있는데, 위성의 위치가 삼각형을 그릴 때 미리 알고 있는 점에 해당한다.

위성과 사용자 사이의 거리는 전파가 전달되는 데 걸리는 시간에 빛의 속도를 곱하면 구할 수 있다. 3차원 공간이므로 3대의 위성 위치와 거리를 파악하면 사용자의 위치를 계산할 수 있다. 이 경우에도 삼각형의 교점과 마찬가지로 사용자의 위치가 2개 구해지는데, 하나는 지구 근처 위치 값이고 다른 하나는 지구 반대편의 위치 값이 된다.

그런데 GPS 위성과 사용자 사이의 거리를 계산할 때, 전파가 전달되는 데 걸리는 시간을 측정하려면 송신 시각을 결정하는 위성의 시계와 수신 시각을 결정하는 수신기의 시계가 정확하게 일치해야 한다. 매우 작은 오차라 해도 빛의 속도(30만km/초)를 곱하면 오차가 엄청나게 커지기 때문이다. GPS 위성에는 수만 년에 1초의 오차를

LBS의 핵심기술인 GPS의 작동 원리

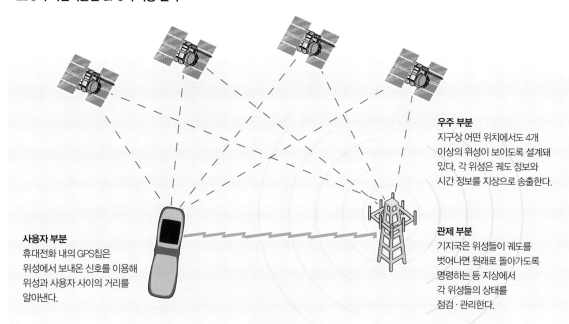

우주 부분
지구상 어떤 위치에서도 4개 이상의 위성이 보이도록 설계돼 있다. 각 위성은 궤도 정보와 시간 정보를 지상으로 송출한다.

사용자 부분
휴대전화 내의 GPS칩은 위성에서 보내온 신호를 이용해 위성과 사용자 사이의 거리를 알아낸다.

관제 부분
기지국은 위성들이 궤도를 벗어나면 원래로 돌아가도록 명령하는 등 지상에서 각 위성들의 상태를 점검·관리한다.

갖는 고가의 원자시계가 탑재돼 있지만, GPS 수신기는 값싼 시계 기능을 하므로 물리적인 오차를 피할 순 없다. 이 한계를 극복하기 위해 수신기는 3차원의 방정식을 계산할 미지수(x, y, z), 그리고 시간(t)까지 계산해야 한다. 결국, 미지수가 4개이므로 사용자의 정확한 위치를 파악하기 위해서는 최소 4개 이상의 위성으로부터 신호를 받아야 한다.

또한, GPS 위성은 원자시계를 이용해 위성 간 시각을 GPS 시간에 동기시키는데, 이 정보는 동기식 이동통신의 기지국 간 시각 동기를 위해 쓰이기도 한다. 위치 정보는 WGS84라는 기준 좌표로, 시간은 GPS 시간이라는 기준 시간으로 통일돼 제공되므로 GPS 수신기만 있으면 공간과 시간에 대한 정확한 정보를 언제 어디서나 손쉽게 얻을 수 있다.

관제 부분에서는 지상에서 각 위성을 감시해 정확한 서비스를 제공하고 불의의 사태를 막기 위해 관리하는 역할을 한다. 예를 들어 위성들이 궤도를 벗어나면 원래로 돌아가도록 명령하고 각 위성의 궤도 정보를 정확히 계산해 위성에 보내

지리정보시스템을 이용해 서울시청 주변 건물과 도로 등을 확인하고 있는 모습.

주는 등 위성 상태를 점검한다.

현재 GPS 기술을 단말기에 적용하는 방법은 GPS 칩셋을 단말기에 내장하거나 GPS 모듈을 부착함으로써 단말기 자체에서 사용자의 위치를 구하는 방식이다. 미국 퀄컴 사에서 개발한 'gpsOne'이 대표적인 칩셋 제품이다. 퀄컴 사에 따르면 이 기술은 탁 트인 곳에서 최소 오차 범위를 10m 내외로 좁혔다. 또한, 최초 위치확인 소요 시간을 6초로 대폭 단축했으며, 1～2초마다 위성이 위치를 재송신하므로 좀 더 정확한 위치를 확인할 수 있다.

● 2. 21세기 길라잡이 GPS

위치정보도 돈이 된다

LBS는 어떤 분야에서 활용될 수 있을까. 상대방 위치찾기 서비스는 LBS 하면 가장 먼저 떠오르는 대표적인 서비스다. 이 서비스를 이용하면 아이나 노인이 길을 잃고 헤매는 긴급 상황에 대해서 발 빠르게 대처할 수 있고, 애인이나 친구의 소재도 바로 파악할 수 있다. SK텔레콤과 LG유플러스, KT 등 각 이동통신사는 휴대전화 무선 인터넷 서비스에 접속해 상대방의 휴대전화 번호를 입력하면 위치를 바로 알려주는 서비스와 찾고 싶은 상대방의 위치를 일정 시간마다 문자 메시지로 알려주는 서비스를 제공하고 있다. 또한, 사용자와 찾고 싶은 상대방 사이의 거리를 파악할 수 있는 서비스도 있으며, 10대 고객들을 대상으로 한 스타찾기 서비스도 있다.

스타찾기 서비스는 연예인의 위치를 실시간으로 확인할 수 있는 서비스로, 나의 스타 리스트에 연예인의 이름을 올려놓으면 스타의 실시간 위치를 지도로 받아볼 수 있다. 이 밖에 비슷한 위치에 있는 사람들과 게임을 하는 위치기반 게임이나 가까운 곳에 있는 상대와 채팅이나 미팅을 하는 서비스도 제공한다. 위치찾기 서비스를 이용하려면 이용 신청을 한 후 자신의 위치를 알려줘도 좋다는 데 동의해야 한다.

다음으로 유용한 서비스는 실시간 교통 정보를 제공한다는 것이다. 출발지에서 목적지까지 차로 이동할 때 수많은 변수를 접하게 되는데, 이때 LBS를 활용하면 최단 경로와 예상 소요 시간을 실시간으로 알 수 있다. 또한, 목적지에 가는 도중 차에 주유해야 하거나 백화점 또는 은행에 들러야 할 때 지도 정보를 이용하면 편리하게 일 처리를 할 수 있다. 이동통신 3사는 현재의 위치에서 원하는 장소를 검색할 수 있는 지도 검색 서비스를 제공하고 있다.

LBS를 이용하면 현재 이동하고 있는 내 위치에서 실시간으로 날씨를 확인할 수 있는 혜택도 누릴 수 있다. 이동통신 3사는 민간 기상업체인 케이웨더와 손잡고 현재 위치 정보를 이용한 날씨 정보인 '내 위치 현재 날씨' 서비스를 제공하고 있다. 휴대전화 사용자가 무선 인터넷에 접속하면 현재 위치가 자동으로 파악되고 날씨 데이터베이스와 연동해 동 단위의 날씨는 물론 기온이나 강수량, 인근 지역의 날씨까지 쉽게 파악할 수 있다.

이 밖에 LBS는 쇼핑이나 놀이시설, 관광지 정보를 포함한 레저 정보, 각종 모바일 광고 등에도 효율적으로 활용된다. 모바일 광고 서비스는 사

❶ LBS의 핵심기술인 GPS가 전쟁에 이용되면 적군의 위치와 움직임을 쉽게 파악할 수 있다.
❷ 손목시계에서도 실시간 날씨정보나 모바일 광고 등 간단한 위치기반 서비스를 맛볼 수 있다.

용자가 백화점이나 대형 쇼핑몰에 방문하거나 근처에 있을 때 휴대전화로 할인쿠폰을 발송해주는 서비스다. 특히 성별, 나이, 그리고 기존의 구매 형태를 기반으로 한 데이터베이스까지 접목된다면 더욱 효율적인 표적 마케팅을 펼칠 수 있다.

한편 LBS가 인간에게 편리를 안겨주는 꿈의 서비스인 것은 확실하지만, 해결해야 할 문제도 분명 존재한다. 가장 큰 문제로 손꼽히는 것은 개인의 위치정보 누출로 말미암은 사생활 침해다. 악용될 경우 불법 도청에 버금가는 심각한 부작용을 낳을 수도 있을 것이다. 이에 대해 정보통신부 (현, 방송통신위원회)는 "통신 사업자가 가입자의 위치정보를 제3자에게 제공할 때 요건과 절차를 엄격히 제한함으로써 문제점을 최소화할 것"이라면서 "학계와 산업계 그리고 시민단체의 의견을 수렴한 후 관계부처와 협의를 거칠 계획"이라고 밝혔다.

휴대전화 단말기에 GPS 칩을 장착하는 것이 의무화되어 국내 휴대전화 단말기 제조업체들은 세계 무대에서 더욱 막강한 경쟁력을 확보하게 될 것이다. 하지만 경제적인 파장도 만만치 않다. GPS 칩은 미국 퀄컴 사에서 독점 생산되고 있기 때문에 GPS 칩 장착에 따른 엄청난 사용료 지급의 부담을 떠안아야 하기 때문이다. 복잡한 기술의 결정체인 LBS 기술방식의 표준화와 호환성 그리고 투자비용 부담 문제도 해결해야 할 과제로 남아 있다. ▨

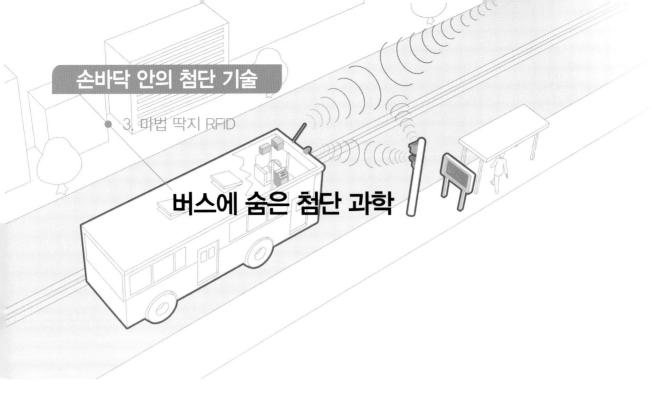

손바닥 안의 첨단 기술

3. 마법 딱지 RFID

버스에 숨은 첨단 과학

1980년대 초만 해도 버스를 타면 운전사 말고도 승객을 반기는 버스 안내양이 있었다. 버스 안내양은 승객이 내릴 때 요금을 받고, 내릴 손님이 다 하차하면 '오라이'하고 말해서 운전자에게 버스가 출발해도 좋다는 시점을 알려줬다. 그러나 지금의 버스에는 안내양이 없다. 자동문이 설치되고, 탈 때 요금을 받는 장치가 생기면서 이제는 그녀가 설 자리를 잃었다. 버스 안내양과의 해프닝은 사람들의 추억에 남아 오늘날 코미디 프로의 단골 소재가 될 뿐이다.

버스 안내양이 사라지듯 세월이 흐르면서 버스도 조금씩 변해왔다. 최근에는 첨단 정보통신 기술이 버스에 새로운 장치를 등장시키고 있다. 무심코 지나쳐버린 버스 내부를 유심히 살펴보자.

버스를 타자마자 가장 먼저 부닥치는 장치는 버스카드 단말기다. 1996년 서울 시내버스에 처음으로 도입됐다. 버스카드 덕분에 이제는 토큰이나 잔돈을 미리 준비해야 하는 불편이 사라졌다. 처음 버스카드를 사용할 때 사람들은 버스카드를 단말기에 직접 대지 않고 지갑에 넣은 상태로 가까이 가져가도 요금이 처리된다는 점에 놀라워했다. 어떻게 단말기는 버스카드를 인식하는 것일까? 무선통신이 이뤄지는 것이다.

버스카드와 단말기의 정보교환은 휴대전화와 기지국의 방식과 비슷하다. 휴대전화 기지국은 끊임없이 전파를 내보낸다. 기지국의 신호를 받은 휴대전화기는 자신의 위치 정보를 계속해서 기지국으로 보낸다. 서로의 전파를 교환함으로써 언제라도 전화가 걸려오거나 걸 수 있다. 물론 휴대전화에 배터리가 충전되어 있는 한 말이다.

그런데 전기를 따로 공급하지 않는 버스카드(또는 버스카드 기능이 있는 신용카드)는 어떻게 단말기와 무선통신을 하는 것일까? 여기에 이 기술의 핵심이 숨어있다.

버스카드를 자세히 들여다보자. 아무리 봐도 겉으로는 가로 8.6cm, 세로 5.4cm, 두께 1mm인 플라스틱 조각일 뿐이다. 그러나 속을 들여다보면 전기회로가 모습을 드러낸다.

버스카드 내부에는 반도체 칩, 콘덴서(축전지),

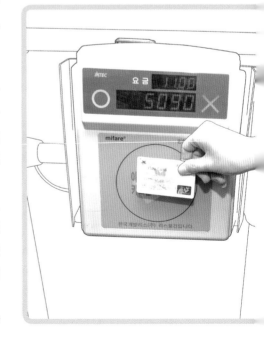

94 과학동아 스페셜

그리고 이들을 연결하고 있는 구리 전선이 있다. 반도체 칩의 표면적은 고작 3mm², 네모 모양일 경우 가로세로가 약 1.7mm밖에 되지 않는다. 이 작은 칩에는 단말기와 주고받는 정보, 즉 언제 탔는지(시간) 그리고 지금까지 버스를 얼마나 탔는지(요금) 등의 정보가 입력된다.

그런데 버스를 탄 시간은 왜 필요할까? 갈아탈 때 요금을 깎아주는 환승 요금제를 실시하면서 시간 정보가 중요해졌다. 갈아탄 지 30분 이내에 다른 교통수단을 이용하면 요금을 할인해준다. 반도체 칩이 버스카드의 머리라면 콘덴서와 전선은 어떤 역할을 담당할까. 바로 카드와 단말기가 교신하는 데 필요한 전기를 생산하고 저장한다.

전선은 카드의 네 모서리를 따라 여러 번 감겨 있다. 이것은 일종의 자가발전 장치다. 버스카드 단말기는 끊임없이 AM 라디오 방송의 주파수 대역에 속하는 전파(125kHz)를 밖으로 내보낸다. 전파는 자기장과 전기장의 세기가 주기적으로 변하면서 진행하는 파동이다. 단말기로부터 나온 자기장의 세기가 카드의 네 모퉁이를 둘러싼 전선 사이로 주기적으로 변한다는 말이다. 이 때문에 전선에는 전류가 흐르게 된다. 바로 유도전류가

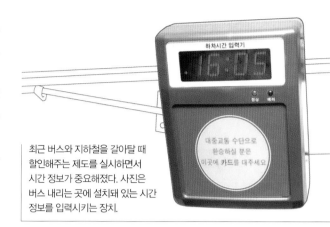

최근 버스와 지하철을 갈아탈 때 할인해주는 제도를 실시하면서 시간 정보가 중요해졌다. 사진은 버스 내리는 곳에 설치돼 있는 시간 정보를 입력시키는 장치.

얻어진 것이다.

이 상황은 자석으로 코일 근처를 가까이 가져갔을 때 코일의 전선에 전류가 발생하는 것과 같다. 버스카드에 전자기 유도 현상이 응용된 것이다. 콘덴서는 전선에서 발생한 전기를 모으는 역할을 담당한다. 그 결과 버스카드는 단말기와 무선통신이 가능하다.

버스카드 시스템의 이 같은 무선통신 기술은 RFID(Radio Frequency IDentification, 라디오파 확인)라고 부른다. 이 기술의 뿌리는 제2차 세계대전에서 찾을 수 있다. 당시 영국은 자신의 나라로 들어오는 비행기 중 아군과 적군의 비행기를 구분할 필요가 있었다. 그 결과 최초의 RFID가 탄생했다. 친구와 적을 확인하는 장치였던 셈이다. 오늘날에는 RFID가 이용되는 분야는 광범위하다. 버스카드뿐 아니라 각종 출입구의 신분확인, 또는 각종 물품의 자동물류 처리에서 바코드 대신 이용되고 있다.

버스카드의 구조
버스카드의 네 모서리를 따라 전선이 여러 번 감겨있다. 전선은 단말기에서 내보낸 전파를 받으면 유도전류를 만드는데, 콘덴서가 유도전류를 모은다. 이 전류를 사용해 버스카드의 반도체 칩은 단말기와 정보를 교환할 수 있다.

● 3. 마법 딱지 RFID

반도체 칩 이후 최고 발명품

버스카드에 활용된 전자태그(RFID, Radio Frequency IDentification)에 대해 자세히 알아보자. 전자태그의 정식 명칭은 '비접촉식 식별기술'. 우리나라에선 전자태그라고 흔히 불린다. 제품 정보가 담긴 전자칩을 물체 안에 심어 무선으로 인식하는 기술이다.

센서와 통신 기능을 가진 전자태그는 사람으로 따지면 일종의 말초신경 역할을 한다고 할 수 있다. 전자태그 기술의 발전은 사람이 정보를 입력하지 않아도 모든 물체가 혼자 스스로 정보를 교환한다는 유비쿼터스로 가는 첫 관문과도 같다. 연구자들과 첨단 정보통신기업들로부터 '반도체 발명 이래 최고의 발명품'이라는 찬사를 받는 것도 이 같은 이유 때문이다. 반도체가 마법의 돌이라면 전자태그는 마법의 딱지 정도가 되지 않을까?

전자태그는 크게 수동형과 능동형 2종류로 나뉜다. 주로 사용되고 있는 전자태그는 수동형이 아직 주류다. 물론 미국과 유럽 일부에선 능동형 태그도 소량이지만 도입된 사례가 있다. 수동형은 칩이 담고 있는 정보량이 적어 더 자세한 정보를 얻기 위해서는 네트워크의 힘을 빌려야 한다. 반면 능동형 태그는 담긴 정보량도 충분하고 스스로 알아서 정보를 교환할 수 있는 능력까지 갖췄다. 대부분 용도에 따라 다르게 쓰이지만, 전자태그의 가장 이상적인 형태는 주위 상황까지 감지해내는 능동형이다.

그렇다면 어떤 원리로 동작할까. 전자태그의 구조는 간단하다. 전자태그는 전파를 발신하는 안테나와 제품 정보를 담은 칩, 그리고 이를 둘러싼 포장으로 구성된다. 스스로 전파를 발사하는

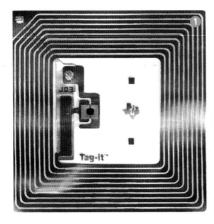

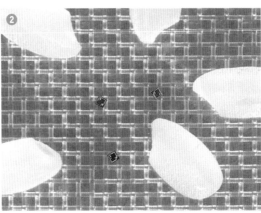

❶ 전자태그 내부구조. 칩(가운데 검은 점)과 안테나(구리도선들)로 구성된다.
❷ 히타찌 뮤(Mu-chip)칩. 가로세로 0.4mmX0.4mm 크기의 칩안에 128비트의 정보를 담고 있다.

능동형일 경우 여기에 작은 배터리가 추가된다. 태그를 더 작게 하기 위해서는 안테나와 배터리 크기를 줄이는 일이 관건이다.

수동형 태그일 경우 인식용 단말기가 보낸 전파를 칩을 동작시키는 전력으로 바꾼다. 전원이 생긴 칩은 자신만의 식별번호가 담긴 신호를 다시 되돌려 보낸다. 단말기는 이렇게 전파로 되돌아온 간단한 물체인식코드를 토대로 인터넷에 연결된 데이터베이스에서 필요한 정보를 찾아내는 것이다.

전자태그가 사용하는 주파수와 관련해 재미있는 사실 하나가 있다. 모든 무선장치는 국제적으로 약속된 주파수로 신호를 주고받게 돼있다. 라디오주파수(RF)를 이용한 전자태그 역시 예외일 수 없다. 현재 국제적으로 통용되는 RFID용 주파수대는 860~960MHz(메가헤르츠, 1MHz=10⁶Hz) 사이에 배정된 상태. 이 가운데 우리나라는 908~914MHz, 433MHz(컨테이너 관리용)를 사용한다. 900MHz대역은 지금은 사라진 수신전용 전화 CT-2, 일명 시티폰이 한때 사용한 주파수 대역이다.

사실 전자태그가 우리 실생활에 들어온 지는

꽤 됐다. 비접촉식 태그의 원형 중 대표적인 것이 버스카드와 주차카드다. 플라스틱 카드를 센서에 갖다 대기만 하면 요금 지급이나 신원 확인이 가능하다.

최근 의욕적으로 RFID 기술을 도입하고 있는 쪽은 유통과 물류 분야이다! 스캐너를 가까이 갖다 대야 정보를 얻을 수 있는 바코드에 비해 수백m 인식거리를 가진 태그가 경쟁력이 있을 수밖에 없다. 현재 가장 적극 전자태그 도입에 앞장서고 있는 곳은 미국 국방성이다. 세계 최대 규모의 군수조달품을 관리해야 하기 때문이다. 미국 정부는 모든 군 조달품에 전자태그를 부착하고 있다.

민간기업인 메트로와 월마트도 2004년부터 전자태그를 이용한 판매와 물류 관리 시스템을 운용하기 시작했다. 항만이나 공항에서도 RFID를 도입하는 사례가 늘고 있다. 일본 나리타 공항과 영국 히드로, 미국 시애틀, 샌프란시스코 공항 등 유명 국제공항에서는 전자태그를 확대하여 붙이고 있다. 수화물이나 컨테이너에 칩을 붙이면 통관 시 검역 절차와 시간을 대폭 줄일 수 있기 때문이다.

최근 유럽을 중심으로 위폐 방지에 전자태그를 도입하려는 움직임이 활발해지고 있다. 유럽 연합(EU)은 현재 유로화 위폐 방지를 위해 RFID를 도입하는 방안을 추진 중이다. 값이 싼 전자태그를 지폐에 붙여 사실 여부를 가려낸다는 계획이다. 이렇게 되면 다량의 지폐를 빠르게 판별할 수 있는 것은 물론 유통과정도 소상히 추적할 수 있다. 현금을 동원한 불법자금 제공과 '차떼기'가 영원히 불가능해지는 것이다. 사용될 전자태그로 일본 히타치가 개발한 초소형 전자태그 '뮤칩'이 1순위에 올라있다.

3. 마법 딱지 RFID

128비트짜리 이름표

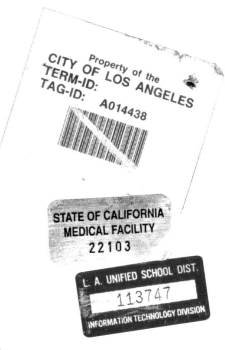

바코드와 숫자로 표시되는 구형 태그.

처음 전자태그를 고안한 곳은 미국 매사추세츠 공과대학교(MIT) 오토아이디(Auto-ID)센터였다. 지금은 훨씬 발전했지만 전자태그의 초기 개념은 모든 사물에 칩을 심어 인터넷으로 모두 연결하겠다는 것이었다. 오토아이디센터는 지금도 RFID기술의 첨병을 걷고 있는 자타가 공인한 국제적인 연구소로 평가된다. 일본 도쿄 대학교 사카무라 겐 교수가 이끄는 일본 유비쿼터스 아이디센터(U-ID Center)와 국제컨소시엄인 스마트레이블도 전자태그 연구와 관련해 국제적 명성을 얻고 있다.

현재 이들을 중심으로 각국 연구기관들이 주축이 돼 국제 표준화 방안을 마련하고 있다. 표준화 과정에서 최근 이슈는 사물과 인터넷을 결합하는 것이다. 매사추세츠 공과대학교를 중심으로 모든 사물마다 고유한 생산코드를 부여하는 전자제품 코드(EPC, Electronic Products Code) 표준화 작업이 진행되고 있다. EPC는 물체 형태와 고유번호를 담은 128비트 길이의 숫자를 뜻한다. 매사추세츠 공과대학교 개발팀은 전 세계 인터넷에 연결된 모든 컴퓨터와 전자제품에 128비트 주소를 부여하는 IPv6(인터넷 IP 체계 중 하나, 지금은 IPv4)와의 연계를 추진하고 있다. 이렇게 되면 전자제품은 물론 모든 사물이 인터넷상에 자기 주소를 갖게 된다.

해외 연구소들의 바쁜 움직임에 대응해 우리나라 연구진도 표준화에 구체적인 계획을 세워 적극 참여하고 있다. 2004년 유비쿼터스 프런티어사업단은 1년 안에 '객체이름 서비스'(ONS)라는 서비스를 완벽하게 실현할 계획을 세웠다. ONS는 물체 코드와 인터넷에 있는 물체 관련 정보를 서로 연결해 주는 서비스로 도메인네임 서비스와 유사하다. 이것이 실현되면 전자태그 센서가 달린 휴대전화로 누구나 물체 정보를 쉽게 검색할 수 있게 된다.

하지만 전자태그의 발목을 붙잡고 있는 한계가 여전히 많다. 우선 현재 나와 있는 대다수 전자태그의 인식률이 60~70%로 너무 낮고 인식거리도 4~5m 이내로 너무 짧다는 것. 이 정도면 수출용 컨테이너나 팔레트에 적합할 뿐 물품이 어지럽게 쌓여 있는 일반 매장에서 사용은 불가능한 수준이다. 가로세로가 각각 0.4mm인 히타치 뮤칩도 단말기를 30cm 이내로 갖다 대야만 하는 문제가 있다. 많은 연구자는 반경 30~100m 내의 모든 사물을 구별하는 기술을 연구하고 있다.

이와 함께 다양한 태그들이 더 많이 개발되어야 한다는 지적도 있다. 우선 물체 모양과 재질에 따라 다양한 형태의 태그들이 서둘러 개발돼야 한다. 식품에 붙이기 위해서는 반드시 인체 유해

유럽 연합은 위폐 변조를 막기 지폐 위에
초소형 전자태그를 붙이는 방안을 검토 중이다.

성분이 없는 태그가, 전자기적 성질이 독특한 금속 제품에는 인식률을 높인 태그가 필요하다.

또 싸구려 물품에까지 전자태그를 붙이려면 태그 가격을 매우 낮춰야 한다. 예상되는 가격은 낮게는 10원에서 높게는 10만 원까지. 소비재에 붙이는 태그의 최고가는 50원선에서 책정될 전망이다. 일본에서는 100개 기업이 컨소시엄을 형성해 5엔(500원)대 미만으로 값을 낮춘다는 히비키(Hibiki)계획이 한창 진행 중이다.

사생활권 침해 문제도 여전히 미해결 과제로 남아 있다. 상품이 판매된 뒤에도 포장에 남아 있는 태그를 통해 얼마든지 위치추적과 소비패턴을

훔쳐낼 수 있기 때문이다. 2004년 3월 초 유럽 대형 소매유통회사인 메트로가 소비자들의 항의를 받고 독일 일부 지역에 설치된 전자태그 시스템 운용을 중단한 일도 있었다. 월마트를 중심으로 전자태그를 활발하게 도입하고 있는 미국에서도 RFID 기술에 대한 규제입법이 추진 중이다. 캘리포니아 주 하원 데브라 보든 의원이 제안한 이 법안은 소비자의 동의 없이 전자태그를 이용한 개인정보 수집을 금지하는 것을 골자로 하고 있다. 이 법안은 전자태그의 이용과 개발에 관한 최초의 법으로 기록될 전망이다.

후발주자인 우리나라는 태그와 단말기 관련 기술과 인프라를 서둘러 갖춰야 한다는 문제를 안고 있다. 현재 태그와 단말기를 생산하고 있는 국내 기업의 수가 적고 기술력 격차도 여전히 벌어져 있는 상황이다. 하지만 모든 기술을 다 개발할 필요는 없다. 초고속 통신망과 휴대전화 보급률이 높은 국내 특성을 살리면 충분히 경쟁력은 있다. 특히 휴대전화 산업이 발달한 국내 실정을 고려해 단말기 기술을 개발해야 한다. 누구나 들고 다니기 쉬운 휴대전화만큼 전자태그 단말기로 적당한 것이 없기 때문이다. 🅳🅢

지금의 전자태그는 여기저기 널려있는 물건을 구별하는데 한계가 많다. 소매점에서의
전자태그 사용은 시간이 좀 걸릴 것으로 보인다.

무엇이 다른가?

아이패드는
무선인터넷(WiFi)만 가능하면
근거리 통신수단인 블루투스 키보드를
이용해 전자메일로 문서를 주고받을 수 있다.

아이폰(iPhone)에 이은 스티브 잡스의 또 하나의 역작 '아이패드(iPad)'의 출시로 지구촌이 열광했다. 2010년 1월 스티브 잡스가 아이패드를 처음 소개했을 때만 해도 투자자들은 시큰둥한 반응을 보였다. 스마트폰과 노트북 사이에 낀 어정쩡한 제품이 될 것이라는 시각도 있었다. 같은 해 4월 3일 마침내 아이패드가 출시된 후에는 격려와 찬사가 쏟아져 나왔다. 분석전문가들은 2010년 예상 판매량을 1000만 대까지로 올려잡느라 분주했다. 급기야 미국 신문들은 4월 3일을 '아이패드의 날'이라고 명명했다.

무게 680g, 화면 9.7인치인 아이패드는 제품 그 자체로만 보면 태블릿 컴퓨터. 데스크톱 PC와 노트북, 휴대전화, 각종 동영상 플레이어에 끼여 약 10년째 주변부에만 머물렀던 태블릿 컴퓨터. 이제 애플의 손을 거치면서 상

상할 수 있는 모든 것을 구현하고 담을 수 있는 만능기기로 바뀌었다. 영국의 시사주간지 ≪이코노미스트≫가 아이패드를 손에 든 잡스를 예수로 형상화한 삽화로 패러디한 것은 공감할 수 있는 과장이었다.

아이패드발 혁명의 직간접적 영향권 아래에 놓인 제품과 산업은 그야말로 광범위하다. PC, 인터넷, 신문, 방송, 영화, 출판, 게임, 교육, 의료 등의 분야가 아이패드발 훈풍을 얼마나 탈 수 있을 것인가, 아니면 역풍을 맞을 것인가에 촉각을 곤두세우고 있다. 인터넷에는 아이패드 이후 사라질 것으로 DVD, 전자책, 회의용 종이, 교과서, 넷북, 소니의 PSP와 닌텐도DS, 셋톱박스와 티보(TiVo), 휴식시간, 크롬OS와 안드로이드, 구글의 광고독점, 플래시와 실버라이트는 물론 MS 오피스까지 꼽는 글까지 등장했다.

애플을 광적으로 사랑하는 네티즌들의 우스개 섞인 평가이지만 아이패드의 인기가 지속해서 이어진다면 앞서 언급한 제품들의 일정 부분 매출 축소는 불가피할 것으로 보인다. 발매된 지 일주일 만에 미국 최대 전자매장인 베스트바이에서는 아이패드가 한시적으로 동이 났다. 애플은 미국 내

수요가 예상치를 뛰어넘었다며 국외 판매를 한 달가량 늦춘다고 밝힌 일도 있었다. 미국에서 일주일 동안 판매된 아이패드는 50만 대에 달했다(2012년 4월, 전 세계 누적 판매량은 4000여 만 대).

아이패드의 강점은 역시 아날로그와 디지털이 절묘하게 결합한 '사용자의 경험'이다. 애플 특유의 유려한 디자인, 감각적인 터치, 화려한 동영상, 전자책의 책장을 넘길 때의 부드러움은 종전의 어느 단말기도 따라잡지 못한다. 애플이 자체 개발한 맞춤형 프로세서 A4와 운용체계, 웹브라우저, 사무용 프로그램 같은 소프트웨어와 하드웨어를 완벽하게 조화하는 설계 능력은 최고 수준이다.

애플은 아이팟(아이튠즈), 아이폰(앱스토어)에서 보여줬던 강력한 생태계 전략을 아이패드에서도 그대로 재현했다. 아이패드에서는 아이폰과 거의 함께 쓸 수 있는 20여 만 개의 애플리케이션이 그대로 확보된다. 아이패드가 출시되자마자 아이패드 전용으로 올라온 애플리케이션도 3000개에 이르렀다. 애플은 '아이북스(ibooks)'라는 전자책 서점도 내놓았다. 가상의 그래픽 서가에 보유 중인 전자책 콘텐츠를 종이책처럼 책장을 넘기는 방식으로 읽을 수 있다. 아이북스가 인기를 끈다면 출판 시장이 아이패드를 중심으로 재편될 수 있다. 2012년 1월에는 '아이북2'라는 애플리케이션으로 디지털 교과서를 보급한다는 발표를 해 교과서 시장의 판도가 어떻게 될지 다양한 관측이 나오고 있다.

인터넷 뉴스는 공짜라는 인식 때문에 생존의 위협에 내몰렸던 신문과 잡지 등은 아이패드의 등장을 일제히 환영하고 있다. 화면이 9.7인치로 확대됨에 따라 신문이나 잡지에 최적화된 편집을 제공할 수 있어 포털이나 검색에 넘겨줬던 권력을 뉴스 제작사들이 되찾아올 수 있을 것으로 기대하고 있다. 세계적인 금융전문지 ≪월스트리트저널≫은 아이패드용 온라인 신문 구독료를 한

아이패드 속 '메이드 인 코리아'

영국 일간지 ≪더타임스≫는 2010년 4월 13일 자에서 애플의 아이패드는 전자기술의 권력이 일본에서 한국으로 이동하고 있음을 보여주는 대표적 사례라고 보도했다. 이 신문은 태블릿 컴퓨터인 아이패드에 들어가는 고가 부품 상당수가 한국의 삼성과 LG가 만든 제품이라는 데 주목했다.

실제 아이패드 와이파이(WiFi) 모델에는 삼성 낸드플래시가 들어 있다. 삼성이 애플에 낸드플래시를 공급하기 시작한 건 2005년으로 거슬러 올라간다. 당시 삼성전자 황창규 사장이 애플의 CEO 스티브 잡스와 담판을 벌인 끝에 하드디스크 방식의 MP3플레이어 '아이팟'을 메모리 방식으로 바꿨다.

아이패드의 얼굴로서 부품 가운데 가장 비싼 액정디스플레이(LCD) 패널을 공급하는 것도 LG디스플레이다. 아이패드에 쓰이는 IPS 방식의 LCD 패널을 생산하는 회사로는 LG디스플레이가 유일하다. 패널의 개당 가격은 약 80달러. 제품 전체 가격의 4분의 1을 LG디스플레이가 벌어들이는 셈이다. 업계에 따르면 삼성전자도 아이패드에 사용되는 9.7인치 LCD 패널을 공급했다. 이 밖에도 정전기 방지 부품인 바리스터를 우리나라의 '아모텍'이 공급하는 것으로 알려졌다.

미국의 전자기기 수리업체 아이픽스잇이 2010년 4월 초 분해한 아이패드를 공개했다. 절반 가까이가 한국산 부품이 사용된 것으로 알려졌다.

달에 17.99달러(약 2만 원)로 책정한 후 대대적인 광고에 나서고 있다. ≪파이낸셜타임스≫도 아이패드 애플리케이션을 출시할 예정이며 우리나라 언론사들도 아이패드용 콘텐츠 제작에 적극적으로 나서고 있는 추세다.

광고 측면에서도 아이패드의 잠재력을 평가하기도 한다. 기존 지면 광고는 단방향 노출로 끝나지만, 아이패드용 광고는 동영상을 포함해 화려하게 제작할 수 있고 이용층을 대상으로 한 타깃 광고까지 가능해 광고 효과를 극대화할 수 있기 때문이다. 이미 USA투데이, ABC방송, AP 뉴스, 로이터통신 등은 무료로 아이패드 애플리케이션을 제공하고 광고로 수익을 올리는 전략을 구상하고 있다.

● 4. iPad(아이패드) 열풍

노트북, 전자책 등을
휴대형 단말기에 올인원(All in One)

아이패드는 동영상, 게임, 전자메일, 인터넷 검색, 전자책, 문서 작성처럼 기존 디지털기기들이 선보인 핵심 기능들을 두루 갖추고 있다. 아이패드가 인기를 끈다면 넷북, 전자책, 게임기, PMP, 휴대용 인터넷기기(MID, Moblie Internet Device)에 직격탄이 될 수 있다. 가정용 게임기 시장을 분할해 점유하고 있는 소니와 마이크로소프트, 닌텐도는 가볍게 즐길 수 있는 캐주얼 게임 일부를 아이패드에 내주고 있다. 넷북, PMP, MID, 전자책 역시 특징이 아이패드와 겹치므로 입지를 위협받을 수 있다.

아이패드가 전혀 새로운 시장을 창출하게 될 것이라는 분석도 있다. 이를 반영하듯 의학, 화학과 관련한 그림과 사진이 많고 두꺼운 전공 서적들이 아이패드용으로 개발되거나 직관적인 인터페이스를 이용해 아이패드용 유아 교육 콘텐츠가 쏟아지고 있다. 아이패드에 나오는 동영상을 따라 하며 요리를 하는 식의 틈새 수요도 기대된다. 병원에서는 기존 차트 대신 아이패드를 들고 다니며 진료를 볼 수도 있다.

아이패드는 결과적으로 하드웨어 성능의 혁명이 아니라 콘텐츠의 혁명을 불러왔다. 애플은 아이팟과 아이폰에서 역사에 길이 남을 성공 이야기를 남겼다. 2000년 초, 음반 업계는 범람하는 공짜 MP3로 골머리를 썩였지만, 불법 복제를 막자는 하소연 외에는 별다른 비즈니스 모델을 만들어내지 못했다. 2001년 애플이 출시한 MP3플레이어 아이팟은 음악을 내려받을 수 있는 '아이튠즈' 프로그램을 바탕으로 새로운 음원 유료 시장을 창출해냈다. 전 세계 스마트폰 열풍을 불러일으킨 아이폰 역시 애플리케이션을 사고 팔 수 있는 '앱스토어'라는 독특한 장터 모델로 통신 구도를 재편했다. 개발자들이 통신사를 거치지 않고도 소비자에게 직접 애플리케이션을 파는 길이 열렸기

때문이다. 통신사의 권력은 크게 약화했다.

애플이 이번에도 아이패드를 내세워 신문, 책, 동영상 등 각종 콘텐츠 산업의 권력 구도를 바꿀 것이라는 기대가 나오는 것도 자연스럽다. 한편에선 아이패드에 대한 성급한 낙관을 경계하는 목소리도 있다. 한 손으로 들고 다니거나 각종 작업을 하기에는 다소 무겁다. 아마존의 전자책 단말기 킨들의 무게는 아이패드의 절반 수준이다.

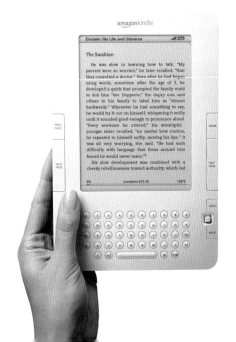

2009년 전자책 시장의 대혁명을 몰고온 아마존의 전자책 단말기 킨들.

❶ 아이패드는 화려하고 선명한 컬러, 빠른 동영상 속도를 자랑한다. 아이패드 창시자 애플 CEO인 스티브 잡스의 얼굴 사진을 액정디스플레이(LCD) 화면에 띄웠다.
❷ 아이패드의 두뇌 역할을 하는 애플의 차세대칩 A4 CPU. 칩 구동속도는 1GHz로 0.6GHz인 아이폰의 칩보다 2배 가까이 빠르다.

화상통화를 하거나 주변 사물을 찍을 수 있는 카메라도 달려지지 않다.

다른 휴대용기기들을 연결하는 USB도 지원하지 않는다. 주변 환경이나 지역 정보를 제공하는 위치기반 서비스(LBS)를 받는 데 필요한 위성위치 확인 시스템(GPS)이 안 달려 있다는 것도 단점으로 꼽힌다. 또 선명한 액정디스플레이(LCD) 화질이 오히려 눈의 피로도를 가속할 수 있다는 의견이나 반사 현상이 있어 햇볕 아래에서는 책을 읽거나 동영상을 감상하기 어렵다는 지적이 나오기도 한다.

(참고로 2011년에 출시된 iPad2는 아이패드의 단점을 많이 보완하였다. CPU를 A5로 올려 빠른 처리가 진행될 수 있도록 했고, 카메라를 2개 장착하여 화상통화가 가능하도록 했다. GPS 기능도 탑재되어 위치기반 서비스도 가능하게 됐다. 또한, IPS 기술이 적용된 LED 백라이트를 채용하여 눈의 피로감을 줄였다.)

아마존 킨들용 전자책은 45만 권으로 애플의 아이패드용 6만 권을 크게 앞선다. 출판사와의 거대한 네트워크. 소비자들의 리뷰 정보까지 아마존의 유무형 자산까지 평가하면 아이패드가 전자책 시장을 완전히 장악할 수 없다는 뜻이다. 아이패드는 '어른들을 위한 비싼 장난감에 불과할 것'이라는 평가도 있다.

하지만 이런 논란은 아이패드가 어느 정도 수준으로 성공할 것인가의 문제이지 애플이 아이패드를 통해 제시한 방향성에 대한 이견은 아닐 것이다. 경쟁사들의 움직임이 이를 증명하고 있다. HP는 윈도 모바일7을 기반으로 한 '슬레이트'를 출시하였고, 아수스도 윈도우 모바일과 안드로이드 운영체제(OS)를 탑재한 태블릿 컴퓨터 2종을 선보였다. 또 마이크로소프트, 소니, 델, 에이서 등이 아이패드 대항마로 태블릿 컴퓨터를 발표하였다.

'창조적 파괴', '파괴적 혁신' 등 오늘날 경영 화두의 표본을 보여준 애플 최고경영자(CEO) 스티브 잡스에 대해 미국의 시사주간지 《뉴스워크》의 대니얼 라이언스 수석 편집자는 이렇게 말한다. "그는 우리가 필요하다고 생각조차 하지 않았던 기기를 갑자기 그것 없이는 살 수 없게 만드는 비상한 능력을 지녔다"고 말이다.

한 가지 더 눈여겨볼 것은 세계 IT 산업을 이끌고 있는 애플과 구글의 대결이다. 한때 구글의 CEO 에릭 슈미트가 애플 이사회에 참여했을 정도로 사이가 좋았던 두 회사. 이제 모바일 광고와 검색 시장을 두고 한 치의 양보도 할 수 없는 세기의 결투를 벌이고 있다. 애플의 스마트폰과 아이폰에 대항해 구글은 '넥서스원'을 내놨다. 애플도 군침을 흘렸던 모바일 광고업체 '애드몹'을 구글이 인수하면서 화약고는 또 한 번 터졌다. 애플은 또 다른 모바일 광고업체인 '쿼트로 와이어리스'를 인수해 맞대응했다. 스티브 잡스는 사내 미팅에서 "구글이 아이폰을 죽이려 한다. 우리는 그들을 내버려두지 않을 것이다"는 말을 했다고 한다. 그뿐만 아니라 삼성(갤럭시 시리즈)과 애플 간의 특허 분쟁은 끊임없는 이슈를 만들고 있다. ⊠

[Ⅲ] 네트워크로 만나는 세상

컴퓨터가 처음 등장했을 당시만 해도 컴퓨터로 다른 사람과 함께 게임을 하거나 대화를 한다는 것은 상상할
수 없었다. 컴퓨터를 가진 것만으로도 대단한 일이었지만, 컴퓨터로 할 수 있는 일은 오늘날에 비하면 아주
소소한 것에 불과했다. 컴퓨터의 활용도를 대폭 확대해준 사건은 바로 인터넷의 등장이었다!
사실 인터넷은 네트워크의 한 종류이다. 데이터와 각종 정보를 주고받는 컴퓨터 통신을 하기 위해서 컴퓨터를
서로 연결하였는데, 네트워크는 컴퓨터와 다른 통신 기기들이 서로 그물망처럼 연결된 것을 가리킨다.
네트워크는 서버와 클라이언트로 연결되는 방식과 서버를 연결하지 않고 컴퓨터끼리 직접 연결하는 P2P
방식이 있다. 인터넷은 이 두 가지 방식에 의해 전 세계의 컴퓨터가 자연스럽게 연결되어 형성된 거대
네트워크이다. 네트워크는 컴퓨터로 사람과 사람을 연결해줬다. 그리고 사람과 사람을 연결해주는 데에
그치지 않고 새로운 생활 문화를 만들었다.

◎ 1. 정보를 나누는 힘, 네트워크

◎ 2. 조용한 일상의 디지털 혁명, 유비쿼터스

◎ 3. 스마트 시대를 되돌아보다

정보통신과 신소재

시공간 굴레 벗고 무선통신 즐긴다

만일 독자가 항상 몸에 지녀야 하고 매일 확인해야 하는 것을 선택하라는 질문을 받는다면 무엇이라고 대답하겠는가. 대다수 사람들은 가장 먼저 '휴대전화(또는 스마트폰)'를 꼽지 않을까. 외출할 때 휴대전화를 깜박 잊고 집에 두고 나왔을 때 그날 하루의 '불안감'을 떠올려보면 쉽게 이해할 수 있다.

모바일 메신저, 전자메일 체크도 마찬가지. 컴퓨터나 스마트폰, 태플릿PC에서 인터넷이 되지 않아 편지나 대화 내용을 확인할 수 없을 때엔 알 수 없는 긴장과 초조가 솟구친다. 지금 바로 확인하지 않으면 무슨 일이라도 금방 생길 것처럼 말이다.

이처럼 우리 생활에 필수요소가 된, 그리고 삶에 편리를 극대화해 주는 휴대전화와 전자메일 시스템 안에는 바로 네트워크와 모바일 컴퓨팅 기술이 자리 잡고 있다. 과연 네트워크와 모바일 컴퓨팅 기술은 무엇이며, 관련된 연구는 어떤 것이 있을까.

스마트폰에서부터 다양한 정보 가전기기까지 '더 혁신적이고, 더 빠르고, 더 효율적이고, 더 안전한 무선장치'임을 강조한 제품이 대거 쏟아지고 있다. 이런 제품은 네트워크와 모바일 컴퓨팅 기술의 진보 덕분에 탄생할 수 있다.

먼저 네트워크의 기본 개념부터 천천히 짚어보자. 네트워크의 가장 손쉬운 예는 전화기와 팩스 기기에서 찾을 수 있다. 이들 기기는 전화선을 통해 전화국의 교환 기기들과 연결되어 세계의 수많은 장소와 통신할 수 있게 설계되었다. 네트워크란

전화기처럼 데이터를 보내거나 받을 수 있는 장치들이 각종 전송 매체에 의해 서로 연결된 것을 말한다. 예를 들어 컴퓨터와 프린터가 연결되어 문서를 뽑아내고, 컴퓨터의 각종 자료를 PDA(휴대용 단말기)에 담아내는 것 모두 네트워크의 개념이다.

네트워크를 통해 송신자의 데이터가 수신자에게 전달되는 과정에서는 어떤 일이 벌어지고 있을까. 네트워크를 실현할 수 있는 장비와 전송 매체가 갖춰지면 데이터를 전송하기 위해 준비할 때부터 데이터가 목적지까지 도착하게 될 때까

모바일 컴퓨팅의 대표주자인 휴대전화는 현대인의 삶에 필수품으로 자리잡고 있다.

지 효율적인 데이터 전달을 위한 체계적인 작업이 시작된다.

예를 들어 미국에 사는 스미스가 서울에 사는 선영이에게 편지를 보낸다고 가정해 보자. 스미스가 보낸 편지는 미국의 우체국에서 분류되고, 운송수단인 비행기에 의해 서울의 우체국에 도착한다. 그 후 서울의 집배원이 우편물에 적힌 주소를 보고 선영이에게 편지를 전달한다. 여기에 컴퓨터의 개념을 도입시키면 우체국, 집배원, 운송수단 등은 편지를 보내는 데 필요한 장비 역할을 하는 하드웨어라고 볼 수 있다.

하지만 하드웨어만으로는 부족하다. 편지가 제대로 전달되기 위해서는 일정한 규칙이 설정되어 있어야 한다. 예를 들어 한국어를 쓸 것인지 영어를 쓸 것인지 결정해야 하며, 서로의 주소가 올바르게 작성돼야 한다. 또한, 등기인지 속달인지 우편물의 유형을 결정해야 하고, 편지를 분실할 경우의 대책도 알고 있어야 한다. 컴퓨터의 개념으로 따져보면 소프트웨어에 해당한다.

이처럼 하드웨어와 소프트웨어가 완벽하게 갖춰지면 하드웨어에 맞춰 소프트웨어가 체계적으로 작동돼, 스미스는 선영이와 통신할 수 있다.

네트워크에서도 소프트웨어의 역할이 중요하다. 먼저 전송할 데이터를 준비하고, 송수신자의 주소를 적는다. 다음으로 전송 경로를 선택하고, 데이터를 발송한다. 수신이 안 된 경우라면 다시 보내는 일도 잊지 말아야 한다. 앞서 우편을 보내는 원리에서 살펴본 개념과 유사하다.

이러한 소프트웨어는 각 역할에 따라 여러 개의 계층(layer)으로 나눠 설계된다. 전체를 한 개의 프로그램으로 구성하면 복잡하고 비효율적이기 때문이다. 보통 가장 많이 쓰이는 소프트웨어의 구조는 4개 또는 7개 계층이다.

다시 우편시스템의 예를 통해 생각해 보자. 스미스와 선영이가 사는 미국과 서울의 우체국에서 우편 분류를 담당하는 직원들은 각각 우편물에 적힌 주소를 보고 우편물을 분류하는 일을 한다. 만일 우편물이 제대로 배달되지 않은 경우라면 스미스가 미국의 우체국에 전화하고, 그곳의 담당 직원은 우리나라의 담당 직원에게 확인을 의뢰한다.

같은 직위에 있는 각국의 우체국 직원이 같은 업무를 담당하는 것처럼, 네트워크에서도 같은 계층에 있는 프로그램은 같은 일을 수행한다. 이때 송신자와 수신자 사이에 효율적이고 믿을 수 있는 데이터 전송을 하기 위해서는 같은 계층에 있는 프로그램 사이에 명확하고 체계적인 규칙이 정해져 있어야 한다. 이것을 프로토콜(protocol)이라 부른다.

쉽게 설명하면 프로토콜은 데이터 전송에 필요한 모든 규칙의 집합을 말한다. 즉 언제, 무엇을, 어떻게 전송하는지에 대해 규정짓는 것이다. 우편시스템의 예를 들면 우편물의 앞 표면에 우편번호를 적는 일, 수신지 확인을 위해 행정 구역상의 주소를 적는 일 등 우편물의 송신과 수신을 위해 서로 약속된 규칙이 일종의 프로토콜인 셈이다.

무선 네트워크로 실현하는 모바일 컴퓨팅

컴퓨터 통신이 시작된 이래 네트워크는 빠른 속도로 변화하고 있다. 특히 최근 들어 가장 주목할 만한 변화는 네트워크 환경이 유선에서 무선으로 바뀌었다는 점이다. 이런 추세를 반영하듯 네트워크와 모바일 컴퓨팅 연구실에서는 무선 네트워크, 즉 이동 네트워크 환경에서의 프로토콜 연구가 활발하다. 언제 어디서나 쉽고 편리하게 데이터를 교환하기 위한 규칙을 좀 더 효율적으로 만들어내기 위한 연구를 진행하는 것이다.

물론 모바일 컴퓨팅의 대표주자인 휴대전화에는 기판과 회로를 만들어내는 하드웨어적 기술과 효율적인 무선통신을 위한 프로토콜을 연구하는 소프트웨어적 기술이 적용된다. 네트워크와 모바일 컴퓨팅 연구실에서는 통신의 핵심적인 역할을 하는 소프트웨어적 기술을 개발한다.

모바일 컴퓨팅은 말 그대로 움직이면서 컴퓨팅 환경을 이용할 수 있는 기술이다. 노트북이나 태블릿PC를 들고 다니면서 문서를 작성하고, 저장된 텍스트를 읽을 수 있다면 모바일 컴퓨팅이라고 할 수 있다. 하지만 단순히 움직이면서 사용할 수 있다고 해서 모바일 컴퓨팅이 되는 것은 아니다. '항상 네트워크에 접속할 수 있는 환경'이 구축되어야 한다. 이런 이유로 무선 네트워크의 발전은 모바일 컴퓨팅 기술의 발전과 직결된다.

이동 네트워크 환경은 기존의 유선 네트워크 환경보다 훨씬 복잡한 시스템이다. 다시 스미스가 선영이에게 편지를 보내려고 하는 상황으로 돌아가 보자. 선영이가 현재의 주소에 계속 거주한다면 편지를 배달하는데 큰 문제가 없을 것이다. 하지만 정해지지 않은 장소로 이동하면서 살아간다면 우편물을 배달하기도 불편하고, 배달 사고도 자주 발생하게 될 것이다.

이동 네트워크 환경도 마찬가지다. 송신자는 수신자의 고정된 주소를 보고 전송을 하는데, 수신자의 위치가 자주 변경될 때 기존 유선 네트워크에서 사용했던 프로토콜에 의해서는 데이터를 전달할 수 없거나, 전달되더라도 빈번한 오류가 발생하게 마련이다. 각각의 환경에 맞는 규칙이 서로 다르기 때문이다.

따라서 이동 네트워크 환경에서는 기존의 유선 네트워크에서 사용됐던 프로토콜보다 보완된, 또

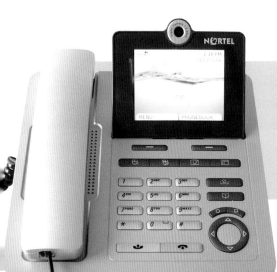

간단한 단말기로 전화는 물론 멀티미디어 화상 통신까지 실현시킬 수 있다. 장소와 시간의 제약 없이 안전한 최첨단 무선통신이 현실화될 날은 멀지 않았다.

는 새로운 프로토콜이 필요하다. 이 분야의 기술을 개발하는 각 대학의 연구실에서는 응용, 전송, 네트워크, 데이터링크 등 크게 4개 계층의 프로토콜 기술이 연구된다.

응용 계층은 무선 응용 프로토콜인 WAP(Wireless Application Protocol)를 이용해 전자메일, 게임, 애니메이션 등 각종 인터넷 콘텐츠를 실시간으로 받거나 보낼 수 있는 기술을 담당하는 계층이다. 전송 계층은 이동 네트워크에서 데이터의 전송 속도와 도착 순서를 조절하고, 수신자가 이동하거나 데이터가 분실되는 등 에러가 발생하면 다시 효율적으로 전송하는 역할을 한다.

네트워크 계층은 수신자가 자주 이동하더라도 데이터를 정확하게 전달할 수 있도록 전송 경로를 제어하며, 많은 수신자에게도 효율적인 데이터의 전송을 위한 프로토콜과 관련된다. 데이터링크 계층은 송신자 다수가 동시에 데이터를 전송하려 할 때 전송 순서를 조절해 충돌을 최소화할 수 있는 기술이 요구되는 계층이다.

대학이나 연구소에서는 네트워크 연구실, 모바일 컴퓨팅 연구실, 인터넷 컴퓨팅 연구실, 네트워크와 모바일 컴퓨팅 연구실이라는 이름으로 네트워크와 모바일 컴퓨팅 기술이 한창 진행되고 있다. 네트워크와 모바일 컴퓨팅 기술은 다른 분야의 학문과 달리 학문에 대한 기초 지식보다는 능숙한 프로그래밍 실력이 필수이므로 프로그램 오류에 대한 대처 능력도 뒤따라야 한다.

포항공과대학교(POSTECH) 컴퓨터공학과에서 네트워크와 모바일 컴퓨팅을 이끄는 서영주 교수는 프로토콜은 주로 소프트웨어에 의해 구현되고 성능 분석을 자주 해야 하므로 능숙한 프로그래밍은 필수 요소이며, 창의적인 사고로 접근해야 한다고 덧붙였다. 🔟

모바일 컴퓨팅 기술의
진보는 입는 컴퓨터의
발전과 직결된다.

모바일 컴퓨팅은 말 그대로
움직이면서 컴퓨팅 환경을 이용하는
기술이다. 노트북이나 PDA를 들고
다니면서 각종 업무에 필요한 작업을
수행할 수 있도록 항상 네트워크에
접속돼 있어야 한다.

● 2. 놀고 있는 컴퓨터를 그물망으로 엮는다

티끌 모아 태산, 그리드 컴퓨팅

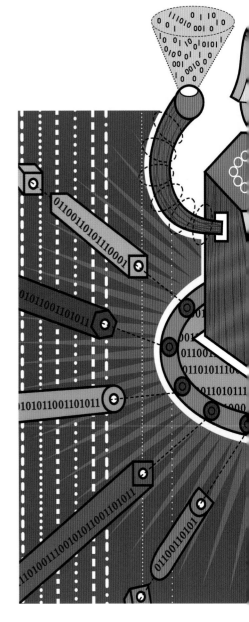

오늘 하루 12군데의 대리점을 방문해야 하는 영업사원 K씨. 본사에서 가장 가까운 곳부터 들러야겠다는 계획을 세워보지만 언제 다 돌아볼지 막막한 심정이다. 시간과 거리를 꼼꼼히 따져봤지만 내가 선택한 길이 과연 최적인지도 의문이다. 이럴 때 누군가가 가장 짧은 경로를 계산해 알려준다면 얼마나 좋을까?

'외판원 문제'(traveling salesman problem)로 잘 알려진 이런 유형의 문제는 수학의 대표적 난제로 손꼽힌다. 가능한 모든 경우의 경로를 다 계산한 다음 최소거리를 여행하는 경로를 선택해야 하는데, 주어진 경로가 많아질수록 계산해야 하는 경우의 수가 기하급수로 늘어나기 때문이다. 고성능 컴퓨터와 효율적인 알고리즘을 사용한다고 해도 계산에 필요한 시간은 상상을 초월할 정도로 오래 걸린다. 만일 이렇게 복잡한 문제를 여러 개로 잘게 쪼갠후 각각을 여러 대의 컴퓨터에 나눠서 계산하도록 하고, 그 결과를 다시 하나로 합친다면 최적의 해답을 구할 수 있지 않을까.

인간의 기술로 탄생한 컴퓨터가 빠른 속도로 발전을 거듭하면서 인간이 쉽게 풀지 못하는 수많은 난제의 '해결사' 역할을 해주고 있다. 하지만 컴퓨터와 네트워크의 성능이 빠르게 좋아진다고 해서 모든 문제가 쉽사리 해결되는 것은 아니다. 첨단과학기술 분야는 지속적인 발전을 꾀하면서 끊임없이 변화하고 있기 때문이다. 결국, 우리 주변에는 최신 기종의 슈퍼컴퓨터를 사용한다고 해도 좀처럼 해결책을 찾기 어려운 문제들이 산재해 있는 셈이다. 기상 예측, 유전자 분석, 나노기술 연구, 신약 개발 등이 대표적인 사례다.

이렇게 복잡하고 어려운 문제들을 해결하는 방법의 하나로 최근 급부상하는 기술이 바로 '그리드 컴퓨팅'이다. 그리드(Grid)는 세계 곳곳에 분산된 자원들이 서로 연결돼 마치 격자나 그물망 같은 형태를 나타낸다는 의미에서 만들어진 용어다. 즉 인터넷으로 연결된 컴퓨팅 자원을 엮어 하나의 시스템인 '가상의 슈퍼컴퓨터'를 만들어냄으로써 어려운 문제 해결에 활용한다는 개념이다.

슈퍼컴퓨터는 일반 상업용 컴퓨터에 비해 데이터 처리속도가 수백, 수천 배에 이르는 말 그대로 '슈퍼급' 컴퓨터다. 슈퍼컴퓨터의 성능은 한 국가의 과학기술을 좌지우지한다고 해도 과언이 아닐 만큼 중요하다. 초대형 규모의 경제시스템 분석, 국가 방어체계, 난치병 연구 등의 국가적 차원의 프로젝트는 슈퍼컴퓨터가 있어야만 해결할 수 있기 때문이다. 하지만 슈퍼컴퓨터는 보통 10억 원에서 많게는 1000억 원이 넘을 정도로 가격이 매우 비싸다. 게다가 '최고급 두뇌'인 만큼 전기료와 관리비 등 '품위유지비'도 상당하다. 이런 단점을 극복하기 위해 전 세계에 분산된 수많은 컴퓨팅 자원을 엮어서 활용하려는 그리드 컴퓨팅 기술이 탄생한 것이다.

복잡한 연산 문제를 쪼갠 후 분산된 컴퓨팅 자원에서 계산하는 작업이 어떻게 가능한 것일까. 이 궁금증을 해결하기 위해 데이터가 유통되는 과정을 들여다보자. 인터넷을 통해 데이터를 여러 대의 컴퓨터에 전송하려면 이 데이터를 인터넷 정보교환 약속인 TCP/IP에 맞게 가장 효율적인 크기의 패킷으로 쪼개야 한다. 분할된 패킷에는 각각 별도의 고유번호가 붙고, 목적지 주소와 에러 검출용 코드가 포함된다. 각 패킷은 서로 다른 인터넷 경로를 통해 전송될 수 있다. 보내 놓은 패킷들이 나중에 결과치를 갖고 되돌아오면 이들을 모두 합쳐 원래의 파일로 재조립한다. 간단하게 표현하면 매우 복잡한 문제를 세분화해 작은 단위인 패킷으로 나누고, 이를 전 세계의 컴퓨터 자원에 분산시켜 계산토록 해 결과를 이끌어낸다는 개념이다.

이렇듯 그리드 컴퓨팅은 분산된 컴퓨팅 자원을 통신망으로 연결해 활용함으로써 문제 해결에 접근하는 것이다. 이런 개념의 적용이 가능한 이유는 상당수의 연산 문제들이 작은 문제로 쪼개서 풀 수 있는 성질을 갖고 있기 때문이다. 기상예측의 경우를 보자. 예를 들어 온도를 예측하려면 각 지역을 대표하는 기상자료 격자 값과 인접한 기상자료 격자 값을 비교하고 계산해야 한다. 결국, 전체 문제를 따로 잘라내 병렬식 계산을 하면 이른 시간에 그 결과를 얻어낼 수 있다.

하지만 그리드 컴퓨팅이 대형 연산만을 위해 만들어진 기술은 아니다. 그리드 컴퓨팅이 위력을 발휘할 수 있는 분야는 크게 두 부분으로 나뉜다. 과학자들에게 무제한의 컴퓨팅 자원과 데이터 자원을 제공해 연산 작업에 활용할 수 있도록 하는 기능은 대형 연산 등 복잡한 문제를 풀이하는데 활용되며, 멀리 떨어져 있는 사람들끼리 협력해서 일을 처리하거나 온라인 커뮤니티를 형성·발전시킬 수 있는 환경을 조성하는 기능은 P2P 컴퓨팅에서 활용된다.

2. 놀고 있는 컴퓨터를 그물망으로 엮는다

우리나라도 핵심기술 개발 중

그리드 컴퓨팅 환경을 구축하기 위해서는 개별적인 하드웨어와 소프트웨어를 하나의 통합 자원으로 연결하는 작업이 필요하다. 하지만 단순히 컴퓨터 자원만을 연결하는 것이 아니라 대용량 저장장치, 데이터베이스, 전파망원경 등의 고성능 연구장비까지 포함되어야 한다.

여기에서는 크게 세 단계의 구축 원칙이 필요하다. 먼저 세계의 여러 기관에 흩어져 있는 자원들이 다양한 형태로 존재하기 때문에 서로 다른 부분의 충돌 가능성을 없앨 수 있는 특별한 기능이 갖춰져야 한다. 예를 들어 컴퓨터의 기종이나 운영체제가 각기 다르다는 이유로 데이터의 상호교환이 이뤄지지 않는다면 서로 연결돼 있다고 하더라도 무용지물이 되기 때문이다. 또 그리드의 크기가 커질지라도 네트워크 성능이 나빠지지 않고 시스템의 부하가 균등하게 이뤄질 수 있는 기능을 갖춰야 하며, 그리드 컴퓨팅 환경에서 연결된 수많은 자원을 사용하던 중 일부가 고장 나더라도 다른 자원에 별다른 영향 없이 활용할 수 있는 기능도 갖춰져야 한다.

그리드 컴퓨팅의 대표적 사례는 미국 버클리 대학교에서 추진하는 '세티엣홈'(SETI@HOME) 프로젝트다. 세티엣홈은 외계에서 오는 전파를 분석해 외계인의 존재를 연구하고자 하는 프로젝트로, 참여를 원하는 사용자가 프로그램을 내려받아 컴퓨터에 설치하면 된다. 이 프로그램은 사용자가 컴퓨터를 사용하지 않는 시간에 마치 스크린세이버처럼 작동하면서 버클리 대학교에서 인터넷으로 보내온 패킷 데이터를 분석한다. 분석이 끝난 패킷은 다시 버클리 대학교의 서버로 보내지고, 이러한 방식으로 전 세계의 자료를 수집해 외계인의 존재를 연구한다. 백혈병이나 AIDS 치료제를 개발하는 미국 암협회와 국립 암연구재단의 프로젝트도 같은 방식의 공동 연구가 수많은

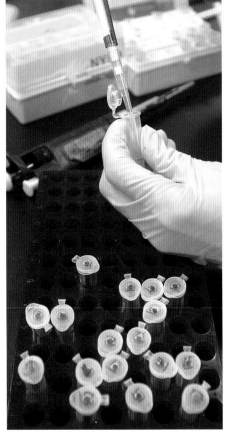

그리드 컴퓨팅이 일반화되면 유전자 분석과 같은 대형 난제에 대해 전 세계 사람들이 협력함으로써 쉽게 해결할 수 있다.

참여자에 의해 진행되고 있다. 또한, 미국의 투자 분석회사인 JP모건은 주가 추이를 분석하고 투자 위험을 관리하기 위한 하나로 소규모의 그리드를 이용하고 있다.

한편, 과학전문지 《네이처》에는 그리드 컴퓨팅과 관련한 컴퓨팅 기술의 새로운 개념이 제시됐다. 미국 인디애나 노트르담 대학교의 물리학과와 컴퓨터학과 출신의 과학자들이 그 주인공.

이른바 '기생 컴퓨팅'(parasitic computing)이라 불리는 이 기술의 핵심은 특정 난제를 해결하기 위해 전 세계의 컴퓨터 자원을 소유자의 동의 없이 이용한다는 것이다. 즉 복잡한 계산 문제를 패킷으로 나눠 전 세계의 웹서버에 보내면, 웹서버에서 계산이 수행된 후 되돌아온다. 물론 계산 결과치가 필요 없으면 패킷은 돌아오지 않는다. 《네이처》는 연산에 참여하는 웹서버가 그 사실을 인식하지 못한다는 점에서 레이더에 잡히지 않는 스텔스기를 따 '스텔스 컴퓨팅'이라고 소개했다.

사용하지 않는 CPU 자원을 분산컴퓨팅 기법을 이용해 하나로 묶어 가상의 슈퍼컴퓨터를 만들어내려는 노력은 그리드 컴퓨팅과 유사하지만, 확실한 차이점이 존재한다. 그리드 컴퓨팅은 사용자가 자신의 컴퓨터에 소프트웨어를 설치해야, 즉 사용자의 동의가 있어야 자원이 이용될 수 있지만 기생 컴퓨팅은 사용자의 동의 없이도 전 세계의 컴퓨터를 사용할 수 있다.

그렇다면 컴퓨터 서버에 부하를 주진 않을까. 해킹의 위험도 무시할 수 없지 않은가. 논문의 공동저자인 한국과학기술원(KAIST)의 정하웅 교수는 기생 컴퓨팅 기법에 대해 "계산을 주목적으로 하는 컴퓨터와 통신을 주목적으로 하는 인터넷의 절묘한 결합"이라고 소개하면서 "사용이 공개된 서버의 특정 부분에만 접근하기 때문에 서버의 부하나 보안상의 위험을 가져올 일은 없다"고 말했다.

예를 들어 패킷을 하나 보낸다는 것은 특정 홈페이지에 접속해 클릭을 한번 하는 것과 같은 부

하다. 웹서버에서는 정보를 달라는 클릭으로 인식하고 요청한 계산 결과치를 알려주기 때문이다. 따라서 패킷은 웹서버가 열려있는 한 자유롭게 접근할 수 있으며, 시스템에 큰 부하를 주지 않는다. 하지만 이 기술이 완벽하게 안전한 것은 아니다. 컴퓨터 소유자의 동의 없이 사용자의 자원을 이용하므로 윤리적·법적 문제를 가져올 가능성이 있다. 새로운 기술의 발전에 따른 윤리적 성숙이 강조되어야 하는 이유다.

이제 우리는 성능의 한계를 지닌 단일 컴퓨터에서 끙끙대던 시절을 지나 나의 컴퓨팅 자원과 다른 사람들의 컴퓨팅 자원을 알게 모르게 서로 나눠 쓸 수 있는 시대에 살고 있다. 전 세계의 사람들과 협력해 하나의 대형 프로젝트를 해결할 수 있다는 개념은 과거의 환경에서는 전혀 상상할 수 없는 일이었다.

사실 개개인의 컴퓨터 활용도는 10~20%에 불과하다. 대부분의 사용자는 일반적으로 컴퓨터 사용시간이 적거나, 많이 사용한다고 하더라도 특정 프로그램 몇 개만을 쓰는데 익숙하기 때문이다. 수많은 컴퓨터의 유휴 자원을 모아 활용할 수 있다면 가히 컴퓨팅 패러다임의 혁명이라고 하지 않을 수 없다.

그리드 이론의 창시자인 미국 시카고 대학교 컴퓨터공학과 이안 포스터 교수는 그리드를 '새로운 정보기술의 사회 간접 자본'이라고 표현했다. 그리드 컴퓨팅이라는 개념이 얼마나 중요한지 단적으로 나타내는 말이다. 개념상으로 따져볼 때 그리드 컴퓨팅이 갖는 잠재력은 가공할 만하다. 인터넷이 전 세계의 컴퓨터를 서로 연결하는 인프라로써 한차례 큰 변혁의 바람을 몰고 왔다면 하드웨어와 소프트웨어, 그리고 네트워크의 결합이라 할 수 있는 그리드 컴퓨팅은 인터넷을 활용한 또 한 차례의 혁명을 준비하고 있다. ▣

서로 대화하는 사물들

소설가 베르나르 베르베르의 작품 『나무』 가운데 한 편 '내게 너무 편한 세상'에는 아침마다 서로 자신을 알아봐 달라고 말을 걸어오는 자명종과 텔레비전, 스스로 알아서 주인의 식사 시중을 드는 토스터와 냅킨이 등장한다. 일상의 모든 사물이 마치 살아있는 생명처럼 행동하며 인간에게 안락한 생활환경을 보장한다. 말하고 생각하는 사물들이 만드는 완벽한 세계에 가끔은 질식하기도 하지만…….

작가 베르베르는 그렇게 어느 미래의 일상을 그리고 있다. 그의 소설은 '언제 어디서나' 컴퓨터와 네트워크를 이용하고 사물들 스스로 사고하고 행동한다는 유비쿼터스 시대의 한 일상을 담고 있다. 어느새 첨단을 일컫는 유행어로 자리 잡은 유비쿼터스. 이제 유비쿼터스는 단순히 보랏빛 미래를 실현하는 첨단 기술을 뜻하는 것만 아니라 정치, 경제, 사회, 문화적 코드로 자신의 영역을 확대해 나가고 있다.

1980년대 처음 유비쿼터스라는 말이 세상에 알려졌을 때만 해도 이 괴상한 단어에 주목한 사람은 별로 없었다. 정작 이 말을 처음 사용한 미국 제록스 연구소의 마크 와이저만 하더라도 근래에 벌어질 이와 같은 유비쿼터스 열풍에 대해 미처 예견하지 못했을 것이다.

원래 유비쿼터스는 '곳곳에 있는, 편재하는'이란 뜻의 라틴 어다. 죽어있던 이 단어가 다시 세상으로 돌아온 것은 불과 20여 년 전. 1991년으로 거슬러 올라간다. 제록스 팔로알토 연구소에서 근무하던 와이저 박사는 「21세기 컴퓨터」라는 자신의 논문에서 '미래의 컴퓨터는 지금처럼 독자적 형태의 컴퓨터가 아닌 사람이 그 존재를 의식하지 못하는 형태로 생활 속으로 들어간다'고 미래의 컴퓨터 환경을 예상했다. 모든 사물과 공간 안에 컴퓨터가 들어가 유무선으로 연결된다는 주장이었다. 즉 지금까지 1대의 컴퓨터가 모든 일을 처리했던 것과 달리 사물 안에 숨어있는 수많은 작은 컴퓨터를 통해 문제를 해결할 수 있다는 것이다.

일본 유비쿼터스 진영을 이끌고 있는 일본 도쿄 대학교 사카무라 겐 교수는 이보다 개념을 더욱 확대했다. 그는 자신의 저서 『유비쿼터스 컴퓨터 혁명』에서 '모든 사물이 컴퓨터 칩과 센서를 내장하고 유무선을 통해 서로 정보를 교환하고 타협하면서 사람에게 봉사한다'고 제시했다. 와이저 박사의 모델이 일상생활 공간으로 들어간 수많은 컴퓨터의 단일 시스템을 언급한 것이라면 겐 교수의 모델은 수많은 작은 컴퓨터들이 서로 협조하면서 목적을 달성하는 것을 뜻한다. 이처럼 나라나 학자마다 미묘한 해석의 차이에도 불구하고 유비쿼터스가 지금과 전혀 다른 새로운 공간과 미래를 열어줄 것이라는 데는 모두가 공통적인 입장이다. 사람이 알지 못하는 사이에 벌어지는 사물과 사물 간의 끊임없이 소통과 행동을 뜻하는 '조용한 기술'과 이들이 이뤄내는 현실 세계의 똑똑한 공간. 이것이 유비쿼터스를 그리는 일반적인 단상이다.

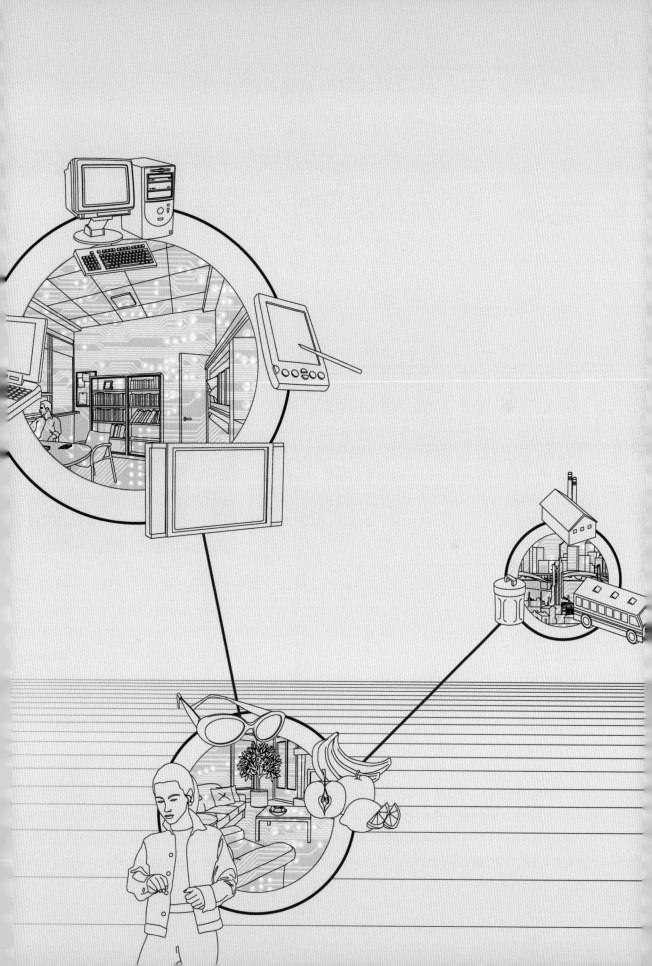

물리 공간과 사이버 공간의 통합

유비쿼터스란 말은 왜 세상에 나왔을까. 유비쿼터스의 탄생 배경에는 생활공간을 끊임없이 확장하려는 인간의 의지가 숨어있다. 한국교통대학교 행정정보학과 최남희 교수는 '유비쿼터스 공간은 물질공간이 가진 시공간적 제약과 전자 공간의 허구성이 극복된 공간'이라고 말한다. 유비쿼터스는 시공간의 한계를 극복하기 위해 시작된 정보 혁명과 이를 통해 생겨난 가상공간이 다시 한계에 부딪히자 둘을 통합하려는 시도에서 나왔다는 것. 유비쿼터스와 정보화의 차이도 바로 여기에서 시작된다. 유비쿼터스 기술은 정보기술을 활용하는 목적을 전자 공간이 아닌 물리 공간에 초점을 두고 있다. 정보는 많이 저장하고 있지만, 인간의 명령 없이는 아무것도 이룰 수 없는 가상공간의 한계를 물리적 공간에 촘촘히 박혀있는 작은 컴퓨터와 센서로 극복하자는 것이다. 이처럼 유비쿼터스 시대는 정보화의 최종 단계에서 시작된다.

그렇다면 유비쿼터스 공간은 어떤 모습일까. 최남희 교수는 '컴퓨터 속에 물리 공간을 집어넣은 정보 혁명과 달리, 유비쿼터스 혁명은 모든 물리 공간에 컴퓨터를 집어넣는 것'이라고 설명한다. 요약하면 물리 공간이 전자화되고 전자공간이 물질화된다는 말이다. 서울시정개발연구원 장영희 부원장도 '물리 공간 자체가 디지털화되는 것'이라고 짤막이 요약했다. 주위 사물과 공간이 모두 컴퓨터로 바뀌고 지능화된다는 뜻이다. 결국, 이 새로운 공간은 사람과 컴퓨터뿐만 아니라 사람과 사물, 사물과 사물이 모두 유무선으로 연결되는 형태를 띤다. 집에 있는 컵, 구두, 옷처럼 하찮은 생필품부터 도로, 다리, 건물, 심지어 채소와 과일에 이르기까지 모든 공간과 사물에는 작은 칩들이 심어진다. 그리고 모든 사물은 유무선을 통해 서로 대화하고 알아서 스스로

결정하며 행동한다.

유비쿼터스 공간은 종종 인체에 비유된다. 뇌를 중심으로 거미줄처럼 펼쳐진 신경망 혹은 뉴런과 작동 원리가 유사하다는 뜻이다. 유비쿼터스 네트워크는 우리 몸의 연합 뉴런에, 곳곳에 설치된 칩과 센서들은 감각 뉴런에, 동작하는 부분인 마이크로 기계들은 운동 뉴런에 비유된다.

이처럼 인체와 유사한 메커니즘을 갖는 유비쿼터스 공간은 몇 가지 핵심 요소들로 구성된다. 여기에는 초고속망, 모바일, 극소형 칩 같은 첨단 정보통신기술(IT)부터 나노기술(NT)과 바이오기술(BT)까지 다방면의 기술들이 총망라된다. 이 가운데 핵심은 모든 사물을 연결하는 네트워크 기술, 모든 사물에 심어지는 극소형 컴퓨터, 그리고 단

말기 기술이다.

수많은 정보를 빠르게 전송하는 광대역망, 어디서나 쉽게 접속하는데 필수적인 모바일 기술은 차세대 네트워크의 기본 골격을 이룬다. 고속통신을 위해 현재 1Gbps 이상의 초고속망과 100Mbps(메가비피에스, 1Mbps=10^6bps)급 무선 통신에 대한 연구가 활발히 진행되고 있다. 이와 함께 강조되고 있는 기술이 IPv6. 기존의 32비트 주소체계인 IPv4를 대체할 새로운 인터넷 주소 체계로 보면 된다. 모두 10^{36}개의 주소를 표현할 수 있는 IPv6는 지구상에 존재하는 모든 사물에 대해 인터넷 주소를 부여하기 위해 개발됐다.

네트워크 기술과 IPv6가 기본 골격을 이룬다면 모든 사물에 들어가는 극소형 칩과 센서, 컴퓨터 칩 위에 작은 공장을 세우는 기술인 마이크로 전

유비쿼터스 컴퓨팅 환경을 조성하기 위해서는 모든 사물에 들어가는 소형 컴퓨터 제작 기술과 인식 기술이 관건이다. 사진은 일본에서 개발된 유비쿼터스 단말기와 RFID칩이 내장된 식료품들❶과 일본 히타치 사가 개발한 유비쿼터스 식별 칩인 뮤(MU)칩❷.

자기계 시스템(MEMS)과 시스템 온칩(System on Chip)은 감각 기관과 근육에 해당한다. 대표적인 인식 칩 기술 가운데 하나인 비접촉식 무선인식 기술(RFID)은 안테나와 발신기를 내장한 극소형 칩을 물체에 심어, 그 종류와 상태를 파악하는 기술. 향후 유비쿼터스 네트워크가 상용화되면, 배추나 무 같은 채소에도 이러한 태그가 탑재돼 원산지가 어딘지, 어떤 비료를 사용해서 재배된 것인지 등 주요 정보가 기록돼, 소비자들이 안심하고 식료품을 소비할 수 있게 된다. 특히 마이크로 전자기계 시스템과 시스템 온칩은 인간의 눈과 귀, 팔을 대신해 극한 상황에서 발생한 문제를 해결하기 위해 반드시 필요한 기술이다.

유비쿼터스 시대는 또 입거나 신는 컴퓨터의

시대다. 필립스와 히타치 등 국외 IT 전문업체들과 연구소들은 이미 지난 1990년대 후반부터 입는 컴퓨터를 속속 내놨다. 몸이 곧 단말기가 되는 셈이다. 유비쿼터스 시대의 인터페이스는 음성뿐만 아니라 섬세한 몸짓까지도 포착한다. 허공에 비치는 가상 키보드는 이제 미래가 아닌 현실이다. 입력 장치뿐 아니라 출력 장치도 화면과 프린터를 넘어 홀로그램과 입체 프린터로 확대된다. 입력과 출력은 지금처럼 몇몇 기기로 한정되지 않고 수십, 수백 개로 늘어나게 되는 것이다. '다입력'과 '다출력'은 유비쿼터스 공간에서의 입출력 형태를 단적으로 설명하는 말이다.

재외 첨단 연구소와 기업들은 현재 유비쿼터스를 주요 화두로 놓고 다양한 연구 과제들을 진행하고 있다. 세계 최대 네트워크 장비 회사인 선마이크로시스템스를 비롯해 마이크로소프트, IBM, 인텔, 소니, NTT 등은 이미 오래전 이 대열에 참여했다. 미국 매사추세츠 공과대학교(MIT)를 비롯해 스탠퍼드 대학교 등 미국 주요 대학과 일본 노무라 종합연구소 등 대학과 민간 연구소들도 앞다퉈 유비쿼터스 연구에 뛰어들고 있다. 현실 같은 월드와이드 웹을 구현한 휴렛패커드(HP)의 쿨타운 프로젝트에서부터 마이크로소프트 사가 추진 중인 이지리빙. 티끌형 네트워크를 구성하기 위해 UC버클리 대학교가 개발한 스마트먼지, 매사추세츠 공과대학교의 미래형 유통 시스템 오토ID까지 연구는 상당 부분 진척돼 있다. 우리나라에서도 2003년에 유비쿼터스 포럼과 학회가 차례로 결성되어 분위기 확산을 주도하고 있다.

한편 완전한 유비쿼터스 환경을 구현하려면 누구나 제약 없이 다른 사람이나 사물들과 대화할 수 있는 여건이 마련돼야 한다. '언제 어디서나'라는 이상을 구현하기 위해서는 기술과 기술, 제품과 제품 간에 서로 소통이 가능해야 하기 때문이다. 기술의 표준화와 국제적 협력이 필요한 것도 바로 이 같은 까닭에서다. 2003년 12월 일본 도쿄에서 열린 토론 전시회에 윈도우 진영을 대표하는 마이크로소프트와 리눅스 진영이 참가한 것도 독점과 지역성을 벗어 던지지 못하면 결국 유비쿼터스 연구에서 뒤쳐질 수밖에 없다는 계산 때문이었다. 🖾

2. 집이 곧 컴퓨터다

똑똑하고 쾌적한 개인 생활공간

일과를 마친 P씨. 양 방향 발광다이오드로 만든 열쇠로 문을 열자 그새 도착한 전자메일과 뉴스들이 열쇠 안으로 쏟아져 들어온다. 겉옷과 속옷에 심어진 마이크로 칩이 P씨의 컨디션을 집안 곳곳에 알려주자 어느새 은은한 조명이 켜지고 끈적한 재즈 선율이 흘러나온다. 손가락이 TV 쪽으로 향하자 녹화됐던 프로그램이 켜진다. 몸의 움직임에 따라 화면이 계속 따라다니기 때문에 집 안 어디에 있건 상관이 없다. 열쇠에 내려받은 정보를 거실벽에 투사시켜 보면서 손가락과 몸 움직임만으로 읽고 쓴다. 오랫동안 먹지 않은 과일이 신호를 보내자 냉장고 문이 자동으로 열리며 빨리 버리라는 말을 건넨다. 모든 일과가 끝나자 침대로 돌아간 P씨. 간단한 손동작 하나로 하루를 마친다.

집 안 곳곳에 설치된 수만 개의 컴퓨터 칩과 센서들이 일상을 윤택하게 해주는 똑똑한 가정이 눈앞에 성큼 다가섰다. 똑똑한 가정이란 전자제품에서 접시나 가구, 심지어 음식물에 이르기까지 모든 사물이 지능화되고 하나의 네트워크로 연결된다는 뜻이다. 지능화된 생활공간은 가장 이상적인 미래 가정(유비쿼터스 가정, U가정)이다.

미래의 가정에서는 집 안에 있는 모든 사물마다 고유의 컴퓨터 칩과 센서가 탑재된다. 이들은 사람에게 쾌적한 생활환경을 제공하기 위해 서로 정보를 주고받거나 알아서 문제를 해결한다. 특히 몸에 착용하도록 설계된 입는 컴퓨터, 일명 웨어러블 컴퓨터는 이 같은 환경에 가장 적합한 형태의 단말기다. 특수 섬유로 짜진 이 옷은 컴퓨터와 몸을 일체화시킴으로써 유비쿼터스 공간 속에서의 삶을 더욱 윤택하게 한다.

이처럼 미래의 가정은 연령, 성별에 상관없이 모든 가족 구성원들에게 편리한 주거 환경을 제시한다. 어떤 문제가 발생해도 직접 사람이 나설 필요가 없게 된다는 뜻이다. U가정에서는 문제가 발생하면 사물들이 알아서 서로 정보를 교환하고 스스로 문제를 해결할 수 있기 때문이다. 정보 습득이 상대적으로 느린 노약자들도 손쉽고 편안하게 가정생활을 누릴 수 있게 된다. 사람이 일일이 명령을 내려야만 동작하는 홈오토메이션과의 차이점이 바로 여기에 있다.

또한, U가정은 유용성이 극대화된 공간이다. 단말기를 항상 몸에 착용하고 모든 사물에 센서와 컴퓨터 칩이 달려 있기 때문에 집 안에서 물건이 사라지거나 냉장고가 텅텅 비는 일은 없어진다. 외출 중에도 집안 곳곳을 돌볼 수 있는 것은 물론이다. 또한, 모든 유비쿼터스 기술과 장비들은 일상용품처럼 폐기가 쉬운 재료로 구성된다.

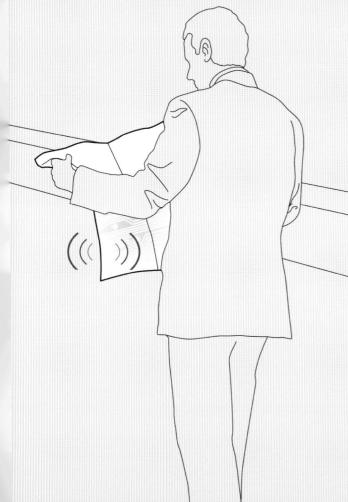

● 2. 집이 곧 컴퓨터다

편안한 삶을 추구하는 U가정

유비쿼터스 가정에 관한 대표적인 연구 사례로 미국의 이지리빙과 스마트 하우스, 일본의 트론하우스가 있다. 이 가운데 마이크로소프트 사가 추진 중인 이지리빙 프로젝트는 선진 기업들의 21세기 경영 전략을 엿볼 수 있는 좋은 사례로 평가된다. 이지리빙의 목적은 여러 곳에 흩어진 장치들을 집결해서 사용자가 체험할 수 있게 하는 구조를 개발하는 데 있다. 물리적 공간과 이동 통신, 분산 컴퓨팅 시스템을 결합해 인간에게 가장 편리한 생활공간을 만들겠다는 실험이다. 가정이 기본 모델이 되고 있다. 이지리빙 시스템은 상황인식과 위치감지 컴퓨팅, 분산 컴퓨팅, 무선통신기술로 구성된다. 마이크로소프트 사는 사람 동작에 따라 영화를 켜고 끄는 기술, 실내에서 목표 지점을 찾는 '핫터 앤드 콜더'라는 게임, 무선 마우스로 가장 가까이 있는 컴퓨터를 조작하는 기술 등을 시연 프로그램으로 채택했다.

일본 도쿄 대학교 사카무라 겐 교수가 지난 1990년 기업들의 후원을 받아 시범 조성한 트론하우스도 이와 유사한 형태를 띤다. 기기에 손을 대지 않고 사용하는 터치리스 화장실, 센서를 통해 자동으로 열리고 닫히는 전동창, 전자칩을 붙여 필요한 물건을 쉽게 찾을 수 있는 수납공간이 여기에 속한다. 최근 이를 위해 몇 가지 흥미로운 기술들이 현재 개발되고 있다.

마이크로소프트 사가 개발 중인 개인 단말기 라이트스팟(RightSPOT)은 위치를 파악하는 기능이 들어있는 손목시계다. 위치 정보를 바탕으로 날씨 정보, 교통 상황 정보, 영화 상영 시간표, 인근 식당 정보 등을 상황에 맞게 제공한다. 친숙한 손목시계를 활용한 유비쿼터스 단말기로, 그야말로 사용자 상황에 맞는 맞춤형 정보를 제공하는 장치다. 가정에서는 정보 단말기로 활용될 수 있다.

가정에 비치된 모든 약병과 그릇에는 고유의 칩이 심어져 생산지와 생산 시기 등을 쉽게 파악할 수 있다.

빛을 발산하기도 하고 인식하기도 하는 양 방향성 발광다이오드를 이용한 통신장치도 선보일 전망이다. 인텔 사가 개발 중인 아이드로퍼(iDropper)라는 이 기술은 네트워크에 접속해 필요한 자료를 저장하거나 송수신하기 위한 수단으로 고안됐다. RFID나 블루투스와 같은 무선 방식을 대체해 개인 신분증이나 개인용 통신 장치, 저장 장치로 활용하기에 가장 경제적인 기술로 평가되고 있다. 데스크톱 컴퓨터가 사라질 유비쿼터스 시대에 필요한 개인 저장 장치인 셈이다.

2001년 독일 세빗전시회에 등장한 미국 알카텔 사의 입는 PC.

도 활발하게 진행되고 있다. 유비쿼터스 생활환경에 대한 우려의 목소리가 높아지면서 사생활 보호 기술에 관한 관심이 급속히 확산하고 있다. ≪뉴욕타임스≫도 2003년 말 '향후 100년'이라는 기획을 통해 정보 혁명이 앞으로 개인의 자유를 크게 제약할 것이라는 우려를 표시했다. 일상생활 전부가 컴퓨터 네트워크로 처리되기 때문에 그만큼 사생활 노출의 위험은 커질 수밖에 없다는 것이다. 앞으로 개인 정보와 사생활 보호를 위한 보안 문제는 유비쿼터스의 주요 이슈로 두드러질 전망이다.

최근 진행 중인 다양한 연구 가운데 특히 눈에 띄는 것이 소리를 이용한 보안 기술이다. 영국 케임브리지 대학교 연구팀은 보안 문제를 해결하기 위해 귀에는 들리지 않는 소리를 이용한 통신 기술을 개발했다. 보안에 허술한 무선 주파수 대신 일정한 범위로 전달 범위를 제한할 수 있는 소리에 주목한 것이다. 소리는 집 벽에 의해 쉽게 차단되기 때문에 밖에서 감시할 수 없다는 점에 착안했다.

미래를 예측하는 일은 매우 어렵고 위험하지만 앞서 언급한 기술들은 머지않은 장래에 실제로 나타날 것들이다. '불확실한 미래를 예측하는 가장 좋은 방법은 그것을 발명하는 것'이라는 전산과학자 앨런 케이(HP 연구소의 명예 연구원, 뷰포인츠 연구소 회장)의 말은 매우 적절해 보인다. 🖭

매사추세츠 공과대학교(MIT) 미디어 연구소의 경우 미래형 인터페이스를 연구 중이다. 집 안 곳곳에 설치된 카메라로 사람들의 위치를 추적하고 시선을 인식해 적당한 위치에 정보를 투영하는 기술이다. 앞으로 집안의 모든 벽면은 빔프로젝터를 위한 화면으로 바뀌게 된다. 또한, 이를 응용하면 허공에 리모컨 모습을 비춰놓고 손가락 움직임만으로 정보를 입력하는 가상 인터페이스를 제작할 수도 있다.

한편 개인과 개인 공간의 보안에 관한 연구들

3. 디지털 거리를 걷는다

디지털 미디어 스트리트?

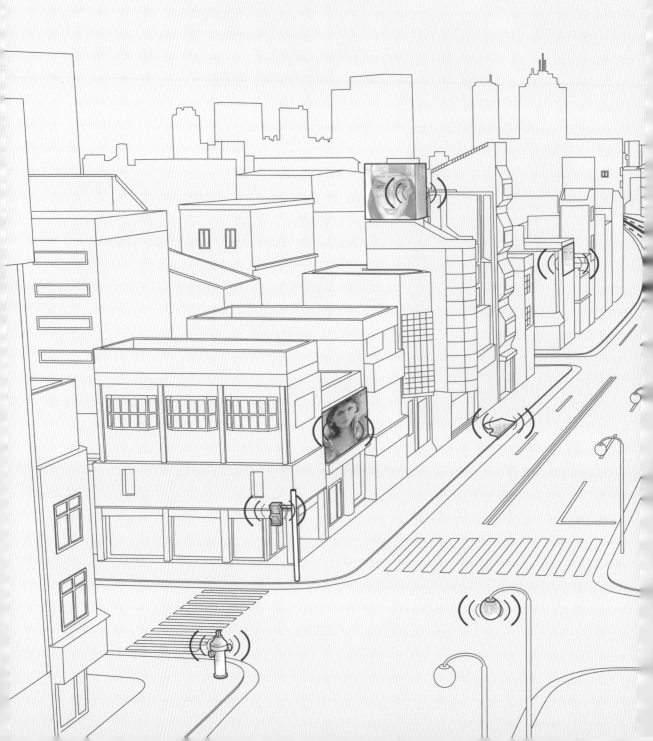

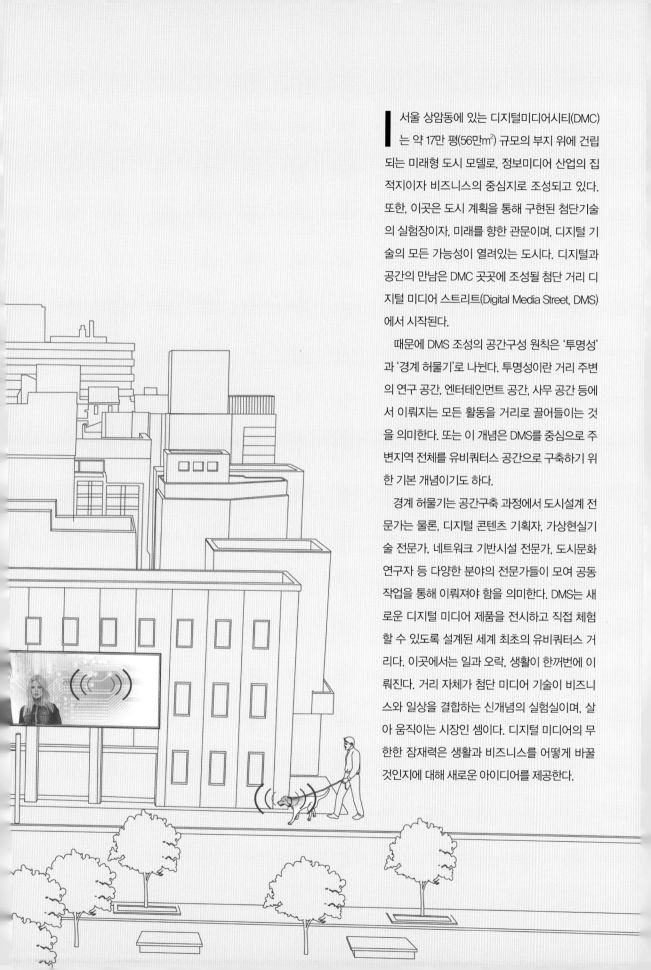

서울 상암동에 있는 디지털미디어시티(DMC)는 약 17만 평(56만㎡) 규모의 부지 위에 건립되는 미래형 도시 모델로, 정보미디어 산업의 집적지이자 비즈니스의 중심지로 조성되고 있다. 또한, 이곳은 도시 계획을 통해 구현된 첨단기술의 실험장이자, 미래를 향한 관문이며, 디지털 기술의 모든 가능성이 열려있는 도시다. 디지털과 공간의 만남은 DMC 곳곳에 조성될 첨단 거리 디지털 미디어 스트리트(Digital Media Street, DMS)에서 시작된다.

때문에 DMS 조성의 공간구성 원칙은 '투명성'과 '경계 허물기'로 나뉜다. 투명성이란 거리 주변의 연구 공간, 엔터테인먼트 공간, 사무 공간 등에서 이뤄지는 모든 활동을 거리로 끌어들이는 것을 의미한다. 또는 이 개념은 DMS를 중심으로 주변지역 전체를 유비쿼터스 공간으로 구축하기 위한 기본 개념이기도 하다.

경계 허물기는 공간구축 과정에서 도시설계 전문가는 물론, 디지털 콘텐츠 기획자, 가상현실기술 전문가, 네트워크 기반시설 전문가, 도시문화 연구자 등 다양한 분야의 전문가들이 모여 공동작업을 통해 이뤄져야 함을 의미한다. DMS는 새로운 디지털 미디어 제품을 전시하고 직접 체험할 수 있도록 설계된 세계 최초의 유비쿼터스 거리다. 이곳에서는 일과 오락, 생활이 한꺼번에 이뤄진다. 거리 자체가 첨단 미디어 기술이 비즈니스와 일상을 결합하는 신개념의 실험실이며, 살아 움직이는 시장인 셈이다. 디지털 미디어의 무한한 잠재력은 생활과 비즈니스를 어떻게 바꿀 것인지에 대해 새로운 아이디어를 제공한다.

● 3. 디지털 거리를 걷는다

거리에서의 체험이 곧 콘텐츠

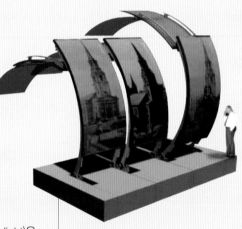

미술 작품들의 전시장으로 바뀐 미래의 버스정류장 조감도.

DMS는 디지털 기술과 도시 환경, 인간 활동이 융합하는 첫 번째 공간으로 자리매김한다. 이 거리에서는 지금까지 건물에 숨겨졌던 모든 디지털 기술과 콘텐츠가 거리로 나와 설치되며, 거리의 시민들은 이를 체험하고 이용한다.

대표적으로 설치될 인포부스(InfoBooth)와 지능형 가로등(IP-Intelight)은 이 개념을 잘 담아내고 있다. 인포부스는 거리에서도 편리하게 다양한 정보와 서비스에 접근할 수 있도록 고안된 공간이다. 키오스크, 현금 서비스기, 인터넷 전화가 결합한다. 인포부스는 PC사용이 불편한 거리나 공공장소에 설치되기 때문에 누구나 쉽게 이용한다는 것이 특징이다. 이곳에서는 원하는 모든 정보를 손쉽게 안내받을 수 있으며 말로 설명하기 어려운 각종 시청각 정보를 받는다. 인터넷을 통해 민원 문제를 해결하거나 음악과 동영상을 자신의 단말기에 내려받는 일도 간편하다.

첨단 공간답게 첨단성을 상징하는 독특한 도로 시설물들이 들어선다. 대표적인 것이 일반 거리에서는 찾아볼 수 없는 스마트 가로등이다. 지능형 가로등이란 별칭을 가진 이 가로등은 원격무선 양 방향 감시제어 시스템을 통해 켜고 끄는 것은 물론 동작 상태의 원격 감시가 가능하다. 또한, 음악의 분위기에 따라 빛의 색과 밝기가 바뀌며 거리를 안방처럼 쾌적한 공간으로 탈바꿈시킨다. 이와 함께 장소에 구애받지 않는 첨단 무선 환경이 거리를 감싸게 된다. 곳곳에 깔린 무선랜 장비들은 거리 위의 누구에게나 편리한 인터넷 접속환경을 제공한다.

DMS가 지닌 일반 거리와의 가장 큰 차별점은 거리와 대화를 할 수 있다는 것이다. DMS에서는 '매개 환경'(mediated environment)에 따라 유비쿼터스를 직간접적으로 경험할 수 있는 몇 가지 흥미로운 서비스들을 제공한다. 이러한 서비스들은 개인, 거리, 사이버 환경에서 동시에 지원된다.

최근 세계 여러 도시에서는 이와 같은 대화형 거리 기술을 이용해 도로와 도시 시설물을 지능화하기 위한 독특한 실험들이 조심스럽게 시작됐다. 도로포장을 뒤엎지 않고도 상하수관의 터진 부분을 찾아내는 기술은 더는 새로운 것이 아니다. 기술의 발전은 각종 거리 시설물들이 서로 협력해 거리 위의 보행자를 보호하고 필요한 정보를 제공하는 데까지 나아가고 있다.

또한, 지능화된 거리는 보행자와 차량의 이동과 움직임을 더욱 편리하게 한다. DMS에서는 도로표지, 간판, 신호등이 차량과 직접 정보를 주고받으며 효율적인 차량 흐름을 유도한다. 특히 교통 상황에 따라 시시각각 바뀌는 운행 현황을 보여주는 첨단 버스 정류장은 대중교통 이용률 향상에 이바지할 것이다.

한편 거리에서의 모든 활동과 체험은 그 자체가 콘텐츠가 된다. 보행자들은 언제 어디서나 도시의 역사, 현재 활동, 거리가 선사하는 생생한 모든 정보에 접근할 수 있다. 개인 휴대전화기나 PDA를 통해, 혹은 거리에 설치된 키오스크나 프로그램 가능한 간판, 다른 디지털 도시들과 거미줄처럼 얽혀있는 포털을 통해 모든 정보는 전달된다. 거리와 그 안을 활보하는 모든 인간은 DMS의 역사, 그 자체인 셈이다.

상품 구매도 유비쿼터스 거리 DMS에서 이뤄진다. 매장과 거리가 혼합되면서 거래를 위한 매개체 역할을 한다. 건물 벽은 그 자체로 미디어가 돼 상품, 메시지, 또는 판촉 분위기를 전달한다.

미래형 상점 '씬숍'(Thin Shop)에서는 사고 싶은 물건을 감지만 할 뿐 상품들은 모두 집에서 받아본다. 대부분의 생필품 광고는 개인 휴대단말기나 탁자 표면을 통해 이뤄지는 것은 물론이다.

사무실과 가정, 거리, 공원 등 물리적 공간의 경계는 결국 허물어질 것이다. 무선 네트워크에 접근하기 쉬워지고 거리의 모든 벽이 디스플레이로 바뀌면 새로운 형태의 사회적 상호작용이 일어나게 된다. 물리 공간과 전자 공간의 한계를 뛰어넘는 새로운 형태의 커뮤니티와 사업들이 일어나고, 또 다른 방식의 만남들이 생겨난다. 새로 나온 디지털 미디어 기술과 응용제품을 실험하는 대규모 실험장도 바로 DMS가 될 것이다.

모든 미디어가 통합되면서 거리는 결국 사람들의 감성까지도 표현할 수 있는 거대한 팔레트로 바뀐다. 크리스마스에는 모든 간판이 빨간색과 초록색으로 반짝이고 대형 국제경기 대회가 있을 때면 생생한 현장 화면이 거리를 수놓을 것이다. 특히 공공 예술과 시민 행사에 대한 중요성이 점차 강조되면서 미래의 거리는 일상과 공공이 만나는 무대로 변모할 것이다. 미래로 가는 디지털 주작대로 DMS는 인간 중심의 도시 환경과 첨단 기술, 그리고 참신한 아이디어가 결합한 공간으로 우리 앞에 나설 것이다. ◪

무한대로 확장되는 똑똑한 사무실

컴퓨팅의 보편화를 뜻하는 유비쿼터스 컴퓨팅 환경은 이미 우리 곁에 와있다. 거의 모든 사람이 들고 다니며 수시로 이용하는 휴대전화는 초창기의 대형 컴퓨터를 능가하는 계산 능력과 네트워킹 힘을 지니고 있다.

그러나 누구도 휴대전화를 부담스러운 컴퓨터로 생각하지 않는다. 초등학생들의 손에서 떨어지지 않는 게임기, 중고등학생 대부분이 갖고 다니는 스마트폰, 대학생들의 구매욕을 자극하는 태블릿PC와 디지털카메라 역시 고도의 컴퓨팅 파워를 내장한 기기들이다. 멀리 떨어진 출장지에서 집에 홀로 있는 강아지에게 먹이를 주고 인터넷으로 관찰할 수 있도록 설계된 첨단 개밥그릇이 등장했다는 점은 이미 유비쿼터스 컴퓨팅 시대가 본격적으로 도래하고 있다는 사실을 증명한다.

어느 시대에나 쿠데타는 도시 한가운데서 이뤄지듯, 정보화 혁명은 가장 바쁘게 움직이는 사무실에서 시작된다. 정보기기가 집결한 곳이 사무실이기 때문이다. 그러나 정보화 혁명에 대한 전문가의 예상이 빗나가는 곳 역시 사무실이다. 정보화 혁명 덕분에 종이가 사라질 것이라고 예상하고 종이 없는 사무실을 기대했지만, 현실은 정반대의 모습으로 나타났다.

마찬가지로 유비쿼터스 컴퓨팅 시대의 사무실 역시 기대하지 못했던 모습으로 우리에게 다가올지 모른다. 그러나 유비쿼터스 사무실의 시대가 어떻게 개막될지는 짐작할 수 있다. 유비쿼터스 컴퓨팅이라는 단어를 만들었던 마크 와이저가 제기한 기본 명제들 속에서 미래 사무실의 모습이 발견되기 때문이다.

20세기 전반의 사무실에는 2가지 필수적인 기계가 있었다. 계산기능을 담당하는 주판과 문서기능을 담당하는 타이프라이터였

다. 아직도 많은 사람에게, 수십 대의 타이프라이터가 힘찬 소음을 내는 곳이 에너지가 넘치는 활력 있는 사무실이라는 생각이 뇌리에 박혀있다. 그러나 컴퓨터가 등장하면서 주판과 타이프라이터는 순식간에 자취를 감췄다. 마찬가지로 유비쿼터스 컴퓨팅 시대에는 책상 위의 한 부분을 차지하는 데스크탑 컴퓨터를 찾아보기 어려울 것이다. 시계와 마찬가지로, 아니 그보다 훨씬 더 보편적으로 온 천지에 컴퓨팅 기능과 통신 기능을 펼쳐 놓는 것, 그로 인해 컴퓨팅과 통신을 어디에서나 이용할 수 있지만 전혀 걸리적거리지 않는 것, 사람이 컴퓨터에 맞추는 것이 아니라 주변에 널리 흩어져 있는 컴퓨터들이 사람에게 스스로를 맞추는 것, 이것이 바로 마크 와이저가 꿈꾸던 유비쿼터스 컴퓨팅 시대의 사무실이다.

마크 와이저의 두 번째 명제는 '유비쿼터스 컴퓨팅은 물리적인 사물과 컴퓨팅의 연계로 특징지어진다'는 것이다. 데스크톱 컴퓨터가 사라지는 대신 거의 모든 물리적 기기에 컴퓨터가 심어진다. 휴대전화를 통해 전자메일을 주고받고, 새로운 뉴스와 증권가의 변화를 실시간으로 포착한다. 거대한 컴퓨터와 인터넷 장치를 갖춘 원격회의실은 더 이상 필요하지 않다. 카메라가 부착된 휴대전화는 어느 곳에서나 원격회의를 가능하게 한다. 사무실에서 처음 만나는 사람들과 명함을 주고받는 대신 자신의 디지털 명함에 상대방의 명함 정보를 수신받아 저장한다. 일과가 끝나고 나서 명함을 검색하여 오늘 누구를 만나 무슨 일을 했는지 그리고 앞으로 해야 할 일이 무엇인지를 정리한다. 이런 일을 하는데 다시는 육중한 컴퓨터는 필요 없다. 부담스럽게 느껴지는 거대한 컴퓨터는 사라지고 일상의 사물들이 이를 대체한다.

자신의 존재를 알리는 서류철

물리적 사물과 컴퓨팅 파워를 연결한 대표적인 시도는 독일의 TecO(Telecooperation Office) 사가 개발한 '미디어 컵'(MediaCup)이라고 할 수 있다. 미디어 컵은 '스마트 잇츠'(Smart Its) 프로젝트의 목적으로 개발된 기기다. 스마트 잇이란 일상적인 사물들에 내장시키기 위해 만든 초소형 장치이다. 스마트 잇츠는 초소형 장치이지만 여기에는 컴퓨팅 기능은 물론이고 무선 네트워크 기능도 들어있다. 문자 그대로 스마트 잇을 내장한 사물들(Its)은 스마트(smart)해진다. 미디어 컵은 일상적인 머그잔에 '스마트 잇츠' 기기를 내장한 제품이다.

사무실 안에서 직원들은 각자 자신의 미디어 컵을 들고 다닌다. 어떤 사람은 자신의 책상에 컵을 놓아두고 일할 수도 있으며, 어떤 사람은 다른 직원의 책상에 가서 노닥거릴 수도 있으며, 또 다른 사람들은 회의실에 모여서 커피를 마시며 토론을 할 수도 있다. 이런 직원들의 움직임이 미디어 컵에 의해 포착된다. 직원들이 언제 어디에서 무슨 일을 하고 누구를 만나는지가 일목요연하게 포착되고 기록되고 정리된다. 그러나 미디어 컵은 직원들을 감시하기 위해서라기보다는 직원들 간의 소통을 활성화하기 위해 제작되었다. 회의실 문을 열어보지 않더라도 회의실 안에 누가 있는지를 알 수 있으며, 긴급하게 필요한 직원이 지금 현재 어디에 있는지를 쉽게 알 수 있다. 무엇보다도 미디어 컵은 일상적인 사물인 머그잔에 칩을 내장시킴으로써 사무실을 어떻게 변화시킬 수 있는가를 짐작하게 해주는 시도라고 할 수 있다.

유비쿼터스 컴퓨팅의 특성을 한마디로 요약한다면, 컴퓨팅의 장소가 보편적인 공간과 사물로 확산하는 것이라고 할 수 있다. 이제까지의 정보화는 컴퓨터를 중심으로 이뤄져 왔다. 사무실 책상의 한 공간을 덩그러니 차지하고 있는 데스크톱 컴퓨터에 계산 기능, 문서작성 기능, 통신 기능 등이 집적돼 있다. 현대인은 뭔가 작업을 하려면 사무실에 들어가야 하고, 사무실에 놓여있는 컴퓨터 앞에 앉아야만 한다. 모든 길이 로마로 통하듯이 모든 업무는 컴퓨터를 통해 이뤄진다. 1990년대 이후 급속하게 확산한 인터넷의 보급은 업무뿐만 아니라 오락까지도 컴퓨터를 통하게 하였다. 혈기왕성한 젊은이들이 PC방에 놓여있는 컴퓨터 앞에 온종일 죽치고 앉아서 게임에 열중하는 모습은 더는 놀라운 일이 아니다.

유비쿼터스 컴퓨팅은 정보화가 가져온 이런 모습을 변화시킨다. 유비쿼터스 컴퓨팅은 컴퓨터에 집적된 기능들을 물리 공간과 사물에게 이양시키고자 한다. 사무실과 공부방의 한 공간을 독재자처럼 차지하고 움직이지 않는 컴퓨터로부터 지적인 기능들을 환수해 물리적인 공간과 사물에게 넘긴다.

물리적인 공간과 사물들을 지능화시키는 유비쿼터스 컴퓨팅은 공간에 지능을 펼침으로써 기존의 바보 공간을 지능 공간으로 탈바꿈시켜준다. 그래서 유비쿼터스 시대의 사무실은 똑똑한 사무

❶ 사무실 안의 통신기기 미디어 컵.
❷ 미래에는 데스크톱이나 노트북이란 말이 사라지게
된다. 사진은 책상 위에 펼쳐진 컴퓨터.

실로 불린다. 유비쿼터스 컴퓨팅은 인간 중심의 컴퓨팅을 의미한다. 기술을 위한 기술, 첨단성을 최대의 가치로 여기는 기술이 아니라 자기 자신을 아는 기술을 지향한다. 마크 와이저가 주장했듯이, 고도의 인공지능 프로그램보다도 자기 자신이 어느 곳에 있는지를 아는 컴퓨터가 더 유용한 서비스를 제공할 수 있을지도 모른다. 방대한 지식과 엄청난 처리용량을 지닌 인공지능 컴퓨터일지라도 사용자가 누구인지 모를 때에는 서가에 꽂혀있는 백과사전과 다를 바가 없다. 아무리 처리용량이 작은 칩이라고 할지라도 사용자가 좋아하는 커피 향을 알고 있는 머그잔에 식재된 칩이 훨씬 큰 힘을 발휘할 수 있다.

물리적인 사물에 칩이 내장됨으로써 사무실 안에서 물건을 찾기 위해 분주하게 소란피우는 모습은 사라질 것이다. 자신의 미디어 컵을 화장실에 놓고 왔다는 사실은 언제나 검색될 수 있다. 이는 새로운 형태의 검색을 의미한다. 즉 유비쿼터스 컴퓨팅 시대에는 공간 검색 서비스(Surfing Space Service, SSS)가 가능해지고 보편화할 것이다. 작년 이맘때쯤 보고했던 서류들이 어느 캐비닛에 있는지, 반쯤 읽다가 만 책이 서가의 어느

곳에 굴러다니고 있는지, 콘크리트 못을 박을 드릴이 사무실의 어느 구석에 있는지를 쉽게 검색할 수 있다.

이처럼 유비쿼터스 컴퓨팅 시대의 사무실은 컴퓨터가 주인인 사무실이 아니라 일을 하는 사람이 주인인 사무실로 바뀔 것이다. 한때 주판을 잘 놓는 사람, 타이프를 잘 치는 사람이 사무실의 주인 역할을 하던 시절이 있었다. 현재는 컴퓨터를 잘하는 사람이 사무실에서 중심적인 구실을 한다. 그러나 유비쿼터스 컴퓨팅 시대에는 주변적인 업무가 아니라 본연의 업무 그 자체를 잘 처리하는 사람이 주인 역할을 하게 될 것이다. 유비쿼터스 컴퓨팅은 고도의 컴퓨팅을 약속하지 않는다. 유비쿼터스 컴퓨팅은 본연의 업무가 제자리를 차지하는 업무 중심적인 사무실, 인간 중심적인 사무실을 약속한다. 컴퓨팅 기술이 주변으로 밀려가고, 본연의 업무가 중심으로 등장하는 사무실이야말로 마크 와이저가 제안했던 유비쿼터스 시대의 사무실이다. ▨

5. 좌변기에 앉아 건강검진 한다

아프기 전
미리 찾아가는
의료 서비스

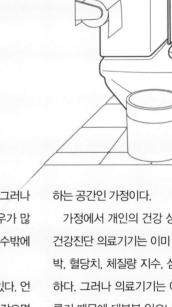

몸이 아프면 병원을 찾는 게 지금까지의 상식적인 의료 서비스다. 그러나 아파서 병원을 찾았을 때에는 이미 병이 깊어 고치기 어려운 경우가 많다. 이처럼 병원 치료는 '사후약방문식'이 되기 때문에 효과가 떨어질 수밖에 없다.

유비쿼터스 기술의 발달은 의료 서비스를 근본 개념부터 바꾸고 있다. 언제, 어디서든 개인의 몸 상태를 계속 점검하고 있다가 문제가 생길 것 같으면 알려줘 질병이 발생하지 않도록 관리를 해준다. 개인의 건강을 책임지는 콘시어지('관리인'이라는 의미) 서비스가 도입되는 것이다.

유비쿼터스 건강관리는 미국과 일본 등 선진국을 중심으로 이제 막 시작되고 있는 단계다. 생활공간 곳곳에서 개인의 건강을 돌봐주는 다양한 연구가 진행되고 있는데, 그중 가장 주목을 받는 장소는 인간이 일상생활을 영위

하는 공간인 가정이다.

가정에서 개인의 건강 상태를 검사할 수 있는 건강진단 의료기기는 이미 개발돼 있다. 혈압, 맥박, 혈당치, 체질량 지수, 심전도 등 종류도 다양하다. 그러나 의료기기는 아무래도 사용이 번거롭기 때문에 대부분 있으나 마나 한 존재가 되어 버리기에 십상이다.

그 대안으로 건강진단 의료기기를 반지나 셔츠처럼 만들어 무선으로 건강상태를 알아서 지켜봐 주는 기술이 개발되고 있다. 미국 매사추세츠 공과대학교(MIT)에서는 혈압, 맥박, 체온 등을 측

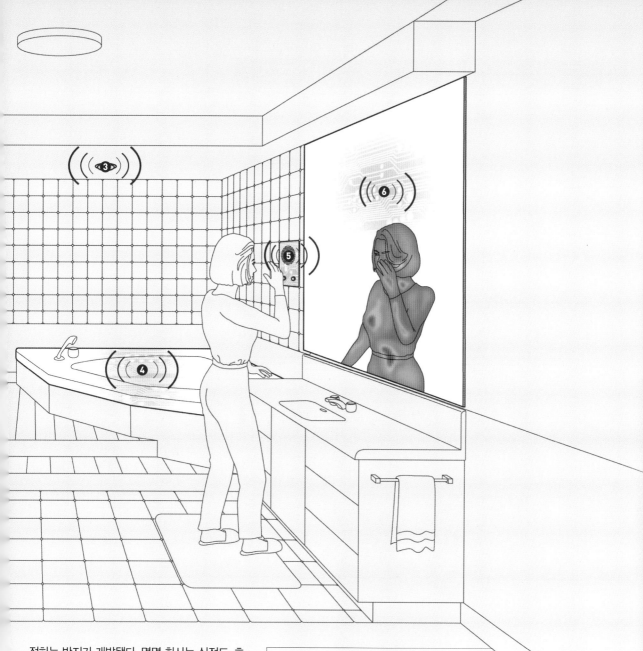

정하는 반지가 개발됐다. 몇몇 회사는 심전도, 호흡, 산소포화도 등을 측정하는 센서가 달린 셔츠를 선보였다. 그러나 이런 장치들은 지니고 있는 동안만 건강상태를 표시할 수 있고 거추장스러울 수 있다는 단점을 지닌다.

진정한 의미의 유비쿼터스 건강관리는 가정생활에 불편을 전혀 끼치지 않고 건강을 돌봐줘야 한다. 미국 로체스터 대학교의 스마트 의료 홈 프로젝트나 일본 마쓰시다 전기산업의 재택 건강관리 시스템 등이 이런 예가 된다.

유비쿼터스 건강관리가 적용된
가상의 화장실 풍경

❶ 샤워하는 동안 호흡, 심전도 등 몸 상태와 관련된 다양한 정보가 분석된다.
❷ 좌변기에 앉아 일을 보는 동안 정밀하게 소변을 검사해 혈당, 혈압 등을 파악한다.
❸ 움직임을 감시하는 적외선 센서가 갑자기 쓰러지는 등 위급상황이 발생하면 외부에 즉각 알려준다.
❹ 욕조에서 목욕을 할 때는 몸무게가 측정돼 비만으로 이어지기 전에 경고해준다.
❺ 개인 의료 상담 시스템을 통해 건강에 대한 의사의 조언을 들을 수 있다.
❻ 거울을 보는 동안 피부 변화를 정밀하게 체크해 피부질환 등을 점검해준다.

5. 좌변기에 앉아 건강검진 한다

질병 대신 건강 상태 돌봐

우리나라에서도 이에 못지않은 수준의 유비쿼터스 건강관리 기술이 개발되어 관심을 끌고 있다. 서울대학교 의과대학 박광석 교수팀(의공학)은 일상생활을 하는 동안 인체가 내보내는 생체신호를 자연스럽게 관찰하는 기술을 선보였다. 인체가 내보내는 다양한 신호를 센서로 측정해 건강상태를 파악할 수 있도록 한 것이다.

박광석 교수가 만든 실험 주택에 들어가 보자. 거실에서는 적외선 센서가 움직임을 확인하고, 음성 센서가 목소리를 인식한다. 이와 같은 정보는 비상사태가 발생했을 때 큰 도움이 된다. 예를

❶ 심전도, 호흡, 산소포화도 등을 알려주는 셔츠다.
❷ 개인의 몸 상태에 이상이 발생하면 인터넷망을 통해 의사에게 전달돼 효과적인 조치가 취해진다.

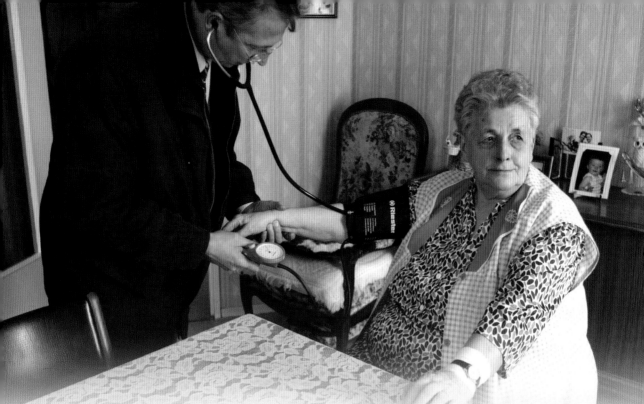

들어 뇌출혈이나 심장마비로 갑자기 쓰러질 때 움직임을 계속 감시하고 있던 센서가 비상사태를 외부에 대신 알려준다.

침대에서 잠자는 동안에는 호흡, 맥박, 심전도 등이 측정된다. 여기서 심전도는 심장의 수축에 따른 활동 전류를 말하는데, 이 정보를 분석하면 심장의 이상 유무를 쉽게 알 수 있다. 심전도는 침대에 깔린 전도성 시트를 통해 측정된다.

신체 안의 물질을 내놓는 화장실은 유비쿼터스 건강관리의 핵심적인 장소이다. 아직 연구 중이지만 마치 병원의 소변검사처럼 소변을 통해서 혈당, 혈압, 혈뇨 등 중요한 수치를 정확하게 파악할 수 있을 것으로 기대되고 있다. 특히 혈당은 당뇨병 환자에게는 아주 중요한데, 이 정보에 따라 인슐린을 투여하면 일반인과 거의 똑같이 생활할 수 있다. 좌변기에 앉아 일을 보는 동안에는 몸무게가 측정돼 비만으로 이어지기 전에 경고해준다. 목욕할 때에는 호흡, 심전도 등 정보가 분석된다.

가정 곳곳에 있는 다양한 센서를 통해 수집된 생체 신호는 집 안에 설치된 개인 의료 상담 시스템으로 전송된다. 개인 의료 상담 시스템은 수집된 정보를 분석해 개인의 건강상태를 정확히 파악한다. 이 정보를 바탕으로 건강과 관련된 다양한 조언을 해주게 된다. 개인 의료 상담 시스템은 지속해서 데이터를 분석하기 때문에 몸에 이상이 발생하면 즉각 알 수 있다. 인체에 이상이 발생하면 인터넷망을 통해 병원의 의사에게 바로 알려준다. 의사는 곧바로 적절한 조치를 하게 된다.

박광석 교수는 '유비쿼터스 건강관리의 도입은 의료 서비스의 중심이 질병 치료에서 건강상태 관리로 이동한다는 것을 의미한다'고 말한다. 병원에서는 실제 이상이 있는 환자만 집중적으로 치료하기 때문에 의료 서비스 전체의 효율성이 크게 향상될 것이라는 설명이다.

박광석 교수는 서울대학교 의과대학 근처에 마련한 실험 주택에서 단계적으로 임상시험을 진행하고 있다. 그는 '우리나라는 아파트처럼 비슷한 주거 형태에 거주하는 경우가 많아서 시스템을 정착시키는 데는 다른 나라보다 유리한 상황이다'고 말한다.

유비쿼터스 건강관리가 가정에 도입될 때는 노년층부터 대상으로 할 가능성이 높다. 건강하게 노후를 보내길 원하는 여유로운 노년층에서 시장성이 높기 때문이다. 위급상황을 알려주는 적외선 센서 등 일부 기술이 이미 우리나라 실버타운에 적용되고 있다.

유비쿼터스 건강관리는 궁극적으로 도시 전체에 적용될 것으로 예상한다. 센서를 도시 곳곳에 설치하면 사스나 조류인플루엔자 등 병균이 발견됐을 때 즉각 조치를 취해 전염병이 발붙이지 못하도록 할 수 있다. 질병으로부터 자유로운 건강 안심 사회가 유비쿼터스 기술을 통해 꿈이 아닌 현실이 되는 것이다. Ⅳ

인터넷은 정보도둑 천지

사람들은 자신이 외부 서버에 저장된 정보를 활용하는 일, 즉 '인터넷을 하는' 과정에서 자신의 정보가 안전하게 처리되길 바란다. 하지만 해커나 스파이웨어 제작자는 다르다. 그들은 보안의 빈틈을 노려 개인 정보를 빼내길 원한다. 돈을 노린 보안 위협이 커지고 악의적인 생각을 하는 이들의 수법이 갈수록 치밀해 지면서 '인터넷을 한다'는 행위를 둘러싼 두뇌 게임은 복잡해져 가고 있다. 지키려는 자와 빼앗으려는 자의 대결 양상을 들여다본다.

1990년대부터 시작된 인터넷 게임 열풍이 요즘도 여전하다. 한 번이라도 인터넷 게임을 해 본 사람은 알겠지만, 게임을 시작하기 위한 첫 관문은 바로 인증이다.

인증이란 자신의 아이디와 비밀번호를 입력해 이뤄지는 것으로 게임 서버는 이 아이디와 비밀번호만으로 사용자를 구분한다. 아이디와 비밀번호가 제대로 입력돼야 사용자는 서버에 저장된 자신의 정보를 활용할 수 있다는 얘기다. 인터넷 뱅킹도 마찬가지다. 아이디와 비밀번호로 사용자의 계좌 정보가 저장된 은행 서버에 접근한다. 은행이 게임과 다른 점은 공인인증서와 보안카드 등을 사용해 진입 장벽을 높인 것이다.

게임이나 은행처럼 인터넷으로 서비스를 제공하는 업체는 자신들이 수집한 고객의 정보를 안전하게 보호하기 위해 다양한 보안 장비를 갖춘다. 보통 사람이라면 이름도 생소할 침입탐지 시스템(IDS), 침입방지 시스템(IPS), 방화벽이 대표적이다.

키보드 보안 프로그램과 트로이목마 탐지 프로그램도 고객을 위한 안전 장벽이다. 고객이 자신의 컴퓨터를 이용해 서버로 접근할 때 고객의 아이디와 비밀번호를 안전하게 보호하기 위해 이 같은 보안 프로그램을 작동시킨다. 원거리에서 해커가 사용자의 키보드 입력 내용을 몰래 들여다보는 것을 차단하려는 것이다.

하지만 문제는 이러한 노력에도 사용자의 개인 정보가 유출되는 사고가 잇달아 발생하고 있다는 사실이다. 2006년 국내 한 은행에서 담당자의 관리 부주의로 고객 명단이 포함된 파일이 전자메일로 유출돼 문제가 된 적이 있다. 2008년 1월에는 국내 온라인 쇼핑몰에서 고객 데이터베이스가 해킹돼 개인 정보가 흘러나왔으며, 같은 해 말에는 한 정유 업체에서 고객 정보가 담긴 CD가 유출돼 큰 파문을 일으키기도 했다. 2011년에는 유명 포털 사이트의 데이터베이스에 저장된 가입자 3500만 명의 개인 정보가 유출되자 법원이 위자료 지급 판결이 내린 적이 있다. 다양한 기술적 노력이 전개돼 보안성이 높아지긴 했어도 사용자들이 완전히 마음을 놓을 수 없는 이유다.

그렇다면 여러 보안 장치를 해뒀는데도 개인 정보가 새는 이유는 무엇일까. 기술적인 관점에서 보면 이는 컴퓨터 대부분이 인터넷에 연결되어 있다는 기본 전제 때문이다. 예를 들어 은행은 인터넷 뱅킹 서비스를 제공하기 위해서 당연히 인터넷과 연계돼 있어야 한다. 이런 구조를

구분	트로이목마	드롭퍼	웜	스크립트	파일	기타	소계	스파이웨어	총계
2008년 유형별 신종 보안위협 프로그램 발견 건수									
1월	1,272	160	111	123	1	33	1,700	276	1,976
2월	579	48	82	110	3	23	845	300	1,145
3월	739	77	87	78	9	38	1,028	415	1,443
4월	1,063	112	98	181	8	10	1,472	369	1,841
5월	743	49	86	216	2	19	1,115	352	1,467
6월	1,800	111	67	123	4	29	2,134	572	2,706
7월	1,399	144	77	117	5	21	1,763	615	2,378
8월	1,094	195	55	88	1	10	1,443	745	2,188
9월	867	97	64	91	2	13	1,134	684	1,818
10월	899	130	58	145	3	16	1,251	784	2,035
11월	1,162	197	57	151	19	6	1,592	821	2,413
12월	1,431	370	85	263	3	23	2,175	882	3,057
합계	13,048	1,690	927	1,686	60	241	17,652	6,815	24,467

자료 : 안랩

이용해 해커는 사용자의 컴퓨터와 은행 서버 사이에서 보안이 가장 취약한 지점을 파고드는 것이다.

지금까지 개인용 컴퓨터는 은행이나 게임 업체의 고객 서버보다 상대적으로 해킹의 제물이 될 가능성이 적었다. 축적된 정보의 양이 비교적 적은 데다 IP와 같은 정보가 외부에 노출돼 있지 않아서다. 하지만 최근 들어 상황이 달라지고 있다. 안랩의 분석에 따르면 가장 큰 피해를 준 악성코드 톱 20위 안에 바이러스보다 스파이웨어, 트로이목마가 더 많았다. 악성코드의 유형이 사용자의 시스템을 파괴하거나 서비스 이용을 못 하게 하는 웜과 바이러스에서 개인 정보 절취와 이를 통해 수익을 창출하는 스파이웨어와 트로이목마로 바뀌고 있는 것이다.

최근 문제가 되고 있는 대표적인 스파이웨어는 리워드 프로그램이다. 이 프로그램은 고객이 물건을 구매하거나 서비스를 이용할 때 다양한 보상을 통해 고객의 충성도를 높이는 마케팅 전략의 핵심 수단이다. 사용자가 인터넷 쇼핑을 이용할 때 수수료 수익 중 일부를 전자포인트 형태로 사용자의 서버에 적립해 준다는 게 혜택의 골자다.

사용자가 이 프로그램에 반감을 품을 이유가 적기 때문에 최근 리워드 프로그램 업체가 우후죽순으로 생겨나고 있다. 그렇다면 이 업체들은

리워드 프로그램 제작사 홈페이지. 수수료 수익 일부를 사용자에게 돌려준다는 게 서비스의 골자다.

어떻게 돈을 버는 것일까. 사용자가 인터넷 쇼핑몰을 이용하면 생기는 중개 수수료가 열쇠다. 사용자가 최저가 검색 사이트에서 제품을 찾은 뒤 이 사이트와 연계된 쇼핑몰을 방문할 경우 정보를 제공한 사이트는 쇼핑몰에서 수수료를 받는다. 그런데 리워드 프로그램은 이 정보를 중간에서 변조해 자신이 고객을 안내한 것처럼 가장한다. 가로챈 수수료에서 일부를 떼어내 고객에게 적립해 주는 것이다. 하지만 이렇게 적립되는 금액은 매우 적다. 사용자가 현금으로 돌려받을 수 있는, 약관에 정의된 금액을 채우기는 어렵다는 얘기다.

따라서 이런 리워드 프로그램은 사용자에게 별 혜택도 못 주면서 오히려 불공정 거래에 따른 부정적인 영향을 확대한다고 볼 수 있다. 특히 이 프로그램은 온라인 쇼핑몰 등 공신력 있는 곳에서도 배포돼 큰 사이트에 신뢰를 보내는 많은 소비자의 뒤통수를 치고 있는 격이다.

● 1. 내 PC를 지켜라

로그인 계정 각 사이트마다 달리 관리해야

한편 주로 게임 계정을 노리는 데 쓰이고 있는 트로이목마에도 수많은 변형이 등장하고 있다. 이런 트로이목마는 유명 사이트를 해킹해 전파된다. 자주 방문하는 사이트에 접속만 해도 감염될 수 있다는 얘기다. 인터넷 뉴스 사이트가 전파의 근거지가 되는 일이 많다.

트로이목마는 사용자의 키 입력 내용을 저장하거나 화면을 캡처할 수 있으며, 저장된 파일을 외부에 유출할 수도 있다. 트로이목마는 평소에는 컴퓨터 활동 가운데 극히 적은 부분을 차지하고 움직임도 눈에 잘 띄지 않는다. 그러다 게임과 관련된 컴퓨터 동작이 실행될 때에만 '키로깅' 기능을 동작시켜 아이디와 비밀번호를 가로챈다. 트로이목마에 의해 수집된 정보는 특정 시간에 지정된 계정으로 전자메일로 발송되거나 FTP 사이트로 올

라간다. 사용자가 모르는 사이에 자신의 게임 계정이 유출돼 저장된 아이템이나 게임머니 등을 잃을 가능성이 매우 높다. 도둑이 현관문 번호 키를 누르는 집주인 뒤에서 몰래 비밀번호를 훔쳐본 뒤 집에 침입해 물건을 훔쳐가는 상황과 비슷하다.

사용자 중에는 수많은 인터넷 계정을 관리하기 어려워 '내 컴퓨터에 암호 저장하기'라는 기능을 이용해 로그인 정보를 저장해 두기도 한다. 이 경우 정보가 저장되는 위치는 대부분 같다. 컴퓨터에 저장되는 공인인증서 파일도 정해진 방법으로 저장된다.

트로이목마는 범용적인 정보가 저장되는 경로를 잘 알기 때문에 미리 지정된 경로만을 검색해도 사이트의 로그인 정보나 공인인증서를 검색하는 일이 어렵지 않다. 2009년 우리나라에서 발생한 인터넷 뱅킹 해킹도 이 같은 트로이목마를 이용했을 가능성이 높다는 분석이 나왔다.

사용자는 인터넷에 접속하는 순간, 누군가 내 정보를 호시탐탐 노리고 있을 수 있다는 점을 인식해야 한다. 눈앞의 컴퓨터 단말기만을 생각하지 말고 그 뒤로 이어진 드넓은 네트워크를 생각

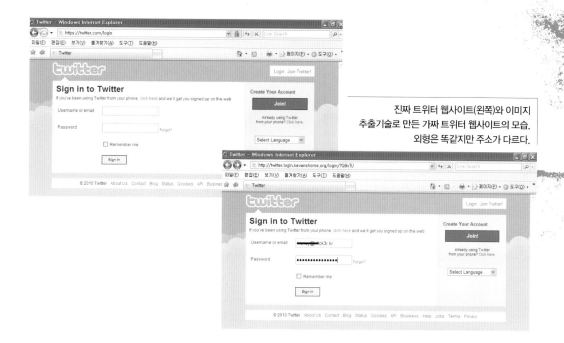

진짜 트위터 웹사이트(왼쪽)와 이미지 추출기술로 만든 가짜 트위터 웹사이트의 모습. 외형은 똑같지만 주소가 다르다.

해야 한다는 얘기다.

개인정보 보호를 위해서 사용자는 편리함을 조금 양보해야 한다. 많은 계정 정보를 사이트마다 다르게 생성하고 컴퓨터를 사용한 후에는 인터넷 쿠키 파일(임시저장 파일)을 모두 삭제하는 것이 좋다. 도둑이 들더라도 가져갈 수 있는 세간과 귀금속의 양을 최소화하는 셈이다.

또 비밀번호는 일정한 기간에 한 번씩 변경해야 한다. 하지만 수많은 비밀번호를 모두 일일이 기억해 변경한다는 것은 현실적으로 어렵다. 이런 어려움을 해결하기 위해 '일회용 비밀번호'(OTP, one time password) 장비를 사용하는 것도 좋은 방법이다. 매번 다른 비밀번호를 생성해 유출된 개인정보 자체를 무력화하기 때문이다.

공신력 있는 사이트에만 가입해 개인정보를 최대한 적게 노출하고 인터넷 사용에 관련된 정보를 컴퓨터에 저장해 두지 않는 습관도 개인정보 노출을 막는 중요한 방법이다.

온갖 보안장치를 해둔 집이라도 사용자 스스로 대문을 열어둔다면 도둑을 막을 순 없다. 복잡한 개인정보 전쟁터에서도 방어의 핵심은 기본적인 문단속이란 점을 잊지 말아야 한다. ⊠

아이디와 비밀번호 입력 칸에 SQL을 걸러내는 기능을 설치하지 않으면 해커는 SQL 문으로 해석될 수 있는 조잡한 입력만으로 데이터베이스에 접근해 자료를 무단 유출할 수 있다.

인터넷 금융거래를 할 때 매번 다른 비밀번호를 생성해 보안성을 높이는 OTP 장비.

2. 스마트 시대, 우리는 스마트해졌나

완벽한 멀티태스킹 하지만
멀티태스커는 집중하지 못해

우리는 과연 어떤 모습으로 지내고 있는가? 머리를 컴퓨터에 처박은 채 걸러지지 않은 인생의 소소한 부분들에 그 어느 때보다 정신이 팔려 있다.

– 매기 잭슨, '집중력의 탄생'에서

2012년 3월 애플이 뉴아이패드를 출시하자, 6월에 삼성이 갤럭시SⅢ를 발표했다. 해마다 최상의 스마트폰을 발표하면서 삼성과 애플은 서로 견제해 온 덕분에 소비자들은 성능이 업그레이드된 스마트폰을 구매하면서 신기한 기능에 흠뻑 빠졌다. 좀 더 빨리, 더 많은 데이터를 처리할 수 있기에 이제 스마트폰은 진정한 '손 안의 PC'가 된 셈이다.

2010년에 스마트폰 충격이 휩쓸고 지나갔다면 2011년부터는 태블릿PC 열풍이 이어갔다. 2011년 스페인 바르셀로나에서 열린 글로벌 모바일 쇼(MWC)에서는 다양한 태블릿PC가 소개됐고 원조 격인 애플도 3월에 '아이패드2'를 출시했다.

이런 스마트 기기들의 장점은 언제 어디서나 버튼만 누르면 바로 인터넷에 접속할 수 있다는 점이다. 물론 집이나 사무실에서 PC를 켜놓으면 언제든지 인터넷을 쓸 수 있지만, 시간과 장소에 구애받지 않고 필요할 때 수초 내에 인터넷을 연결할 수 있다는 건 다른 차원의 경험이다. 사람들은 스마트 기기에 전자메일 주소나 트위터, 페이스북 같은 소셜네트워크 서비스(SNS)를 연결해 수시로 '세상 돌아가는' 일들에 대한 정보를 얻고 있다. 매시간, 아니 매분 단위로 우리 지식의 버전이 '업데이트'되는 셈이다.

"처음에는 많은 사람과 실시간 의견과 정보를 교환할 수 있다는 게 무척

매력적이었습니다. 그런데 점점 빠져들게 되면서 정작 제 일이 안 되더군요. 이래서는 안 되겠다 싶었죠."

「동아일보」에 인기 만화 '386C'를 연재하는 황중환 기자는 트위터에 가입했던 초기 경험을 이렇게 얘기했다. 처음에는 이런 네트워크에서 얻은 정보가 만화의 아이디어를 떠올리는 데 도움이 될 줄 알았는데 수시로 올라오는 글을 읽고 답을 하다 보니 정작 생각의 흐름이 끊겨 마감이 임박하도록 주제를 잡지 못해 진땀을 흘리기도 했다고.

"우리 뇌는 본질적으로 멀티태스킹을 하지 못합니다. 이는 오래전부터 알려진 사실입니다."

고려대학교 교육학과 김상일 교수의 설명이다. 멀티태스킹이란 한꺼번에 두 가지 이상의 일을 하는 걸 말한다. 그런데 우리는 아무 문제없이 TV를 보면서 밥을 먹고 이어폰으로 음악을 들으며 러닝머신을 달리기도 하지 않는가.

여기서 문제 삼는 멀티태스킹(multitasking)은 이런 습관적인 행동이 아니라 새로운 정보를 습득하거나 기억을 재구성하는, 한마디로 '머리를 쓰는'

과제 전환 테스트

과제전환 테스트는 멀티태스킹 능력을 측정하는 실험이다. 모니터 화면에 뜨는 지시(글자 또는 숫자)에 따라 다음 화면의 문제(자음과 짝수의 조합 또는 모음과 홀수의 조합)에 맞는 버튼을 누른다. 자음과 홀수가 같은 버튼(F)이고 모음과 짝수가 같은 버튼(J)이다.

예를 들어 '글자' 뒤에 '2k'가 나오면 F 버튼을 눌러야 하지만 '숫자' 뒤에 '2k'가 나오면'는 J 버튼을 눌러야 한다. 지시 신호가 바뀌는 지점이 '과제전환'이다. 한 과제 당 0.95초씩 총 80 과제를 수행한 뒤 결과를 평가한다.

일을 두 가지 이상 할 때다. 예를 들어 지금 이 글을 쓰면서 모니터 한 구석에는 메신저를 켜놓고 친구와 잡담을 하고 한쪽에는 주식 시세를 점검하고 스마트폰으로는 페이스북 친구들의 근황을 점검하고 있다면 이 한 문단을 완성하는 데 한 시간이 걸릴지도 모른다!

하지만 사람이란 뭔가를 반복하다 보면 결국 거기에 익숙해지기 마련이다. 멀티태스커(multitasker, 평소에 멀티태스킹 환경에서 지내는 사람)는 조금이나마 멀티태스킹을 더 잘하지 않을까?

"자, 준비되셨죠? 시작합니다!"

연세대학교 심리학과 이도준 교수의 연구실에서 '과제 전환'이라는 인지력 테스트가 진행됐다. 화면에서 글자와 숫자가 짝을 이룬 신호를 보고(예를 들어 2k) 자음인지 모음인지, 홀수인지 짝수인지 판단해 버튼(자음과 홀수는 'F' 버튼, 모음과 짝수는 'J' 버튼)을 눌러야 한다.

이때 본 신호에 앞서 '글자' 또는 '숫자'라는 지시 신호가 나온다. 따라서 '글자'란 신호 뒤라면 k가 자음이므로 'F' 버튼을, '숫자'란 신호 뒤라면 2가 짝수이므로 'J' 버튼을 눌러야 정답이다. 과제 전환이란 '글자'라는 지시 신호가 연속해 나오다가 어느 순간 '숫자'라는 지시 신호로(또는 그 반대로) 바뀌는 경우다. 자음과 모음 구별에 온 신경을 쓰다가 갑자기 홀수와 짝수로 기준이 바뀌자 상당히 당황스럽다. '2k'이란 신호에 움찔하다가(시간 지연) 그만 'F' 버튼(글자라면 맞지만, 숫자라면 틀리다)을 누른다.

과제 전환은 한 번에 여러 가지 일을 할 수 있는 멀티태스킹 능력을 테스트하는 실험이다. 과제 전환이 일어나는 부분에서 반응시간이 늦어질 뿐 아니라 오답인 경우가 많다.

"지난 2009년 미국 스탠퍼드 대학교 연구자들이 발표한 논문을 보면 평소 멀티태스킹을 많이 하는 사람들이 오히려 과제 전환 실험에서 그렇지 않은 사람들보다 성적이 더 나빴습니다. 상식적인 예측과 반대되는 놀라운 결과였죠."

이도준 교수의 설명이다. 연구자들은 논문에서 이런 결과가 멀티태스킹을 많이 하는 사람이 주변의 필요 없는 정보를 걸러내는 능력이 떨어진 데서 비롯됐다고 설명했다. 한마디로 집중력이 떨어져 늘 산만한 상태로 있다는 것. 그런데 왜 우리는 멀티태스킹을 못할까?

정보와 지식은 달라

안타깝게도 뇌의 하드웨어는 1956년 그 유명한 논문이 발표된 이후 현재까지 사실상 변화가 없었다. 그 유명한 논문이란 미국 프린스턴 대학교 심리학과 조지 밀러 교수가 ≪심리학리뷰≫에 실은 「마법의 수 7, ±2」라는 묘한 제목의 논문이다. '정보를 처리하는 우리 능력의 한계'라는 부제를 봐야 인지과학 분야일 거라고 감을 잡을 수 있다.

논문의 요지는 우리 뇌가 동시에 처리할 수 있는 정보의 양이 고작 '일곱 덩어리'라는 것. ±2는 개인에 따라 다섯 덩어리에서 아홉 덩어리까지 차이가 난다는 뜻이다. 여기서 덩어리(chunk)란 의미 있는 단위를 말한다.

예를 들어 낯선 전화번호를 볼 경우 각각의 숫자가 하나의 덩어리이고 노랑, 파랑, 빨강 등 여러 색 이름이 나열된 경우는 '노랑'이란 한 단어가 덩어리다.

한마디로 우리 뇌는 낯선 전화번호 하나를 기억하기도 빠듯하다는 말이다. 친구가 문자로 찍어준 전화번호로 전화를 걸려고 버튼을 누르다가 방금 외운 게 생각이 안 나 결국 다시 문자를 본 경험은 누구나 한두 번은 있을 것이다. 낯선 전화번호를 기억해 내 전화를 거는 과정을 '작업 기억'이라고 부른다.

연세대학교 심리학과 이도준 교수는 수업 시간 전에 파워포인트로 정리된 자신의 강의 파일을 달라는 학생들의 요구를 모두 거절한다고 했다. 자신이 대학생이던 20여 년 전보다 강의실 분위기가 많이 바뀌었음을 모르는 바는 아니다. 예전에는 교수가 분필로 칠판에 써내려가며 수업을 진행했고 학생들은 노트를 펴놓고 열심히 필기를 했다 (물론 지금도 이런 수업이 있다). 그런데 이제는 프로젝트로 쏘아 올린 파워포인트 자료를 보면서 강의를 한다. 학생들이 파일을 미리 받아 자료를 프린트해 거기다 필기를 하려는 것은 일단 타당해 보인다.

"문제는 많은 학생이 '자료(정보)'를 확보하게 되면 자신들이 해당 '지식'을 갖게 된 걸로 착각한다는 것입니다. 그 결과 수업 집중도가 떨어지고 나중에 평가에서도 결과가 안 좋게 나오죠."

인터넷 덕분에 정보를 얻는 게 쉬워지면서 '모르는 게 있으면 「지식검색」에 물어보면 되지……'라는 생각을 하는 사람들이 많다. 구태여 일일이 메모를 하고 외울 필요가 없다는 것이다. 우리 뇌를 컴퓨터에 비유하면 지식이란 하드디스크에 저장된 정보인 셈인데 지금 같은 인터넷 시대에 굳이 하드디스크에만 의지할 필요는 없기 때문이다. 기억 연구의 세계적인 대가인 미국 컬럼비아 대학교 에릭 켄델 교수가 발표한 바로는 이 역시 우리의 착각이다. 컴퓨터의 기억은 이진수의 배열인 데이터를 디스크에 자기 정보로 저장하는 정적인(편집이 없는) 과정이다. 우리 뇌는 단백질의 생성과 파괴라는 생화학 과정을 통해 새로운

최근 교육현장에서는 다양한 멀티미디어 장비가 도입되고 있다. 잘 활용하면 수업의 질을 높일 수 있지만 오히려 수업 집중도를 떨어뜨릴 위험성도 있다.

시냅스(뉴런 사이의 연결)를 구축하거나 재배치해 '기억'을 형성한다. 한마디로 동적인 과정이다. 따라서 데이터를 스캔하는 것만으로는 결코 장기기억은 형성되지 않는다.

장기 기억으로 변환되지 않은 정보는 그 순간만 지나면 연기처럼 사라진다. 오늘날 많은 사람이 멀티태스킹이 일상화된 환경에서 잠깐 이 정보를 더욱 금방 또 다른 정보를 보는 패턴을 반복한다. 그 결과 더 많은 시간을 읽고 쓰는 데 투자하면서도 오히려 하루가 저물 때 손에 움켜쥔 모래가 빠져나가듯 입력한 다양한 정보가 사라져버리는 초라한 결과를 얻고 있다.

정보의 과잉이 오히려 기억력을 떨어뜨리는 흥미로운 사례 가운데 하나는 TV 프로그램의 자막이다. 최근 뉴스나 다큐멘터리, 오락 프로그램을 보면 외국 방송이 아닌데도 출연자의 대사를 굳이 자막으로 표시하는 경우가 많다. 얼핏 생각하면 귀로 듣고 눈으로 보니 그 장면이 더 많이 기억에 남을 것 같다. 과연 그럴까.

미국 캔자스 주립대학교 로리 버겐 교수팀은 2005년 'CNN헤드라인뉴스'를 분석한 연구결과를 학술지 ≪인간커뮤니케이션연구≫에 발표했다. 이 프로그램은 뉴스 진행자의 말과 함께 아래 자막이 나오는 포맷인데 연구자들은 이 화면과 여기서 자막을 없앤 화면을 본 사람들을 대상으로 내용을 얼마나 기억하는지 조사했다. 그 결과 자막이 있는 화면을 본 집단이 기억량이 오히려 10% 적었다. 연구자들은 "이중으로 메시지를 전달하는 양식이 시청자의 주의집중 용량을 넘어섰기 때문"이라고 해석했다.

이런 위험성은 멀티미디어 자료를 십분 활용하고 있는 교육현장에서도 일어날 수 있다. 최근 태블릿PC를 기반으로 한 교재개발이 한창이다. 머지않아 학생들이 책과 공책이 잔뜩 든 무거운 가방을 메고 다니는 대신 태블릿PC를 갖고 다니는 풍경이 펼쳐지리라는 성급한 예상이 나오기도 한다. 과연 이런 환경이 학생들의 학습능력을 높여줄까.

태블릿PC를 연구한 결과는 아직 나오지 않았지만 2003년 미국 코넬 대학교 게리 게이 교수팀의 연구 결과는 시사점을 던져주고 있다. 연구자들은 강의를 듣는 대학생 절반에게 인터넷이 되는 노트북을 주고 강의를 들을 때 활용할 수 있게 했다. 나머지 절반은 그냥 강의만 들었다. 강의가 끝난 뒤 수업 내용을 평가하자 노트북을 활용한 집단이 오히려 낮은 점수를 얻었다.

미디어와 교육의 관계를 오랫동안 연구해 온 미국 LA 캘리포니아 대학교 심리학과 패트리샤 그린필드 교수는 "많은 대학이 학습 효율을 높이려고 도입한 멀티미디어 교육기자재가 오히려 학습 효율을 떨어뜨린다는 걸 잘 모르는 것 같다"고 우려했다. 물론 교육에 새로운 미디어를 도입하는 게 도움이 되는 경우도 많다.

비행기 조종사들은 실전을 뛰기에 앞서 시뮬레이션을 통해 감을 잡는다. 운전교육도 마찬가지다. 시뮬레이션은 경험자에게 책이나 강의가 줄 수 없는 '몰입감'을 느끼게 한다. 미국 하버드 대학교 교육대학원 크리드 데데 교수는 2009년 ≪사이언스≫에 발표한 글에서 '몰입은 우리가 포괄적이고 실제 같은 체험을 하고 있다고 느끼는 주관적인 인상'이라며 '디지털 환경에 몰입함으로써 우리는 현실적으로는 불가능한 다양한 체험을 해볼 수 있다'고 설명했다.

2. 스마트 시대, 우리는 스마트해졌나

인터넷은 가상의 사냥터

그렇다면 우리가 스마트 세계의 '쓰나미' 속에서 한 걸음 물러나 자기중심을 잡고 살아가는 방법은 없을까. 물론 노력하면 안 될 것도 없겠지만 쉽지 않은 일이다. 우리의 '본능'과 코드가 딱 맞는 스마트 매체들은 흡입력이 강력하기 때문이다. 지난 수십 년 동안 책을 제치고 사람들의 사랑을 독차지했던 TV가 이제는 컴퓨터에 자리를 넘겨준 지 오래다. 어린 시절 "TV 좀 그만 봐라!"는 부모님 말씀을 듣고 자랐던 3040 세대들은 이제 그들의 자녀에게 "컴퓨터 좀 그만 해라!"고 말하고 있다. 물론 자녀가 컴퓨터로 주로 하는 건 게임과 인터넷 서핑이다.

책보다 TV가 더 끌리는 건 TV가 좀 더 보기 편하고 재미있기(즉 본능에 들어맞기) 때문이다. 책은 수천 년 전 인류가 발명한 문자를 매개로 하는 매체다. 그 내용을 이해하려면 우리는 주변에 신경을 끄고 책에 집중해야 한다.

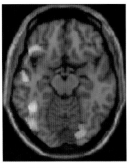

문자를 발명한 인류는 독서를 할 때 기존의 시각과 청각 회로를 활용한다. 그 결과 문맹인 사람에 비해 형태나 소리에 대한 민감도가 다소 떨어진다는 연구결과가 있다. 이처럼 새로운 미디어의 등장은 뇌의 회로를 재배치한다.

그런데 우리는 본능에 따라 산만한 존재다. 산만함이란 주위의 사소한 환경변화에 끊임없이 반응하는 현상으로 인류가 수렵 채집을 하던 시절에는 생존에 중요한 기능이었다. 사바나 평원 한복판에서 홀로 독서삼매경에 빠져있다면 사자의 밥이 되는 건 시간 문제일 것이다.

TV는 그 자체가 하나의 세상으로 우리에게 지각되기 때문에 의식적인 노력을 하지 않더라도 우리의 주의를 끌어당길 수 있다. TV보다 게임이나 인터넷이 더 매력적인(물론 모든 사람이 그렇게 느끼는 건 아니지만) 이유는 좀 더 본능에 맞기 때문이다. TV가 일방적인 매체지만 인터넷은 양 방향성 매체이기 때문에 현실성이 한층 크다.

TV 시청자가 행사할 수 있는 권한이란 고작 리모컨으로 채널을 돌리는 정도지만 인터넷 이용자

스마트기기는 멀리 있는
사람들과의 네트워크는
강화시켜주지만 역설적으로
가까이 있는 사람을 소외시키는
부작용을 낳고 있다.

는 자신이 찾고 싶은 내용을 검색하고 선별(클릭)하고 메시지를 남길 수 있다. 흥미로운 사실은 이 모든 과정이 '수렵 채집인'인 인류의 본능에 완벽하게 맞아떨어진다는 점이다.

즉 사바나를 누비며 사냥과 채집을 하며 살아온 인류의 피가 끊임없이 무언가를 검색하고 하이퍼링크를 통해 꼬리에 꼬리를 물며 추적해가는 인터넷의 양식에 끓어오를 수밖에 없다는 것. 현대인들은 자신을 '디지털 유목민(digital nomad)'이라고 부르며 한껏 낭만을 부여하기도 하지만 사실은 가상의 사냥감을 끝없이 쫓고 있는 '디지털 사냥꾼'인 셈이다.

인터넷 사냥터가 더욱 매력적인 이유는 사냥감이 어마어마하게 많을 뿐 아니라 사냥하기도 매우 쉽기 때문이다. 사냥감 대부분은 쫓다가 말거나(인터넷 화면 하나를 보는 시간은 평균 20초가 안 된다) 잡은 것(내려받은 파일)도 굴 속(하드디스크)에 던져둔 뒤 잊어버린다. 잡아온 사냥감이 우리가 먹을 수 있는 양보다 훨씬 더 많기 때문이다. 어차피 먹지도 않을 걸 사냥하느라 소중한 시간을 낭비하는 셈이다. 어쩌면 사냥 자체를 즐기는 것인지도 모른다.

오늘날 인류가 이룩한 문명은 문자의 발명에서 비롯됐다. 기록을 통해 정보가 축적됐을 뿐 아니라 문자로 쓰인 기록을 읽는 과정(독서)을 통해 '반성적(reflective)' 사고를 키웠고 이를 바탕으로 새로운 개념을 만들어낼 수 있었기 때문이다.

실제로 독서는 뇌의 회로를 바꾸는 것으로 나타났다. 프랑스 남파리 대학교 스태니슬라스 데에네 박사팀은 2010년 12월 3일 자 ≪사이언스≫에 발표한 논문에서 글을 해독하는 회로가 기존의 시각과 청각 회로를 이용해 형성되면서 시각과 청각 기능을 변화시킨다는 결과를 소개했다.

연구팀은 다양한 시각 자극을 준 뒤 글을 읽을 수 있는 사람과 문맹인 사람의 뇌 시각영역의 활동을 비교했다. 얼굴이나 집 같은 이미지는 문맹인 사람이 더 민감하게 반응했지만, 글자 이미지는 글을 읽을 수 있는 사람 쪽이 훨씬 민감하게 반응했다. 연구자들은 "원래 얼굴을 인식하는 뇌의 영역이 글을 읽는 회로를 만드는 데 활용된 결과"라고 설명했다.

지난 수년 동안 신경과학은 뇌가 정적인 기관이 아니라 끊임없이 시냅스가 만들어지고 사라지는 동적인 기관임을 밝혀냈다. 심지어 성인의 뇌에서도 새로운 뉴런이 만들어진다. 흥미롭게도 뇌의 이런 역동성에는 '용불용설'이 적용된다. 즉 쓸수록 강화되고 안 쓰면 폐기되는 것이다. 미국 LA 캘리포니아 대학교 의대 제프리 슈바르츠 교수는 이에 대해 진화론의 적자생존을 빗대 '바쁜 자 생존(survial of the busiest)'이라고 표현했다.

각종 스마트 기기의 난무로 깊이 있는 독서가 점점 사라지고 있는 현실에 대해 그린필드 교수는 "반성적 사고를 원천적으로 막고 있는 실시간 매체(우리가 상황의 진행을 통제할 수 없는)인 TV는 충동성을 높인다"고 설명했다. 게임이나 인터넷 역시 성찰보다는 충동에 가까운 매체다. 우리 뇌에서 '성찰 회로'는 위축되고 '충동 회로'는 강화되고 있는 셈이다.

스마트 시대는 역설적으로 우리의 뇌 회로를 문자 발명 이전 인류의 상태로 되돌리고 있는 게 아닐까. 🎠

[Ⅳ] 반도체와 신소재

역사 수업 시간에 인류사는 구석기, 신석기, 청동기를 거쳐 철기
시대로 나뉘어 있다고 배운다. 역사적으로 철이 우리 인류에 끼친
영향은 참으로 대단하다. 농기구와 무기를 철제로 바꾸면서
생활 모습이 크게 바뀌었고, 산업 혁명을 선도하면서 교통수단에도
큰 변화가 나타났다. 포스코(POSCO)의 광고 문구처럼
'철이 없었다면……?'이란 물음에 우리는 어떤 상상을 할 수 있을까?
20세기에 들어와 인류는 발달한 과학기술의 힘으로 새로운 재료를
만들어 사용하기 시작했다. 자연에서 얻을 수 있는 재료만으로
새로운 도구를 만드는 데 역부족이었기 때문이다. 이전의 재료에는
없던 특성이 있는 새로운 소재를 신소재라고 하는데, 고분자 물질,
반도체, 세라믹, 광섬유, 나노 소재 등을 가리킨다. 휴대전화, 컴퓨터,
옷, 신발 등 우리 생활 주변에 신소재가 쓰이지 않는 데가 없다.
그렇다면 21세기는 신소재 시대라 불러야 하지 않을까?
본 장에서는 여러 신소재 중에서 규소와 실리콘에서 시작된 반도체와
대표적인 고분자 물질인 플라스틱, 아주 미세한 나노 세계를 통해
무한한 가능성을 살펴본다.

정보통신과 신소재

신소재의 세계

첨단 산업의 쌀, 반도체

● 1. 반도체 혁명을 일으킨 트랜지스터

반도체는 어떻게 만들어졌나

발명왕 에디슨은 '에디슨 효과'를 발견해 진공관 발명에 기여했다.

토머스 앨바 에디슨은 평생 1093개의 특허를 냈다. 전신기, 전화기, 축음기, 백열전등, 영사기, 축전기 등 수많은 발명품이 그의 손에서 탄생했다. 그럼에도 에디슨은 노벨상을 받지 못했다.

발명가라고 노벨상을 받지 말라는 법은 없다. 대표적인 사람은 이탈리아의 굴리엘모 마르코니와 스웨덴의 닐스 달렌. 마르코니는 1909년에 전신기를 발명한 공로로, 달렌은 1912년에 자동 조명을 이용한 무인 등대를 개발한 공로로 각각 노벨 물리학상을 받았다. 그러나 이들과 달리 에디슨의 발명은 과학적인 연구를 통해 이뤄낸 것이 아니었다.

그렇다고 에디슨에게 노벨상을 탈 기회가 전혀 없었던 것은 아니다. 1883년 백열전구를 개발하고 있을 무렵 그는 우연히 진공에서 전류가 흐르는 현상을 발견했다. 이 현상은 나중에 '에디슨 효과'라고 불렸다. 하지만 백열전구 발명에만 관심을 기울였던 그는 에디슨 효과의 과학적 의미를 미처 깨닫지 못했다. 대학 문턱에도 가본 적이 없는 그에게 과학적인 연구란 거추장스러운 일이었는지도 모른다. 덕분에 영국의 물리학자 오언 리처드슨이 에디슨 효과를 이용해 1928년 노벨물리학상을 거머쥐었다. 그는 진공 상태에서 금속 필라멘트를 가열하면 전자가 튀어나온다는 것을 물리학적으로 설명했던 것이다.

에디슨의 두 번째 실수는 에디슨 효과가 진공관의 발명에 산파 노릇을 하리라고는 전혀 예측하지 못했다는 점이다. 현대 전자공학의 출발점인 진공관을 처음 만든 사람은 영국의 전기공학자 존 플레밍이었다. 전류, 자기장, 도체의 운동 방향을 결정하는 '플레밍의 법칙'으로도 유명한 플레밍은 런던 대학교에서 잠시 교수 생활을 하다가 에디슨전등회사 런던 지사에 입사해 행운을 잡았다. 그는 그곳에서 에디슨 효과를 만났던 것이다.

플레밍은 전구 안에 있는 필라멘트 주위에 금속판(양극판)을 두르고 필라멘트를 가열했다. 그러자 금속판에서 튀어나온 전자들이 재미있는 현상을 보여줬다. 금속판이 양(+)으로 대전 되면 전자들이 금속판으로 몰려 전류가 흐르고, 음(-)으로 대전 되면 전류가 흐르지 않은 것이었다. 이 장치는 전류를 한쪽으로만 흐르게 하는 기능이 있었다. 이렇게 해서 플레밍은 최초의 이극진공관을 만들었다.

1907년에는 미국의 리 드포리스트가 이를 바탕으로 삼극진공관을 발명했다. 삼극진공관은 필라멘트와 양극판 사이에 '그리드'라는 금속판을 두

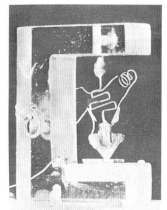
▲ 1947년에 개발된 최초의 트랜지스터.
▶ 트랜지스터 개발의 주역인
바딘, 쇼클리, 브래튼(왼쪽부터).

어 전자들을 가속시킴으로써 작은 신호를 크게 증폭시킬 수 있었다. 이로써 진공관은 교류를 직류로 바꿔 주는 기능, 미세한 신호를 키워주는 증폭 기능, 일정한 조건을 만족해야 전류가 흐르는 스위치 기능(논리 회로를 구성할 수 있다는 뜻)을 갖출 수 있었다. 이러한 기능들은 마르코니의 무선 전신 보급, 라디오와 텔레비전의 발명, 컴퓨터의 발전에 위대한 공을 세웠다.

그러나 진공관은 많은 문제점을 안고 있었다. 조금만 잘못 건드려도 깨지기 일쑤였고, 열이 많이 나기 때문에 냉각 장치를 붙여 늘 식혀 줘야 했다. 커다란 부피를 소형화할 수 없는 근본적인 한계도 지녔다. 그래서 과학자들은 진공관을 대체할 반도체를 찾아 나서야 했다.

1940년대에 이르러 과학자들은 게르마늄과 규소(실리콘)가 제한적으로 전류를 흐르게 한다는 사실을 알아냈다. 그런데 왜 부도체인 이들이 전류를 통과시키는지 그 이유를 알기까지는 한참이 걸렸다. 그 원인은 불순물이었다.

게르마늄의 최외각 전자는 4개이다. 여기에 최외각 전자가 5개인 비소를 불순물로 넣으면 1개의 전자가 남아 양극으로 자유롭게 움직인다. 또 게르마늄에 최외각 전자가 3개인 붕소를 불순물로 첨가하면 게르마늄의 최외각 전자 1개에 대응하는 양공(+전하를 띤 알갱이처럼 행동한다)이 생겨 음극으로 움직인다. 자유 전자와 양공이 부도체인 게르마늄에 전류가 흐르게 한 것이다. 흔히 전자를 n(negative)형 반도체, 후자를 p(positive)형 반도체라고 한다.

벨 연구소의 윌리엄 쇼클리, 존 바딘, 월터 브래튼 등은 이러한 원리를 이용하여 1947년 12월 23일 마침내 애타게 기다리던 반도체의 꿈을 이뤄냈다. 그들이 만든 반도체의 이름은 증폭 기능을 가졌다는 '앰플리스터'(amplister)와 저항을 바꿈으로써 신호를 전달한다는 '트랜지스터'(transistor)가 막판까지 경합을 벌이다 트랜지스터로 최종 결정됐다.

트랜지스터의 장점은 작게 만들 수 있고, 소비 전력도 매우 적다는 것(진공관의 100만 분의 1). 게다가 진공관처럼 예열할 필요도 없고, 열도 나지 않으며 타는 일도 없었다. 이러한 장점이 있는 트랜지스터는 1953년 보청기에 처음 사용된 이후 수많은 전자제품의 탄생에 기여했다. 1956년 쇼클리, 바딘, 브래튼이 노벨물리학상을 받은 것은 당연한 보상이었다.

트랜지스터 발명을 주도했던 쇼클리는 1955년 실리콘밸리의 팔로알토에 최초의 반도체 회사인 쇼클리 반도체 연구소를 세웠다. 이곳 출신의 로버트 노이스는 오늘날 반도체 칩의 대명사로 불리는 인텔 사를 설립했다. 바딘은 이후 초전도 연구에 몰두해 1972년 두 번째 노벨물리학상을 받았다. ◨

불순물의 도움을 받다

물질의 상태는 보통 고체, 액체, 기체로 분류한다. 전기적인 특성에 따라서는 구리, 금, 철과 같은 도체와 고무, 플라스틱, 나무와 같은 부도체 그리고 이 둘의 중간에 있는 반도체로 나뉜다. 반도체에는 어떤 물질이 있을까? 다이아몬드, 규소, 게르마늄과 같이 1가지 원소로 된 반도체와 갈륨비소 같은 화합물 반도체가 있다. 그중 대표적인 것이 규소(실리콘)와 게르마늄. 반도체들은 낮은 온도에서는 거의 부도체와 같으나 상온에서는 일부의 전자들이 공유 결합에서 떨어져 나오기 때문에 전기 전도성을 가진다.

반도체 내에 불순물을 주입하면 더 많은 전하 운반자(홀이나 전자)가 생겨 전기 전도도는 더욱 높아진다. 대개 전자나 홀의 농도는 불순물의 농도에 비례한다. 그렇다면 전기 전도도가 높은 도체를 두고 굳이 불순물을 넣어 가면서까지 반도체를 이용하는 까닭은 무엇일까?

이유는 간단하다. 도체는 전자의 수가 물질 고유의 값으로 일정해 전기 전도도는 온도가 증가함에 따라 다소 감소하기도 하지만 거의 일정하다. 이에 비해 반도체는 불순물의 농도를 조절해 전기 전도도를 자유롭게 조절할 수 있다. 더 나아가 불순물의 종류에 따라 전하 운반자가 전자인 n형 반도체와 전하 운반자가 홀인 p형 반도체를 각각 만들 수 있기 때문이다.

반도체의 대명사로 불리는 것이 실리콘이다. 하지만 아이러니하게도 1947년 발명된 트랜지스터에 쓰인 반도체는 게르마늄이다. 이 시기에 게

반도체 제조 과정

반도체의 원료는 실리콘을 얇게 썰어놓은 원형조각인 웨이퍼다. 표면에 집적 회로를 만든 것이 반도체 칩. 회로설계에서 시작해 공정과 조립, 그리고 검사와 같은 360여 가지의 공정을 거쳐야 반도체 칩이 탄생한다.

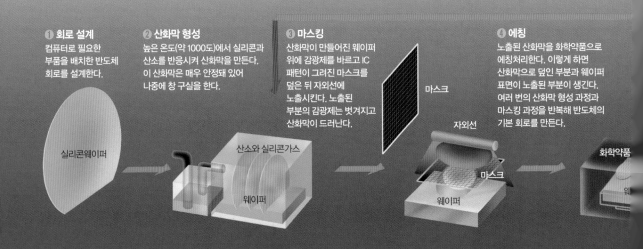

❶ 회로 설계
컴퓨터로 필요한 부품을 배치한 반도체 회로를 설계한다.

❷ 산화막 형성
높은 온도(약 1000도)에서 실리콘과 산소를 반응시켜 산화막을 만든다. 이 산화막은 매우 안정돼 있어 나중에 창 구실을 한다.

❸ 마스킹
산화막이 만들어진 웨이퍼 위에 감광제를 바르고 IC 패턴이 그려진 마스크를 덮은 뒤 자외선에 노출시킨다. 노출된 부분의 감광제는 벗겨지고 산화막이 드러난다.

❹ 에칭
노출된 산화막을 화학약품으로 에칭처리한다. 이렇게 하면 산화막으로 덮인 부분과 웨이퍼 표면이 노출된 부분이 생긴다. 여러 번의 산화막 형성 과정과 마스킹 과정을 반복해 반도체의 기본 회로를 만든다.

실리콘웨이퍼

산소와 실리콘가스

웨이퍼

마스크

자외선

마스크

웨이퍼

화학약품

워

르마늄이 반도체 소재로 입지를 굳히지 못한 이유는 무엇일까? 여러 문제점이 있었지만, 게르마늄의 전자와 홀의 농도가 매우 짙었고, 산화게르마늄은 불안정했으며 습기에 녹아 상온에서 쓰기에 곤란했기 때문이다.

반면에 실리콘은 상온에서도 잘 작동했으며 그 무엇보다 이산화규소라는 안정된 산화물이 존재했다. 이산화규소는 절연체로 전기장이 걸림에 따라 반도체와 절연체 사이로 전류가 흐르기도 하고 흐르지도 않는 것을 이용하는 전계 효과 트랜지스터(입·출력의 두 저항이 매우 큰 특징을 지닌 트랜지스터)에서 꼭 필요한 물질이다. 물론 다른 산화물을 입혀도 되지만 실리콘을 산소와 반응시켜 이산화규소로 만들어 줄 때 소자 성능이 제일 좋다.

또 모래에 포함된 규소는 지각 물질 중 산소 다음으로 풍부해 값이 싸다는 점도 유리하게 작용했다. 최근에는 실리콘 이외에 고온에서도 트랜지스터로 작동하고 고전력을 내는 반도체 물질이 개발되고 있다. 규소와 탄소의 화합물인 탄화규소가 대표적인 예이고, 다이아몬드도 고온 반도체로 주목받고 있으나 아직 현실화되지는 못했다.

반도체로 만들어지는 대표적인 소자가 바로 다이오드와 트랜지스터다. PN접합으로 이루어진 다이오드가 정류 작용(교류 입력을 직류 출력으로 바꾸는 작용)을 한다면 트랜지스터는 증폭 작용과 스위칭 작용을 한다. 이러한 트랜지스터에는 p형과 n형 반도체를 접합시켜 만든 접합 트랜지스터와 반도체 위에 절연막을 입히고 절연막에 전기장을 가하는 전계 효과 트랜지스터(FET)가 있다.

이 중 MOS라고 부르는 전계 효과 트랜지스터는 제조 공정이 쉽고 집적도를 높일 수 있어 대규모 집적회로의 길을 열었다. 또 트랜지스터는 컴퓨터의 새로운 시대를 여는 기폭제가 됐다. 트랜지스터가 크기는 진공관의 220분의 1에 불과했지만, 작동 속도는 몇 배 빨랐고, 전력 소모도 훨씬 적었기 때문이다.

진공관은 1904년 플레밍이 발명한 증폭기로 진공 유리관 속에 필라멘트와 전극을 마주 보게 넣고 필라멘트를 가열해 만든 것이다. 1946년 미국 펜실베이니아 대학교의 존 모클리와 프레스퍼 에커트가 개발한 세계 최초의 전자식 컴퓨터인 에니악이 바로 이 진공관을 이용한 컴퓨터다. 당시 1만 8000개의 진공관으로 무장한 에니악은 무게가 30톤, 면적이 $135m^2$였다.

필라멘트와 전극 사이는 진공이라 전류가 흐르지 않는다. 그런데 가열된 필라멘트에서는 열 전자가 튀어나온다. 전극이 +극이면 열 전자는 전극으로 끌려와 진공을 이동해 전류가 된다. 그러나 전극이 −극이면 전자는 이동하지 않는다. 이것이 정류 작용이다. 삼극진공관에서는 삼극진공관의 +극과 −극 사이에 그리드를 둔다. 그리드에 가하는 전압을 조정함으로써 +극에 도착하는 전자의 양을 조정해 증폭 효과를 얻는다.

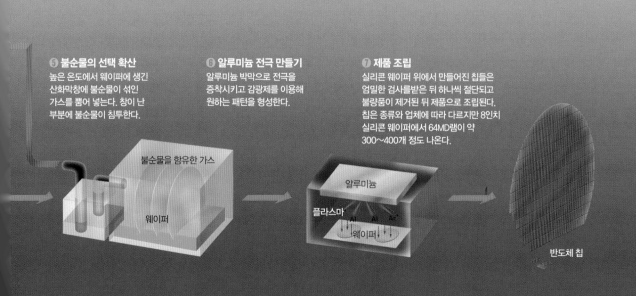

❺ 불순물의 선택 확산
높은 온도에서 웨이퍼에 생긴 산화막창에 불순물이 섞인 가스를 뿜어 넣는다. 창이 난 부분에 불순물이 침투한다.

❻ 알루미늄 전극 만들기
알루미늄 박막으로 전극을 증착시키고 감광제를 이용해 원하는 패턴을 형성한다.

❼ 제품 조립
실리콘 웨이퍼 위에서 만들어진 칩들은 엄밀한 검사를 받은 뒤 하나씩 절단되고 불량품이 제거된 뒤 제품으로 조립된다. 칩은 종류와 업체에 따라 다르지만 8인치 실리콘 웨이퍼에서 64MD램이 약 300~400개 정도 나온다.

불순물을 함유한 가스
웨이퍼

알루미늄
플라스마
Al Al Al
웨이퍼

반도체 칩

● 2. 실리콘에서 반도체 칩까지

더 작게 더 스마트하게

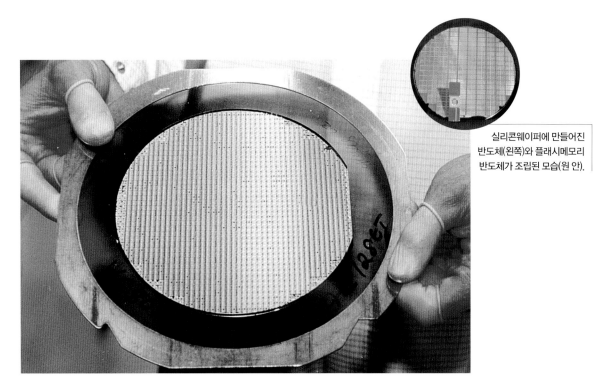

실리콘웨이퍼에 만들어진
반도체(왼쪽)와 플래시메모리
반도체가 조립된 모습(원 안).

진공관에 비교하면 트랜지스터의 크기가 작은 것이 사실이지만 컴퓨터의 몸집을 줄이기 위해서는 집적 회로의 개발이 더 중요했다. 집적 회로란 실리콘 기판에 많은 수의 트랜지스터, 다이오드, 저항, 콘덴서 등을 넣어 일정한 회로를 만든 것이다. 과거엔 개별 소자들이 회로의 구성 요소였으나 이제는 집적 회로가 기본 요소가 됐다. 1994년 삼성전자가 세계 최초로 개발에 성공한 256M D램(신문 2048쪽, 대형 국어사전 1권 정도 저장 가능)은 트랜지스터와 커패시터(전하를 저장하는 역할)가 각각 2억 5600만 개씩 들어가 있는 대규모 집적 회로이다.

1960년대부터 실용화된 집적 회로는 전자 회로의 부피와 가격을 현저하게 떨어뜨렸다. 이때 컴퓨터의 중앙 처리 장치(CPU)를 1개의 IC 속에 수용할 수 있으면 좋겠다고 생각한 인텔 사가 1970년에 중앙 처리 장치를 수용한 집적회로를 만들었다. 이것을 마이크로프로세서라고 한다. 반도체 하면 흔히 메모리 반도체를 생각하기 쉽지만 사실 마이크로프로세서와 같은 비메모리 반도체(정보 처리 목적의 반도체)의 쓰임새가 더 많다. 우리가 매일 사용하는 휴대전화를 포함해 모든 통신 기기에는 비메모리 반도체가 들어가 있다.

섬유의 오염 상태를 스스로 판단해 세탁할 수 있는 세탁기, 가마솥처럼 밥을 기름지게 짓는 전기밥솥, 자동으로 초점을 맞추는 카메라 등에는 마이크로컴퓨터라는 것이 들어있다. 이런 마이컴

반도체는 쓰임새의 종류에 따라 다양한 크기로 만들어진다(❶). 반도체 회로 설계도(❷)와 마이크로프로세서를 4000배 확대한 사진(❸).

기능에 두뇌 역할을 하는 것이 마이크로프로세서다. 마이크로컴퓨터는 마이크로프로세서와 기억부(RAM과 ROM) 그리고 입출력 제어부의 IC를 조합한 시스템으로 구성되어 있다.

손톱만 한 크기의 칩에 그래픽, 오디오, 모뎀 등 각종 멀티미디어용 부품과 마이크로프로세서, D램 등 반도체가 하나로 통합된 다양한 시스템 온칩이 개발되고 있다. 시스템 온칩이 개발되면 이제 커피메이커가 스스로 오전 6시에 커피를 끓이면서 주인의 일정을 알려주고, 슈퍼에서는 각 식품의 신선도를 알려주는 정보와 오염된 식품을 수시로 안내받을 수 있다. 이 모든 것이 반도체가 그려내는 미래다.

반도체로 된 기억 소자 중 사람들에게 가장 친근한 것이 롬과 램이다. 롬은 인쇄된 책처럼 읽어내기만 하고 수록된 내용을 변경하거나 새로 기록해낼 수 없는 기억 소자이다. 하지만 데이터를 써넣을 수 있는 롬도 존재한다. 대개 컴퓨터를 켰을 때 부팅하는데 필요한 최소한의 프로그램이 롬에 기록돼 있다.

이에 비해 램은 녹음테이프나 노트와 같이 그 위에 정보를 수록하거나 그 내용을 읽어낼 수 있다. 그러나 전원을 끄면 모든 데이터가 지워져 버리는 단점이 있다. 예를 들어 HWP(한컴 워드프로세서용 데이터) 파일을 실행하면 하드디스크에서 램으로 제어권이 넘어가면서 이때부터 소프트웨어는 램에서 동작한다. 하드디스크에서 동작할 때보다 훨씬 빠른 속도로!

사람들에게 많이 알려진 램은 D램이지만, 사실 램에도 여러 종류가 있다. 우선 D램(Dynamic Random Access Memory)은 1비트의 정보를 기억하는데 1개의 트랜지스터와 1개의 커패시터가 필요하다. 커패시터의 충전 여부에 따라 데이터를 기억한다. 커패시터의 자연 방전을 막기 위해 수 ms($1ms=10^{-3}s$)마다 기억한 내용을 한 번 읽어내고 재차 써넣어야 하므로 제어 회로가 복잡해진다. 그러나 구조가 간단해 집적도를 높일 수 있으므로 IC 1개당 기억 용량을 크게 할 수 있어 가장 널리 쓰인다.

S램(Static Random Access Memory)은 D램과 달리 전원만 연결돼 있으면 칩 내부에 기록된 데이터가 지워지지 않고 유지된다. 트랜지스터 4개와 커패시터 2개를 쓰기 때문에 구조가 복잡하다. 따라서 IC 1개당 기억 용량은 크게 할 수 없으나 고속 처리가 가능하고 저전력에서도 동작한다.

F램(Ferroelectric Random Access Memory)은 강유전체 램으로 정보를 기억하는 커패시터에 강유전 물질을 사용하는 메모리 반도체이다. 강유전체는 D램의 커패시터에 넣는 이산화규소와 달리 전원이 꺼져도 계속 정보를 유지하는 특성이 있다. 전하를 저장하는 커패시터에 강유전체를 사용한다는 점을 제외하고는 현재 D램의 구조와 똑같다. 따라서 F램은 고집적, 초소형의 D램을 대체할 가능성이 높은 것으로 주목받고 있다. 🖾

실리콘에서 반도체 칩까지

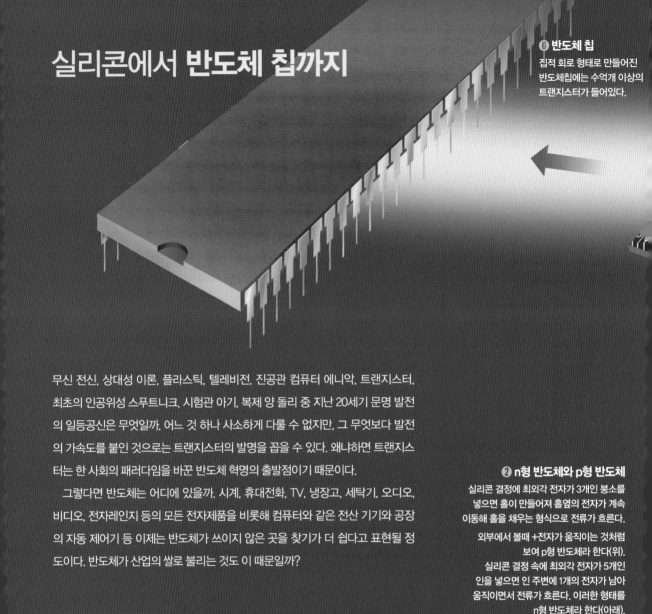

⑥ 반도체 칩
집적 회로 형태로 만들어진 반도체칩에는 수억개 이상의 트랜지스터가 들어있다.

무신 전신, 상대성 이론, 플라스틱, 텔레비전, 진공관 컴퓨터 에니악, 트랜지스터, 최초의 인공위성 스푸트니크, 시험관 아기, 복제 양 돌리 중 지난 20세기 문명 발전의 일등공신은 무엇일까. 어느 것 하나 사소하게 다룰 수 없지만, 그 무엇보다 발전의 가속도를 붙인 것으로는 트랜지스터의 발명을 꼽을 수 있다. 왜냐하면 트랜지스터는 한 사회의 패러다임을 바꾼 반도체 혁명의 출발점이기 때문이다.

그렇다면 반도체는 어디에 있을까. 시계, 휴대전화, TV, 냉장고, 세탁기, 오디오, 비디오, 전자레인지 등의 모든 전자제품을 비롯해 컴퓨터와 같은 전산 기기와 공장의 자동 제어기 등 이제는 반도체가 쓰이지 않은 곳을 찾기가 더 쉽다고 표현될 정도이다. 반도체가 산업의 쌀로 불리는 것도 이 때문일까?

❷ n형 반도체와 p형 반도체
실리콘 결정에 최외각 전자가 3개인 붕소를 넣으면 홀이 만들어져 홀옆의 전자가 계속 이동해 홀을 채우는 형식으로 전류가 흐른다.

외부에서 볼때 +전자가 움직이는 것처럼 보여 p형 반도체라 한다(위).
실리콘 결정 속에 최외각 전자가 5개인 인을 넣으면 인 주변에 1개의 전자가 남아 움직이면서 전류가 흐른다. 이러한 형태를 n형 반도체라 한다(아래).

❶ 실리콘(규소)
최외각 전자가 4개인 실리콘은 온도가 올라가면 약간의 전자들이 공유결합에서 떨어져 나오기 때문에 전기 전도성을 가진다. 여기에 불순물을 넣으면 전기 전도도는 더 높아진다.

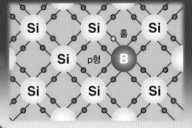

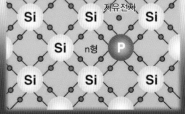

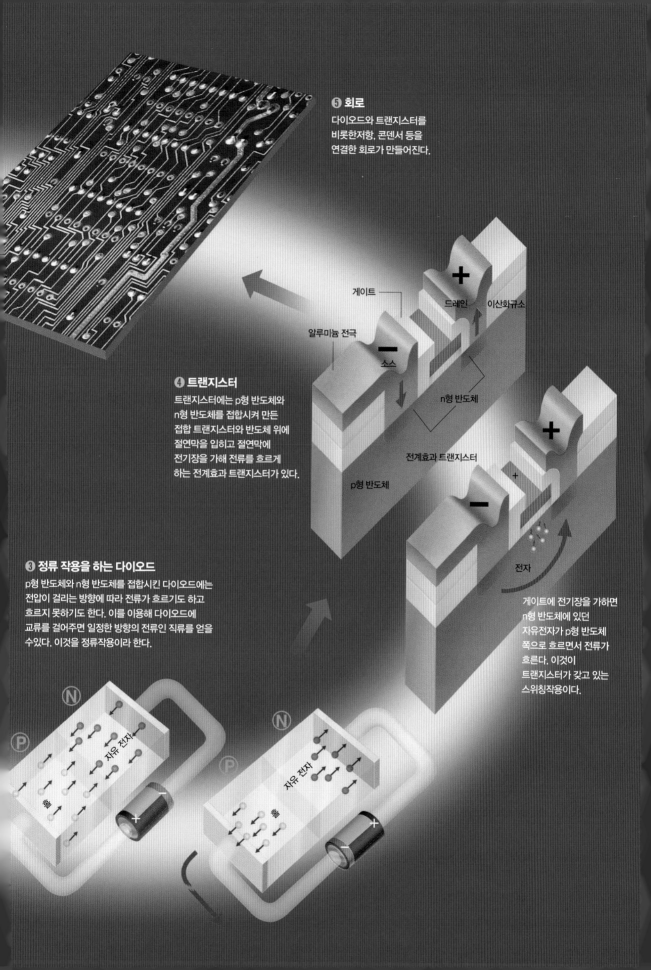

❺ 회로
다이오드와 트랜지스터를
비롯한저항, 콘덴서 등을
연결한 회로가 만들어진다.

게이트

드레인   이산화규소

알루미늄 전극

소스

n형 반도체

❹ 트랜지스터
트랜지스터에는 p형 반도체와
n형 반도체를 접합시켜 만든
접합 트랜지스터와 반도체 위에
절연막을 입히고 절연막에
전기장을 가해 전류를 흐르게
하는 전계효과 트랜지스터가 있다.

전계효과 트랜지스터

p형 반도체

전자

❸ 정류 작용을 하는 다이오드
p형 반도체와 n형 반도체를 접합시킨 다이오드에는
전압이 걸리는 방향에 따라 전류가 흐르기도 하고
흐르지 못하기도 한다. 이를 이용해 다이오드에
교류를 걸어주면 일정한 방향의 전류인 직류를 얻을
수있다. 이것을 정류작용이라 한다.

게이트에 전기장을 가하면
n형 반도체에 있던
자유전자가 p형 반도체
쪽으로 흐르면서 전류가
흐른다. 이것이
트랜지스터가 갖고 있는
스위칭작용이다.

자유 전자

자유 전자

초전도 현상

세상에 처음 알려진 지 100년이 지났지만, 초전도 현상은 여전히 물리학자들에게 만만한 상대가 아니다. 다양한 초전도 물질, 때로는 예상을 뛰어 넘는 물질이 등장하기도 했지만, 아직도 초전도 현상을 이론적으로 완벽하게 설명하는 일은 물리학의 최대 난제 중 하나다. 지난 100년 동안 초전도 연구는 어떤 길을 걸어온 걸까?

"온도 측정은 성공적이었다. 수은의 저항은 사실상 0이다."

1911년 4월 8일, 네덜란드 물리학자 카메를링 오네스는 극저온 상태에서 전기저항이 어떻게 달라지는지 조사하는 실험을 벌였다. 대상은 수은이었다. 오네스는 액체 헬륨으로 수은 온도를 낮추며 전기저항을 측정했다. 온도가 떨어질수록 수은의 전기저항은 점점 줄어들었다. 그러다 4.2K(0K는 영하 273.15℃)가 되자 수은의 전기저항이 사라졌다. 그 누구도 예상하지 못했던 결과였다. 오네스는 자신의 실험 노트에 수은의 저항이 0이 됐다는 사실을 무덤덤하게 기록했다. 이날이 초전도 현상이 최초로 발견된 날이었다.

19세기 후반 과학계에서는 누가 온도를 더 낮게 떨어뜨릴 수 있는지를 놓고 경쟁이 치열했다. 오네스도 이 경쟁에 뛰어들었다. 1898년 첫 시합에서는 경쟁자인 스코틀랜드 물리학자이자 보온병 발명가인 제임스 듀워에게 졌다. 듀워가 수소를 액체 상태로 만드는 데 성공하면서 20K를 먼저 달성했다. 오네스는 헬륨을 액체 상태로 만드는 더 높은 목표에 도전했고, 1908년 최초로 이를 이뤄냈다. 헬륨은 4.2K에서 액체가 된다. 오네스는 절대 영도에 가까운 극저온 상태에서 어떤 일이 벌어지는지를 당분간 독점적으로 연구할 수 있

오네스의 실험실 풍경. 이곳에서 그는 초전도 현상을 발견했다. 앞줄 가운데가 오네스다.

오네스의 저항 측정 방법

오네스는 초전도체로 고리를 만들어 자기장을
가해 주는 방법으로 저항을 측정했다. 자기장을
가해 주면 초전도체에 유도전류가 생기는데,
저항이 0이라면 이 유도 전류는 줄어들지 않는다.
❶ 초전도체 고리에 자기장을 가한다.
❷ 초전도체의 온도를 낮춰 초전도 상태로 만든다.
❸ 자기장을 없앤다.
❹ 초전도체 고리에 유도전류가 생긴다.

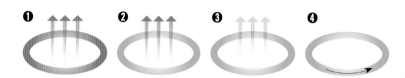

BCS이론이 설명하는 초전도 현상의 원리

보통 (−)전하를 띠고 있는 전자는 서로 밀어낸다. 그런데 낮은 온도의 초전도체 안에서는 전자가 지나갈
때 양이온이 인력을 받아 전자 쪽으로 끌려간다.(가운데) 하지만 양이온은 전자보다 1800배 이상 무겁기
때문에 움직이는 속도가 느리다. 전자가 지나간 뒤에도 양이온은 계속 그 방향으로 움직이는데, 이때문에
다른 전자가 돌출된 양이온 쪽으로 끌려온다. 레온 쿠퍼는 앞서 지나간 전자와 나중의 전자가 서로
쌍을 이뤄 초전도체 내에서 전류를 운반한다고 밝혔다. 이 두 전자를 '쿠퍼 쌍'이라고 부른다.(오른쪽)

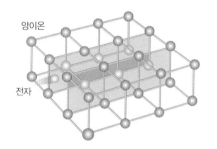
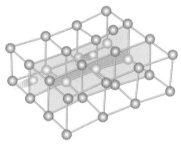
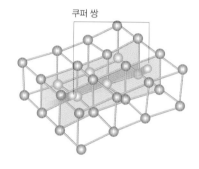

게 된 셈이었다.

오네스는 액체 헬륨으로 당시 과학계의 수수
께끼를 풀 생각이었다. 절대 영도에 가까운 극저
온 상태일 때 금속의 전기저항은 어떻게 되느냐
하는 문제였다. 1902년 절대 온도 개념을 만든 켈
빈 경은 절대 영도가 되면 금속의 전기저항이 무
한대가 된다고 주장했다. 절대 영도에서는 금속
도 얼어버린다는 게 근거였다. 반면 다른 과학자
들은 금속의 전기저항이 온도가 낮아질수록 점점
줄어들다가 절대 영도가 되면 0이 된다고 예상했
다. 저항이 어느 정도까지 떨어지다 일정한 값을
유지한다고 주장하는 이들도 있었다.

그러나 얼어붙은 수은이 절대 영도가 아닌
4.2K에서 갑자기 저항이 사라진다고는 그 누구도
예상하지 못했다. 처음엔 오네스도 어리둥절했

다. 실험 장치에 문제가 있는 게 아닌가 의심도 했
다. '측정을 통한 지식'을 신
념으로 삼았던 오네스는 실험을 여러 차례 반복한 뒤에야 이를 확실한 현상
으로 받아들였다.

오네스는 이 현상이 얼마나 대단한지를 알아챘다. 전기저항이 0인 초전도
물질에 전기를 흘려주면 이론적으로는 영원히 전기가 흐른다. 한 번 생산한
전기를 아주 오랫동안 사용할 수 있다. 오네스는 언젠가 초전도 전선이 거의
무한한 양에 가까운 전기를 싼값에 소비자에게 공급할 수 있다고 생각했다.
여기에 초전도 현상이라는 이름도 붙였다. 1913년 노벨물리학상은 오네스에
게 돌아갔다.

그러나 초전도 현상은 만만하지 않았다. 첫 발견 이후 물리학자들은 어떤
금속 물질에서 초전도 현상이 나타나는지를 관찰했다. 동시에 초전도 현상
을 이론적으로 설명하려고 했다. 천재 물리학자들이 대거 참여했다. 아인슈
타인은 물론 불확정성 원리로 유명한 하이젠베르크, 양자역학의 대가인 보
어와 파울리까지도 가세했다. 그러나 모두 두 손 들었다. 초전도 현상을 설명
하는 이론은 첫 발견 이후 50년 가까운 세월이 흐른 뒤에야 나타났다.

아인슈타인, 슈뢰딩거, 보어도 실패한 이론

미국 물리학자 존 바딘은 노벨물리학상을 두 번 받은 유일한 인물이다. 1956년 트랜지스터를 개발한 공로로 노벨물리학상을 받은 바딘은 초전도 현상을 이론으로 확립하려는 목표를 세웠다.

이를 위해 바딘은 새내기 물리학자 레온 쿠퍼를 영입했다. 당시 쿠퍼의 전문 분야는 초전도가 아니었다. 바딘의 제의에 쿠퍼는 잘 모르는 분야라 자신 없다고 망설였지만, 바딘은 아주 재미있는 문제라면서 자신이 가르쳐주겠다고 구슬렸다. 당대 최고의 이론 물리학자들도 실패했다는 사실을 몰랐던 쿠퍼는 바딘의 무모한 도전에 합류했다.

바딘은 쿠퍼와 대학원생인 존 슈리퍼로 팀을 꾸려 초전도 현상을 이론으로 설명하기 시작했다. 예상대로 무척 어려운 일이었다. 1957년 그들은 이론을 발표했지만, 동료 물리학자들조차 이해하기 어려워했다. 바로 이 이론이 그들의 이름 앞 글자에서 알파벳을 하나씩 따 지은 BCS이론이다. 지금까지도 초전도 현상을 설명하는 유일한 이론이다.

BCS이론은 오네스가 발견한 초전도 현상을 잘 설명했다. 이 이론에 의하면 초전도 현상은 30K 이상에서는 일어날 수 없다. 이렇게 낮은 온도에서야 저항이 0이 된다면 초전도 현상을 실질적으로 활용하기 매우 어렵다. 만약 이야기가 여기에서 끝났다면 초전도 현상은 그저 흥미로울 뿐인 현상으로 남았을지도 모른다.

그러나 초전도 현상은 또 다른 얼굴을 숨기고 있었다. 두 번째 얼굴이 세상에 드러난 건 1986년 4월이었다. 그리고 그 얼굴은 오네스가 발견한 첫 이미지보다 훨씬 매력적이었다. 전 세계의 물리학자는 물론 각종 매체까지 반할 정도였다. 스위스 취리히에 있는 IBM 연구소의 K. 알렉스 뮐러와 J. 게오르크

베드노르츠가 35K에서 초전도 현상이 나타나는 물질을 찾았다고 발표했던 것이다. 이 연구가 놀라웠던 것은 온도가 30K 이상일 때 초전도 현상이 일어났다는 사실과 이를 일으킨 물질 때문이었다.

새로운 초전도체는 산화구리 면이 있는 세라믹 소재였다. 물리학자들은 전기가 통하지 않는 부도체인 세라믹 소재에서 초전도 현상이 나타났다는 데 대단히 놀랐다. 얼마 지나지 않은 1987년 1월, 상당히 높은 온도인 97K에서 초전도 현상을 보이는 또 다른 물질이 발견됐다. 이는 비싸고 귀한 액체 헬륨이 아니라 값싸고 풍부한 액체 질소로도 초전도 현상을 일으킬 수 있다는 뜻이다. 액체 질소는 끓는점이 77K이기 때문이다. 게다가 질소는 공기 중에 아주 많아 가격도 싸다. 새로운 초전도체는 이전의 초전도체보다 훨씬 응용 가능성이 높다. 이처럼 액체 질소의 끓는점보다 높은 온도에서 초전도 현상을 보이는 물질을 고온초전도체라고 한다.

고온초전도체의 발견은 전 세계를 들뜨게 했다. 수많은 물리학자가 고온초전도체에 열광적으로 빠져들었다. 1987년 3월 18일, 뉴욕 힐튼 호텔

에서 열린 미국 물리학회는 이런 분위기를 잘 보여 줬다. 당시 미국 물리학회는 이제 막 등장한 고온초전도 현상을 주제로 특별 세션을 마련했다. 많은 물리학자가 요구해 급히 마련한 자리였다. 그럼에도 수많은 물리학자는 이 특별 세션을 보기 위해 몰려들었다. 세션이 열리는 대회장의 문이 열리자마자 금세 자리가 다 찼고, 바닥에도 사람들이 빽빽이 들어섰다. 그러고도 안으로 들어가지 못한 이들이 2000여 명이나 됐다. 호텔에서는 이들이 바깥에서 TV로 시청할 수 있게 해주었다.

고온초전도 특별 세션은 오후 7시 30분에 시작되어 새벽 3시가 넘어서야 끝이 났다. 이렇게 긴 시간 동안 이야기를 나누고도 물리학자들은 바로 자리를 뜨지 못하고 호텔 안을 서성거렸다. 흥분을 쉽게 가라앉힐 수가 없었던 것이다. 이런 물리학자들의 모습은 열광적인 록페스티벌에 모인 팬 같아 보였다. 그래서 이날의 모임을 '물리학의 우드스톡'이라고 부른다. 원래 우드스톡은 1969년 8월 미국 뉴욕 근교 우드스톡에서 열린 록페스티벌을 말한다.

고온초전도체에 대한 기대는 노벨상에도 바로 반영됐다. 고온초전도체를 발견한 뮐러와 베드노르츠는 1987년 노벨물리학상을 받았다. 이때가 초전도 연구 최고의 부흥기였다.

고온초전도체의 발견은 BCS이론이 그어 놓은 30K라는 한계를 깨뜨렸다. 동시에 새로운 의문이 나타났다. 우선 기존 이론으로 설명하지 못하는 고온초전도 현상은 어떤 원리일까. 과연 초전도 현상은 얼마나 높은 온도에서까지 일어날 수 있을까.

상온초전도는 우리가 일상적으로 접하는 온도에서 일어나는 초전도 현상이다. 규모가 크고 값비싼 냉각 장치가 필요 없다는 얘기다. 만약 상온초전도체가 등장한다면 고온초전도체의 발견과는 비교도 안 될 정도로 커다란 사건이다. 초전도 현상을 연구하는 과학자가 가질 수 있는 최고의 꿈은 상온초전도체 발견이다.

현재 공식적으로 인정받는 초전도 현상의 최고 온도는 138K다. 이는 수은, 탈륨, 바륨, 칼슘과 고온초전도체의 핵심 물질인 산화구리를 한 땀 한 땀 복잡한 구조로 이어 만든 다음에야 얻은 결과이다.

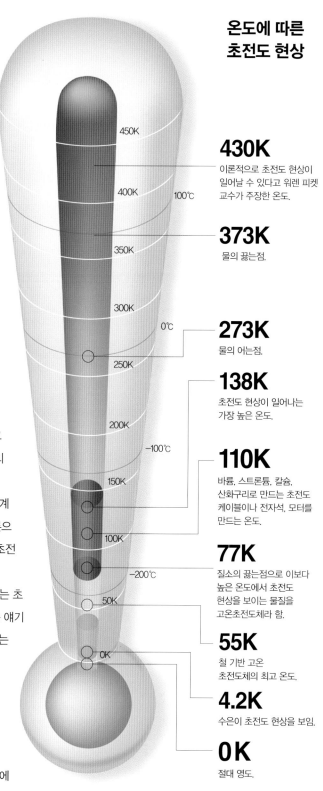

온도에 따른 초전도 현상

450K

400K 100℃

350K

430K
이론적으로 초전도 현상이 일어날 수 있다고 워렌 피켓 교수가 주장한 온도.

373K
물의 끓는점.

300K

273K 0℃
273K
물의 어는점.

250K

138K
초전도 현상이 일어나는 가장 높은 온도.

200K

−100℃

110K
바륨, 스트론튬, 칼슘, 산화구리로 만드는 초전도 케이블이나 전자석, 모터를 만드는 온도.

150K

100K

77K
질소의 끓는점으로 이보다 높은 온도에서 초전도 현상을 보이는 물질을 고온초전도체라 함.

−200℃

50K

55K
철 기반 고온 초전도체의 최고 온도.

0K

4.2K
수은이 초전도 현상을 보임.

0 K
절대 영도.

● 3. 초전도 100년, 얼마나 더 발전할까

이어지는 발견, 상온초전도체는?

2001년에는 금속 기반의 새로운 초전도체가 등장했다. 그때까지 금속으로 된 물질이 25K 이상에서 초전도 현상을 보이는 경우는 없었다. 그런데 이붕화마그네슘(MgB₂)이라는 흔한 금속이 39K에서 초전도 현상을 보인다는 연구 결과가 ≪네이처≫에 발표됐다. 금속의 저온초전도 현상만큼은 이해하고 있다고 믿었던 물리학자들은 또 한 번의 충격을 받았다. BCS이론으로 설명하지 못하는 금속의 초전도 현상도 있다는 뜻이었다. 저온초전도 현상조차도 또 다른 얼굴을 숨겨놓고 있었던 것이다.

물리학자들은 새로운 초전도체의 등장을 환영했다. 기존의 저온초전도체와 고온초전도체 사이의 간격을 메워 주고, 그 결과 상온초전도체를 찾는 데 도움이 될 것으로 생각했다. 그중 한 명이 미국 데이비스 캘리포니아 대학교 워런 피켓 교수였다. 그는 430K, 즉 100℃가 훌쩍 넘는 온도에서도 초전도 현상을 보이는 물질이 있을 수 있다고 주장했다.

2008년에는 일본 도쿄과학기술원 연구팀이 철을 기반으로 한 초전도체를 발견해 물리학계를 다시 크게 흔들었다. 이 새로운 초전도체는 1986년에 발견된 산화구리 기반의 고온초전도체보다 온도가 높지는 않았다. 철 기반 초전도체의 최고 온도는 55K. 그럼에도 물리학자들은 철 기반의 초전도체에 관심이 많다. 이 역시 기존의 상식을 뛰어넘기 때문이다.

때로는 우연이 새로운 초전도체 발견에 기특한 일을 하기도 했다. 일본 국립소재과학연구소의 물리학자 타카노 요시히코는 철 기반 초전도체에 대한 소식을 접하자마자 연구에 돌입했다. 그의 연구팀은 철과 텔루르를 기반으로 한 초전도체가 목표였다. 텔루르 원소를 일부 황으로 바꿔보려는 시도까지 했지만, 결과는 절망적이었다. 전혀 초전도 현상을 보이지 않았다. 만약 타카노 요시히코의 학생 중 한 명이 여자 친구에게 차이지 않았다면 이 연구는 끝났을 터였다.

그 학생은 실연의 상처를 달래느라 임무를 소홀히 했다. 그러던 어느 날 타카노 요시히코가 그에게 시험에 필요한 철–텔루르 샘플을 가져오라고 했다. 그 학생은 새 샘플이 없자 몇 주 동안 공기 중에 내버려둬 놓았던 예전 샘플

을 대신 가져갔다. 그런데 놀랍게도 그 샘플에서 초전도 현상이 나타났다.

왜 그랬던 걸까? 연구팀은 공기 중에 내버려뒀다는 사실과 관련이 있다고 보고 여러 가지 실험을 벌였다. 샘플을 순수한 질소 또는 순수한 산소에만 노출시켜 보기도 하고, 진공이나 물속에 넣어 보기도 했다. 그 결과 물속에 집어넣은 샘플만 초전도성을 보였다. 연구팀은 물과 산소가 동시에 영향을 미친다고 생각했다.

얼마 뒤 철 기반 초전도체를 발견한 과학자가 연구실에 찾아왔다. 연구팀은 그를 위해 술 파티를 열었다. 그때 술을 좋아하는 타카노 요시히코는 호기심이 생겼다. 샘플을 술에 빠뜨려보면 어떨까. 타카노는 학생들에게 적포도주, 백포도주, 맥주, 위스키, 일본 청주를 가져오게 한 뒤 실험용 샘플을 빠뜨렸다.

결과는 충격적이었다. 모든 술이 샘플을 초전도체로 변신시켰다. 가장 뛰어난 술은 적포도주였다. 연구팀은 알코올 농도가 영향을 미치는지 조사해보기 위해 물과 에탄올만 섞어 실험해 보았

영화 아바타에서 인류는 행성 판도라의 희귀금속을 채굴하기 위해 나비 족과 싸움을 벌인다. 극중 이 금속은 상온초전도체로 설정돼 있다. 공중에 떠 있는 신비로운 지형도 이 금속이 자기장의 영향을 받아 공중에 부양하기 때문이다. 이처럼 상온초전도체는 꿈의 물질로 SF를 비롯한 여러 영화나 소설에 등장한다.

다. 하지만 이 경우는 모두 술보다 약했다. 타카노 요시히코는 적포도주에 많이 들어 있는 항산화 물질인 폴리페놀과 모종의 관계가 있으리라 추측하고 있지만, 아직 그 이상은 밝혀지지 않았다.

오네스의 발견 이후 100년이 지났는데도 물리학자들은 초전도 현상의 한계 온도가 몇 도이며 상온초전도체가 가능한지에 대한 물음에 속 시원한 답을 내놓지 못하고 있다. 그 와중에서도 새롭고 신기한 초전도 현상은 수시로 발견되곤 한다. 과연 언제쯤 초전도 현상의 신비한 본모습이 확실히 드러날까? 🖂

술의 초전도 효과는?

술에 담겼던 물질이 초전도 현상을 보인다는 사실이 우연히 밝혀졌다. 술의 종류에 따라 초전도 현상을 일으키는 효과는 달랐다. 하지만 아직 구체적인 이유는 밝혀지지 않았다.

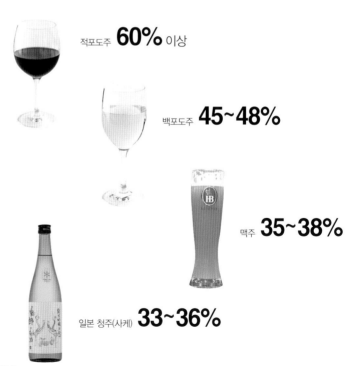

적포도주 **60%** 이상

백포도주 **45~48%**

맥주 **35~38%**

일본 청주(사케) **33~36%**

위스키 **32~35%**

● 1. 플라스틱, 21세기를 입히다

다양한 기능의 신소재로 변신

세계 3대 산업 디자이너의 한 사람으로 꼽히는 이집트 출신의 카림 라시드는 플라스틱 예찬론자다. 자신의 상상력을 구현할 수 있는 '유연성' 있는 소재로 플라스틱만 한 것이 없다고 믿기 때문이다. 플라스틱 집을 전시해 사람들을 놀라게 하는가 하면 국내 한 업체의 의뢰로 깜찍한 플라스틱 책꽂이를 디자인해 '책꽂이=나무 격자'라는 통념을 가볍게 뛰어넘었다.

라시드 정도는 아니더라도 현대인들은 이미 플라스틱에 깊이 중독되어 있다. 플라스틱 튜브에 들어있는 치약을 짜서 플라스틱 칫솔로 양치질하고 플라스틱 빗으로 머리를 빗는다. 플라스틱 테(일명 뿔테)에 렌즈까지 플라스틱 안경을 쓰고 플라스틱(페트)병에 든 물을 마신다. 플라스틱이 없는 세상은 상상하기도 어렵다.

플라스틱이란 말은 '성형하기 알맞다'는 뜻의 그리스 어 '플라스티코스' (plastikos)에서 유래했다. 열이나 압력을 가했을 때 성형이 가능한 물질을 통칭하는데 합성 또는 반(半)합성 고분자로 이뤄졌다.

"본격적인 플라스틱이 선보인 지 이제 꼭 100년이 됩니다. 이런 짧은 기

전도성 플라스틱 '라이트론'은 미세한 전류가 흐르면 은은한 빛을 낸다. 열이 나지 않는 '쿨'한 빛이어서 다양한 인테리어로 쓰일 전망이다.

세계적 디자이너 카림 라시드의 작품 'LG 자이퓨처하우스'. 그가 제안한 미래형 주거 공간에서는 플라스틱이 큰 몫을 차지한다.

간 동안 이토록 사람들을 사로잡은 소재는 없었죠."

서강대학교 화학생물공학과 이재욱 교수의 말이다. 1907년 벨기에 출신 이민자 레오 헨드락 베이클랜드가 미국에서 발명한 '베이클라이트'는 페놀과 포름알데히드를 합성해 만든 최초의 합성 플라스틱이다. 당구공의 재료로 쓰던 상아를 구하기 어렵게 되자 그 대체품으로 선보였던 것. 온도, 습도 변화에 별 영향을 받지 않고 전기가 통하지 않는 베이클라이트는 전선피복, 전화기, 커피메이커 등의 소재로 급속히 보급됐다.

그 뒤 스타킹을 대중화시킨 나일론, 유리보다 투명한 폴리카보네이트, '스티로폼'이라는 상표명으로 더 잘 알려진 발포폴리스티렌 등이 등장

하면서 플라스틱 가족은 위력을 더해갔다. 세계의 연간 플라스틱 생산량은 1950년 100만 톤에서 현재 2억 3000만 톤으로 늘었다. 이런 양적 성공에도 플라스틱은 나무나 유리, 비단 같은 천연재료의 질감을 흉내 내기에 급급한 싸구려 대체품으로 취급받기도 한다.

"미래에는 자연에 있는 어떤 재료로도 구현할 수 없는 고유한 물성을 띠는 플라스틱이 인류의 삶을 이끌어 갈 것입니다." 독일 바이엘머티리얼사이언스의 신비지니스 창조센터 엑카르트 폴틴 소장의 설명이다.

바이엘머티리얼사이언스 사가 개발하고 있는 빛을 내는 플라스틱 '라이트론'이 대표적인 예. 전도성 플라스틱 필름 사이에 안료 결정이 채워져 있는 라이트론은 전류가 흐르면 결정에서 은은한 빛이 나온다. 필름의 두께가 아주 얇기 때문에 종이처럼 말 수 있고 적당한 모양으로 잘라도 된다. 안료 결정의 종류에 따라 여러 색을 연출할 수도 있다. "핸드백 안쪽 면에 라이트론 필름 조각을 붙여놓으면 내용물을 쉽게 찾을 수 있습니다." 바이엘코리아 김기정 이사는 라이트론의 응용 범위가 무궁무진하다고 말했다.

● 1. 플라스틱, 21세기를 입히다

뿌리는 플라스틱?

플라스틱 대용량 저장매체도 등장했다. 미국의 인페이스테크놀로지스사는 저장 용량이 300GB(기가바이트)로 DVD 50장에 해당하는 플라스틱 홀로그래피 데이터 저장 장치를 개발했다. 손바닥만 한 크기에 수mm 두께의 플라스틱에 레이저 펄스를 쏴 화학 반응을 일으켜 3차원 홀로그램으로 데이터를 저장한다. 수명이 50년으로 20년이 안 되는 CD나 DVD보다 월등하다.

자전거 전문업체인 미국의 TAG 휠스사는 플라스틱 바퀴살인 FRX5를 사용한 자전거를 출시했다. 다국적 화학회사 듀폰이 개발한 나일론수지와 유리섬유를 혼합한 플라스틱 '자이텔 나일론'으로 만든 FRX5는 일체형이라 충격에 강하고 개조가 필요 없다. FRX5를 장착한 자전거를 타본 프로선수 다마 폰데인은 "바위에 부딪혀 타이어가 터졌는데도 바퀴살은 멀쩡해 깜짝 놀랐다"고 말했다.

건축이나 토목 분야에서도 플라스틱의 활약이 눈부시다. 기차가 지나는 철길 옆에 사는 사람들은 소음으로 늘 신경이 피로하다. 조용하고 쾌적한 곳에서 한잠 푹 자는 게 소원이다. 민원이 폭주하다 보니 방음벽을 설치한 구간이 늘어난다. 그 결과 창밖 풍경을 바라보는 기차 여행의 낭만도 색이 바랜다. 그런데 앞으로는 이런 스트레스를 받지 않을 전망이다.

철도 건설업체인 독일 프렌첼-바우 그룹은 혁신적인 철로 시스템인 '더플렉스'를 개발했다. 더플렉스는 뿌리는 플라스틱을 써서 철로 밑에 깔린 자갈 사이를 메우는 기법으로 소음을 대폭 줄였다. 자갈 사이에 액체 폴리우레탄 조성물을 스프레이로 뿌리면 순식간에 발포성 폴리우레탄으로 굳는다. 그 결과 기차가 지나갈 때 진동으로 자갈이 부딪치면서 생기는 소음을 방지할 수 있을 뿐더러 레일이 받는 충격을 흡수해 철도의 수명을 연장할 수 있다. 이 시스템은 독일 윌첸 지역에 300m 길이로

보마테름 태양 지붕은 단열, 방수뿐 아니라 태양 에너지를 이용할 수 있는 다목적 플라스틱 지붕이다.

시범 설치되어 타당성을 시험하는 중이다.

독일 푸렌 사가 선보인 보마테름 태양 지붕은 위쪽이 폴리카보네이트, 아래쪽이 폴리우레탄 재질이고 그 사이가 비어있다. 투명한 폴리카보네이트를 통과한 빛은 내부 공간에 있는 공기를 덥히지만, 단열재인 폴리우레탄 때문에 열기가 집 안으로 들어오지 못한다. 태양열로 더워진 공기는 지붕의 높은 쪽으로 이동해 열교환기를 거쳐 유용한 에너지로 바뀐다. 보마테름 태양 지붕은 기와를 얹은 지붕에 비해 무게가 절반밖에 나가지 않아 시공하기도 편하다.

지난 2008 베이징 올림픽이 열린 37개 경기장 가운데 하나인 센양 올림픽 스타디움은 새가 내려앉으며 날개를 접는 장면을 형상화했다. 관중석을 덮은 지붕이 양 날개에 해당하는데 넓이가 2만㎡로 축구장 면적의 2배가 넘는다. 유리처럼 투명한 이 지붕은 바이엘머티리얼사이언스 사가 개발한 폴리카보네이트 '마크로론'이다. 마크로론은 충격강도가 유리의 250배나 되므로 25mm 두께로도 태풍이나 폭설 같은 악천후를 견딜 수 있다. 플라스틱이 없었다면 상상 속에서나 가능한 디자인이었던 셈이다. ⊠

일체형 플라스틱 바퀴살 FRX5. 충격에 강한 자이텔 나일론 재질이다.

센양 올림픽 스타디움 조감도. 축구장의 2배가 넘는 면적의 지붕을 플라스틱으로 만들었다.

● 2. 나노 세계에서 펼쳐지는 물질 혁명

21세기 연금술

10억분의 1이라는 나노 세계를 다루는 나노기술은 21세기를 이끌어갈 핵심 과학기술로 자리 잡았다. 나노 기술은 이상적으로는 자동차, 타이어, 컴퓨터 회로에서 의약품, 티슈에 이르기까지 인간이 만드는 모든 것에 포함되어 있다.

나노 입자는 수nm에서 수십nm 크기로 만들어진 금이나 은과 같은 금속, 산화타이타늄과 같은 세라믹 또는 반도체 소재를 포함한다. 나노 입자는 아래에서 위로 만드는 '바텀업'(Bottom-up) 방식과 위에서 아래로 만드는 '톱다운'(Top-down) 방식으로 만들어진다.

기원전 460년경 그리스의 철학자 데모크리토스는 원자가 모든 물질의 근원이라는 '원자설'을 주장했다. 그는 빵을 쪼개면 더 쪼개지지 않는 상태를 원자로 가정했다. 데모크리토스가 주장한 원자론은 현재의 원자론과 매우 유사하다. 그렇다면 "마지막으로 쪼개지기 직전에도 빵일까?" 원자 한 개에서 출발해 서너 개, 수백 개에서 수만 개 모아놓은 것은 빵일까? 원자가 몇 개 모여야 빵 맛이 날까? 나노 기술은 이런 질문에서 출발한다.

아마도 원자가 몇 개 이하로 줄어드는 순간부터 빵 맛이 나지 않을 것이다. 또한, 원자가 일정 수준으로 모이면 빵 맛이 서서히 날 것이다. 수백 또는 수만 개 원자가 규칙적으로 배열된 구형의 나노 입자는 원자가 1개일 때와 무수히 많이 모여 있을 때의 중간 성격을 가진다.

이것은 입자 크기에 따라 물질의 특성이 크게 달라진다는 것을 뜻한다. 빵에 비유하면 원자 10개일 때 신맛, 원자 100개일 때 매운맛, 원자 1000개가 모이면 단맛이 날 수 있다는 얘기다. 따라서 나노 영역에서는 물질의 고유한 성질이 아닌 새로운 특성을 찾을 수 있다.

규칙적으로 배열한 원자가 수nm에서 수십nm 크기를 가질 때 나노 입자라고 한다. 물질이 나노 영역으로 들어갈 때 가장 큰 변화를 겪는 것은 2~6족 카드뮴셀레나이드(CdSe) 반도체 화합물 나노 입자이다. CdSe 나노 입자는 바텀업 방식으로 만들어진다. 먼저 고온의 용매에 카드뮴과 셀레늄 전구체를 섞으면 훨씬 안정적인 에너지 상태인 CdSe가 자발적으로 형성된다. 이

21세기 나노 소재 기술은 중세의 연금술에 비견될 수 있는 과학적 도전이다.

때 비누의 일종인 계면 활성제가 반응용액에 있으면 나노 입자 표면을 안정화해 원하는 크기의 나노 입자를 얻을 수 있다.

CdSe는 자외선 영역의 빛을 흡수해 붉은빛을 내는 물질로 입자 크기가 작아짐에 따라 밴드갭이 커진다. 따라서 CdSe에서 발광하는 빛은 점점 파란색 쪽으로 이동한다. 나노 입자 크기를 조절하면 발광하는 빛의 파장을 원하는 대로 얻을 수 있다. CdSe 나노 입자는 크기에 따라 강력한 레이저원이나 고효율 태양전지, 암세포 등을 추적하는 바이오 이미징 기술에 쓰이고 있다.

자성체 나노 입자는 특이한 자기적 성질을 나타낸다. 크기가 작아지면서 어떤 크기에 도달했을 때 자기적 성질이 최대가 되는 현상을 띤다. 이런 자성체 나노 입자는 크기가 수nm로 주로 코발트나 코발트와 백금의 합금 형태로 이뤄진다. 최근에는 철, 코발트, 니켈 같은 강한 자기성을 갖는 원자와 기능기(공통된 화학 특성을 가진 무리

각종 IT 시스템은 나노 수준의 물질을 제어할 수 있는 소자 기술을 요구하고 있다.

에서 각 특성의 원인이 되는 공통 원자단 결합 형식)를 가진 탄화수소 분자 사이의 상호작용 원리가 밝혀지면서 균일한 자성체 나노 입자에 관한 연구가 활발히 이뤄지고 있다. 균일한 자성체 나노 입자의 출현은 기술적으로 큰 변화를 가져왔다. 균일한 나노 크기의 자성 나노 입자를 일정한 간격으로 배열하면 초격자 구조가 만들어진다. 이를 이용해 고밀도 자성 저장 장비를 만들 수 있다. 그러나 일정한 모양과 크기를 갖는 나노 입자를 사용하면 한 개의 구형 나노 입자를 최소 기억 단위로 만들 수 있다. 그 결과 기억 용량이 기하급수로 증가해 인치당 테라비트급 자기 저장 용량을 구현할 수 있다.

나노 입자는 입자 수가 수억 개 이상으로 이뤄진 벌크 물질과 몇 개의 원자로 구성된 분자의 중간 형태를 띤다. 나노 재료는 벌크 재료보다 단위 부피당 표면적이 매우 크고 표면의 결함 비율이 크기 때문에 재료의 표면 성질을 변화시키는 특성이 있다. 나노 재료는 IT 응용소재, BT 응용소재, ET 응용소재, 구조소재로 많이 활용되고 있다.

정보 기술의 발달로 멀티미디어 시대에 들어서자 사람들은 고밀도, 초고속, 저전력, 초소형, 초경량의 자기 저장 장치를 요구했다. 이것은 자기 나노 입자를 이용한 자기 저장 장치 개발을 가속했다. 또한, 테라비트급 대용량 정보 전송을 위한 정보통신용 나노 소재, 광대역 통신의 핵심인 초광대역 광증폭기, 초고속 신호처리의 핵심인 전광 스위치 등 고집적화된 나노 재료가 활발히 개발되고 있다.

나노 재료는 의료분야에서도 획기적인 변화를 일으킬 것으로 기대된다. 우리 몸을 구성하는 조직은 대부분 나노 영역에 속하는 단백질, 탄수화물, 지방으로 구성돼 있다. 체액 한 방울로 발병 여부를 진단하는 바이오칩, MRI에 사용되는 조영제, 약물을 부작용 없이 환부에 옮기기 위한 약물전달체 등을 개발해 기존의 진단법이나 치료법을 개선하고 있다. 또한, 나노 재료를 이용해 손상된 뼈, 관절, 치아 같은 인체 경조직의 기능을 대체하는 생체 재료가 개발되고 있다.

환경 정화용 나노기술은 토질이나 대기에 존재하는 오염원을 나노 크기의 촉매 또는 기공 구조를 이용해 효율적으로 제거하는 기술이다. 이러한 나노 재료는 유해 기체와 중금속 제거, 오염 물질 분해 등에서 뛰어난 기능을 발휘하고 환경 비용을 획기적으로 절감할 수 있는 토대를 제공한다. 자성체 나노 입자는 물속에서 부영양화를 가져오는 유기물질을 분해한다. 또한, 환경용 나노 소재는 염료감응형 태양전지, 물이나 알코올로 작동하는 연료 전지 등 새로운 에너지 소재 개발에서 많이 활용되고 있다. ◪

반도체 시장 지각 변동을
일으킬 꿈의 물질

컴퓨터 못지않은 성능을 갖춘 스마트폰으로 언제 어디서나 인터넷을 즐기고 화상 통화를 하며 손톱만 한 크기의 USB메모리에 노래 수천 곡을 저장해 다니는 디지털 유목민. 영화 같은 이야기가 이렇게 빨리 현실이 될 거라고 예상한 사람이 얼마나 될까?

1947년 트랜지스터가 등장한 뒤 IT 기술은 짧은 시간 동안 엄청난 속도로 발전했다. 1946년 제작된 세계 최초의 컴퓨터 에니악(ENIAC)에는 1만 8000여 개의 진공관이 쓰였으며 그 크기는 집채만 했다. 하지만 큰 덩치에도 연산 속도는 현재 쓰이는 손바닥만 한 전자계산기 수준에도 못 미쳤다.

지난 수십 년 동안 IT기기는 더 빠른 속도, 더 큰 저장 용량, 더 작은 크기를 향해 발전해왔다. 그러나 실리콘을 기반으로 하는 반도체 기술은 한계에 부딪혔고, 언제 어디서나 인터넷에 접속해 정보를 주고받는 유비쿼터스 시대가 오며 최근에는 전자기기의 패러다임이 휴대성을 높이는 방향으로 바뀌고 있다. IT 기술이 모든 일상생활을 지배하기 시작하면서 사용의 편리함이나 휴대의 간편함이 더 중요한 요소가 된 것이다. 이런 요구는 인간 친화적인 특성이 있는 플렉시블(flexible) 전자기기의 필요성을 불러일으키고 있다.

반도체나 디스플레이를 만드는 데 쓰이는 실리콘, 태양전지나 평면 디스플레이를 만드는 데 쓰이는 투명 전극인 산화인듐주석(ITO)은 늘리거나 구부리면 깨지거나 쉽게 전기 전도성을 잃는다. 그래서 대부분 전자기기는 이를 보호하기 위해 단단한 케이스가 필요하다. 휘는 디스플레이나 전자 종이, 나아가 입는 컴퓨터 같은 전자기기를 개발하려면 실리콘이나 ITO와 비슷한 수준의 전기 전도성을 가지면서 동시에 변형에 잘 견디는 유연한 소재가 필요하다. 이런 조건을 모두 만족하게 하는 소재가 바로 꿈의 나노 물질로 불리는

'그래핀'(graphene)이다.

그래핀은 평면에서 탄소 원자가 육각형 형태로 무수히 연결돼 벌집 구조를 이루는 물질로, 연필심에 쓰이는 흑연을 뜻하는 '그래파이트'(graphite)와 화학에서 탄소 이중 결합을 가진 분자를 뜻하는 접미사인 '–ene'을 결합해 만든 용어다. 탄소 원자 한 층으로 돼 있는 그래핀은 두께가 0.35nm(나노미터, $1nm=10^{-9}m$) 정도로 얇지만 물리 · 화학적으로 안정하고 전기 전도성이 뛰어나다.

그래핀은 상온에서 단위 면적당 구리보다 약 100배 많은 전류(최대 $108A/cm^2$)를 실리콘보다 100배 이상 빠르게 전달할 수 있다. 그뿐 아니라 그래핀은 열 전도성이 가장 좋은 물질로 평가받는 다이아몬드보다 열 전도성이 2배 이상 높다. 또한, 그래핀은 강철보다 약 200배 이상 기계적 강도가 강하며 신축성도 좋아 10% 이상 면적을 늘리거나 완전히 접어도 전기 전도성을 잃지 않는다. 반면 ITO는 약 2%만 변형해도 쉽게 깨지거나 전기 전도성을 잃는다.

그래핀은 탄소가 마치 그물처럼 연결돼 벌집 구조를 만드는데, 이때 생긴 공간적 여유로 신축

성이 생겨 구조가 변해도 비교적 잘 견딜 수 있다. 그래핀이 갖는 양자역학적 특성도 전도성을 잃지 않게 한다. 그래핀은 육각형의 탄소 구조가 가지는 전자 배치 특성 때문에 화학적으로도 안정하다. 이는 방향족 탄소 화합물에서 탄소 수가 $4n+2$개일 때 안정하다는 '휘켈의 규칙'으로 설명할 수 있다(n=정수).

 탄소 원자로만 이뤄진 그래핀은 동판화를 만들 때 많이 쓰이는 조각법인 '에칭' 같은 방법으로 나노미터 크기의 패턴(회로)을 쉽게 만들 수 있을 뿐 아니라 전기적 특성도 원하는 대로 바꿀 수 있다. 예를 들어 그래핀을 가늘고 긴 리본 형태로 만든 뒤 가장자리 부분을 지그재그 모양이 되도록(탄소 원자 6개가 모여 만든 정육각형의 꼭짓점 부분이 오도록) 자르면 금속성을 갖고 팔걸이의자 모양(정육각형의 꼭짓점 2개를 연결해 생긴 6개의 선 중 하나가 가장자리로 오도록)으로 자르면 반도체 성질을 가진다. 그래핀이 반도체 시장에 지각 변동을 일으킬 '꿈의 물질'로 평가받는 이유다.

노키아에서 내놓은 미래형 휴대전화 '모프'(Morph)의 콘셉트 사진. 모프는 그래핀처럼 투명하고 유연한 소재를 사용해 팔찌형태의 손목시계로 차고 다니다가 펼치면 휴대전화로 쓸 수 있다.

양자역학이 지배하는 탄소 나노 구조체

그래핀은 그 이름에서 알 수 있듯 이 연필에 쓰이는 흑연의 구성 물질이다. 그래핀이 겹겹이 쌓이면 흑연이 되고, 김밥처럼 말리면 탄소 나노 튜브가 된다. 탄소 원자 60개로 이뤄진 축구공 모양은 풀러렌으로 불린다. 그런데 이런 나노미터 크기의 탄소 나노 구조체들은 옴의 법칙이나 뉴턴의 법칙이 적용되지 않고 파동 방정식과 불확정성 원리 등으로 기술되는 양자역학의 지배를 받는다. 그래핀이 뛰어난 전기 전도성을 보이는 이유는 이런 양자역학적 특성이 있기 때문이다.

그래핀은 차세대 전자 소재로 평가받는 탄소 나노 튜브보다 더 우수한 물질이다. 그래핀을 말아서 원통형으로 만든 구조가 탄소 나노 튜브이기 때문에 두 물질의 화학적 성질은 매우 비슷하다. 하지만 그래핀을 감는 방향에 따라 반도체와 도체의 특성이 달라지는 탄소 나노 튜브와 달리 그래핀은 금속성을 균일하게 갖기 때문에 산업적으로 응용하기에 좋다.

그래핀을 수십 나노미터 이하 크기의 리본 형태로 가공하면 반도체 성질을 갖는데, 이 점을 활용하면 그래핀으로만 구성된 트랜지스터를 만들 수 있다. 아직 실리콘 기반 트

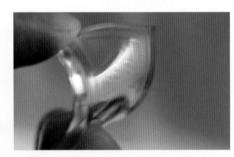

성균관대학교 홍병희 교수의 연구팀이 만든 가로, 세로 약 10cm의 그래핀. 이렇게 만든 투명필름은 전기전도성과 투명도가 좋고 약 12% 정도 면적을 늘리거나 구부려도 깨지지 않는다.

랜지스터 성능에는 미치지 못하지만, 그래핀 트랜지스터 개발의 가능성을 보였다는 측면에 의의를 둘 수 있다. 기술이 발달하는 추세를 볼 때 앞으로 10~20년 뒤에는 그래핀이 실리콘 반도체 기술을 대체해 초고속 반도체 메모리를 만드는 데 쓰일 것으로 예측된다.

그래핀이 흑연을 구성하는 원자층 한 층이라면 연필로 글씨를 쓰면 만들 수 있지 않을까. 2004년 미국 컬럼비아 대학교 물리학과에서 박사 후 연구원으로 있었던 김필립 교수의 연구팀은 원자 현미경을 이용해 나노미터 크기의 연필을 만든 뒤 마치 종이에 글씨를 쓰듯이 그래핀을 만드는

연구를 몇 년 동안 계속하고 있었다. 하지만 많은 과학자의 노력에도 이런 방식으로 그래핀을 분리해내진 못했다.

그러던 중 2004년 10월 영국 맨체스터 대학교 물리학부의 안드레 가임 교수의 연구팀은 흑연에서 그래핀 한 층을 분리하는 방법을 찾아내 과학저널 ≪사이언스≫에 게재했다. 그

영화 「마이너리티 리포트」에서 존 앤더튼(톰 크루즈 분)이 투명디스플레이를 이용한 최첨단 시스템인 '프리크라임'으로 미래에 일어날 범죄를 미리 보고 있다. 그래핀을 크게 합성하는 기술이 개발되면 영화와 같은 투명디스플레이가 상용화될 전망이다.

런데 그 방법이 매우 간단하고 기발해 전 세계 과학자들을 놀라게 했다. 흑연 결정을 스카치테이프에 붙이고 기판 표면에 오랫동안 문지르면 수율이 매우 낮기는 하지만 그래핀을 얻을 수 있다는 내용이었다. 그 뒤 김필립 교수는 가임 교수팀과 함께 같은 방법으로 그래핀을 분리한 뒤 물리학계에 오랜 숙제로 남아 있던 '반정수 양자 홀 효과'를 실험으로 증명해 2005년 과학저널 ≪네이처≫에 결과를 발표했다.

일반적으로 2차원 나노 구조에서 '양자 홀 효과'는 정수나 분수로 나타나지만, 그래핀에서는 전자의 스핀 효과 때문에 마치 전자가 분열한 것과 같은 반정수($n+1/2$)를 보일 것으로 예측됐는데 이를 실험으로 증명한 것이다. 또한, 이상적인 2차원 결정 구조를 갖는 그래핀은 전하를 운반하는 전자와 홀의 유효 질량(전자가 도체 안에서 움직일 때 느끼는 질량)이 0에 가깝게 돼 전하 운반자가 빛의 속도에 가깝게 움직일 수 있다는 이론적인 예측까지 실험으로 규명했다. 이 연구는 그래핀이 기존 반도체가 가진 한계를 극복한 신개념 소자로 쓰일 가능성을 제시한 연구로 평가받았고 김필립 교수가 한국인 과학자 중 노벨상 수상에 가장 근접한 과학자로 평가받는 계기가 됐다.

다양한 차원의 탄소 나노 구조체

0차원 구조(점)인 풀러렌(❶)은 좁은 공간에 갇힌 전자가 불연속적인 에너지 준위를 갖는 양자역학적 성질을 보인다. 1차원 구조(선)인 탄소 나노 튜브(❷)는 일정 길이 이하에서 전자가 저항을 느끼지 않는 '탄도이동' 현상을 보여 전기 전도성이 좋다. 2차원 구조(면)인 그래핀(❸)은 외부 자기장에 의해 전류가 유도될 때 불연속적인 에너지 준위를 보이는 양자 홀 현상을 나타낸다. 또한 그래핀은 가장자리 부분을 지그재그 모양이 되도록 자르면 금속성을 갖고 팔걸이의자 모양으로 자르면 반도체 성질을 갖는다.

❶ 풀러렌

❸ 그래핀

금속성을 띤다

지그재그 모양
팔걸이의자 모양

반도체 성질을 갖는다

❷ 탄소 나노 튜브

● 3. 연필심에서 발견한 꿈의 나노 소재 그래핀

화학 증기 증착법으로 크기 키운다

그래핀을 산업에 활용하려면 면적을 크게 만들어야 한다. 예를 들어 12인치 크기의 접는 모니터를 만든다면 그래핀을 12인치 크기로 합성해야 한다. 하지만 스카치테이프로 떼어내는 방식으로는 그래핀을 원하는 형태나 넓은 면적으로 합성하기 어렵다. 화학적으로 분리한 작은 그래핀 조각들을 모자이크처럼 이어붙이는 방법도 전기 전도성이 떨어져 투명 전극으로 사용하기 어렵다. 반면 화학 증기 증착법(CVD)을 이용하면 전기 전도성이 우수하고 투명하며 유연성을 갖는 그래핀을 얻을 수 있다.

성균관대학교 화학과 홍병희 교수의 연구팀은 화학 증기 증착법으로 가로 세로 약 10cm 크기의 그래핀을 합성하는 기술과 회로를 만드는 패터닝 기술을 세계 최초로 개발해 2009년 2월 과학저널 ≪네이처≫에 논문을 게재했다. 이렇게 만든 투명 필름은 ITO 못지않은 전기 전도성과 투명도를 가질 뿐 아니라 약 12% 정도 면적을 늘리거나 구부려도 전기적 특성이 거의 변하지 않아 투명 전극으로 응용할 가능성을 보였다. 그래핀으로 투명 전극을 만드는 데 성공하면 대량 생산기술을 확립해 ITO 수입을 대체할 수 있을 뿐 아니

라 차세대 플렉시블 전자산업 기술 전반에 큰 영향을 미칠 것으로 예상한다.

화학 증기 증착법을 이용한 그래핀 합성 과정은 비교적 간단하다. 먼저 촉매층으로 활용할 니켈(Ni)을 기판 위에 증착(금속이나 비금속의 작은 조각을 진공 속에서 가열해 증기로 만들어 물체에 부착시키는 방법)하고 약 1000℃의 고온에서 메테인(CH₄)과 수소를 혼합한 가스와 반응시켜 두께 약 300nm의 니켈 촉매 층에 탄소를 녹인다.

니켈을 촉매로 쓰는 이유는 뭘까? 탄소를 녹여 그래핀 성장 촉매로 쓸 수 있는 물질에는 니켈, 구리, 실리콘 등이 있는데 그중 니켈에 탄소가 가장 잘 녹기 때문이다. 고온에서 쉽게 열분해 되어 탄소 원자를 내놓는 메테인은 탄소의 공급원으로

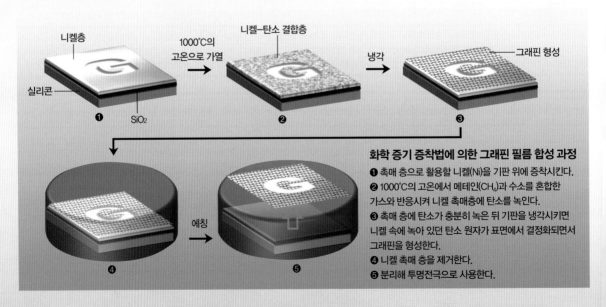

화학 증기 증착법에 의한 그래핀 필름 합성 과정
❶ 촉매 층으로 활용할 니켈(Ni)을 기판 위에 증착시킨다.
❷ 1000℃의 고온에서 메테인(CH₄)과 수소를 혼합한 가스와 반응시켜 니켈 촉매층에 탄소를 녹인다.
❸ 촉매 층에 탄소가 충분히 녹은 뒤 기판을 냉각시키면 니켈 속에 녹아 있던 탄소 원자가 표면에서 결정화되면서 그래핀을 형성한다.
❹ 니켈 촉매 층을 제거한다.
❺ 분리해 투명전극으로 사용한다.

쓰인다. 수소는 니켈 촉매 표면을 환원시켜 탄소 원자가 쉽게 녹을 수 있도록 돕는 역할을 한다.

촉매 층에 탄소가 충분히 녹은 뒤 기판을 냉각시키면 니켈 속에 녹아있던 탄소 원자가 다시 니켈 표면에서 결정화되면서 그래핀 구조를 형성한다. 이렇게 합성한 그래핀은 촉매 층을 제거해 분리하면 투명 전극으로 쓸 수 있다.

그래핀을 상업적 용도로 응용하기 위해서 앞으로 해결해야 할 점이 있다. 그래핀이 실리콘 반도체 기술을 대체하려면 그래핀 필름을 더 크게 키우는 대면적 성장법과 함께 그래핀 층수를 조절하는 기술이 개발돼야 한다. 이는 촉매의 두께와 반응시간, 냉각속도 등을 조절하는 방식으로 해결할 수 있다. 또한, 반도체 특성을 개선하기 위해 그래핀 표면과 가장자리의 화학적 특성을 분석하고 기능화하는 일도 중요하다. 예를 들어 그래핀으로 만든 나노 리본의 가장자리에 질병을 일으키는 특정 생체분자가 결합할 때 미세하게 전자의 분포가 변한다. 이때 그래핀에서 전류를 측정하면 변화 값이 매우 크게 나타나기 때문에 특정 분자를 인식하는 바이오센서로 활용할 수 있다. 이외에도 그래핀의 연구 범위와 잠재력은 무궁무진하다. 그래핀 연구 분야는 한국인 최초의 노벨 과학상 수상자가 탄생할 가능성이 가장 높은 분야일 뿐 아니라 우리나라 반도체와 디스플레이 분야의 지속적인 발전을 위해 미래의 과학도들이 도전해야 할 블루오션이다. 🅳🅢

뛰어난 전기 전도성 만든 양자 홀 효과

독일 막스플랑크연구소 폰 클리칭 박사는 양자 홀 효과를 발견한 공로를 인정받아 1985년 노벨물리학상을 받았다.

일반적으로 반도체 소자에 전류를 흘려보내면 로렌츠 힘 때문에 전자들은 반도체 소자의 한쪽 가장자리로 이동한다. 이때 전류의 수직 방향으로 전압차가 유도되며(홀 효과) 홀 저항은 옴의 법칙(R=V/I)에 따라 유도된 전압차를 전류로 나눈 값을 갖는다. 그런데 모든 반도체 소자는 필연적으로 불순물을 함유하고 있어 과학자 대부분은 반도체 소자의 저항값이 소자가 함유한 불순물 양에 따라 변할 것으로 예측했다.

그러나 놀랍게도 1980년 폰 클리칭 박사는 절대온도 0K(–273℃) 근처의 극저온 상태에서 평면에 수직인 방향으로 자기장을 걸어주면 가로 방향의 전도도가 e^2/h의 정수배 값을 갖는다는 양자 홀 효과를 발견했다(e는 전자 전하량, h는 플랑크 상수). 반도체 시료가 가진 불순물의 양과는 관계없이 일정한 저항값을 갖는 것이다.

또한 1982년 스탠퍼드 대학교 로버트 러프린 교수와 미국 컬럼비아 대학교 호르스트 슈퇴르머 교수, 프린스턴 대학교 대니얼 추이 교수는 불순물이 더 적은 반도체 소자에서는 마치 전자가 쪼개진 것처럼 가로 전도도가 불순물의 양과 관계없이 e^2/h에 3분의 1을 곱한 분수 값을 갖는다는 사실을 알아냈다(반정수 양자 홀 효과). 이들은 1998

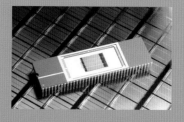

년 노벨물리학상을 받았다. 이처럼 양자 홀 효과는 좀 더 빠른 반도체를 개발하기 위한 과학자들의 도전 의식을 자극하고 있는 셈이다.

[V] 광물 자원과 현대 경제

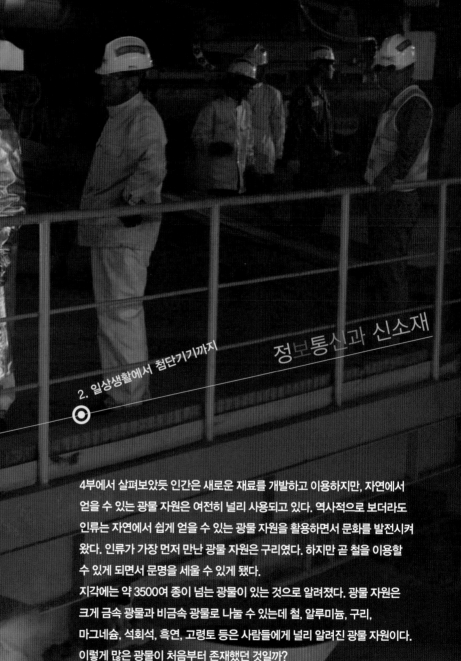

4부에서 살펴보았듯 인간은 새로운 재료를 개발하고 이용하지만, 자연에서 얻을 수 있는 광물 자원은 여전히 널리 사용되고 있다. 역사적으로 보더라도 인류는 자연에서 쉽게 얻을 수 있는 광물 자원을 활용하면서 문화를 발전시켜 왔다. 인류가 가장 먼저 만난 광물 자원은 구리였다. 하지만 곧 철을 이용할 수 있게 되면서 문명을 세울 수 있게 됐다.

지각에는 약 3500여 종이 넘는 광물이 있는 것으로 알려졌다. 광물 자원은 크게 금속 광물과 비금속 광물로 나눌 수 있는데 철, 알루미늄, 구리, 마그네슘, 석회석, 흑연, 고령토 등은 사람들에게 널리 알려진 광물 자원이다. 이렇게 많은 광물이 처음부터 존재했던 것일까?

본 장에서는 광물 자원의 진화 과정을 살펴보고, 전 세계의 산업을 움직이는 대표 금속 광물인 철과 주목받고 있는 희소금속을 소개한다.

1. 지구 광물도 진화한다

시생대 때도 점토 광물이 있었을까?

과학의 진보는 보통 오래된 질문에 대한 답을 알게 되면서 이뤄지지만 때로는 새로운 질문에 대한 답을 찾으면서 큰 걸음을 내딛기도 한다. 2006년 12월 생명의 기원을 연구하는 팀을 이끌고 있는 이론 생물학자 헤럴드 모로비츠가 단순한 것 같으면서도 놀라운 질문을 던졌다.

"음, 시생대 때도 점토 광물이 있었을까?"

이 단순한 질문이 놀라운 이유는 과거 지구 표면의 광물 종류가 오늘날 우리가 보는 모습과는 달랐을 것이라는 암시 때문이다. 1735년 칼 린네가 그의 분류 체계를 다룬 저서『자연의 체계』에 광물계를 설정한 뒤 지구의 광물학은 자연의 고정된, 정적인 측면을 다뤄왔다. 수 세기 동안 광물학을 전공하는 학생들은 광물 본보기의 이름과 화학 조성, 결정 형태를 외우고 색상과 경도, 투명도, 자성 같은 변치 않는 물리적 특성을 익혔다. 하지만 시간이란 측면은 고려하지 않았다. 어느 자연사박물관을 가도 멋진 광물 본보기의 라벨에는 광물의 이름과 화학식, 결정 시스템과 수집 장소가 적혀 있을 뿐 그 광물이 얼마나 오래됐고 어느 지질시대에 생겨났는지 알려주는 곳은 없다. 더군다나 지구의 과거 광물 종류가 현재와 달랐는지에 대해 궁금해하는 사람도 없다.

헤럴드 모로비츠의 질문은 엉뚱해 보이지만 실은 통찰력이 있었다. 많은 전문가가 지구의 광물들이 오랜 지질학적 시간에 걸쳐 놀라운 방식으로 진화해왔다는 그 명백한 사실을 잊고 있었다는 게 놀랍다. 하지만 지구의 역사를 흘끗 보더라도 진화는 명백히 일어났다.

납석 Pyrophyllite 필로규산염광물, $Al_2Si_4O_{10}(OH)_2$	어안석 Apophyllite 텍토규산염광물, $KCa_4(Si_4O_{10})_2F \cdot 8H_2O$	테트라헤드라이트 Tetrahedrite 황화광물, $Cu_{12}Sb_4S_{13}$
방해석 Calcite 탄산염광물, $CaCO_3$	능망간석 Rhodochrosite 탄산염광물, $MnCO_3$	에메랄드 Emerald 사이클로규산염광물, $Be_3Al_2(Si_6O_{18})+Cr$(불순물)
아라고나이트 Aragonite 탄산염광물, $CaCO_3$	형석 Fluorite 할로겐광물, CaF_2	석고 Gypsum 황산염광물, $CaSO_4 \cdot 2H_2O$

지구의 다양한 광물은 생물의 진화만큼이나 역동적인 광물 진화의 결과다.

● 1. 지구 광물도 진화한다

광물 10여 가지에서 시작

지구 광물의 풍부함은 우리 태양계가 생기지도 않은 수십억 년 전 컴컴한 우주 공간에서 시작했다. 정의에 따르면 광물은 고체이므로 빛을 내는 기체 덩어리인 별에는 광물이 있을 수 없다. 별이 죽으면서 초신성으로 폭발할 때, 별의 기체 성분이 팽창하다 식으며 응축돼 처음으로 '원(原)광물(ur-minerals)' 십여 가지가 생겨났다. 가장 흔한 원소가 서로 결합해 우주먼지라는 작은 결정을 이뤘는데 순수한 탄소인 다이아몬드, 알루미늄산화물과 티타늄산화물, 보석같이 반짝이는 규산마그네슘 등이 만들어졌다. 이 먼지가 행성과 위성을 이루는 기본 재료이다.

광물 진화에서 핵심 질문은 이 초기 광물 10여 가지가 어떤 과정을 거쳐 오늘날 지구에서 볼 수 있는 4300가지가 넘는 광물을 만들었느냐 하는 점이다. 지구의 화학적 풍요로움은 이 원시 먼지로 거슬러 올라가지만, 이때의 원소 대부분은 극단적으로 희박해 수ppb(10억분의 1) 수준이었다. 아주 효율적인 몇몇 농축 메커니즘을 빼면, 여러 화학 원소가 모여 어떤 광물을 형성할 가능성은 무시할 정도로 작다. 광물 진화 스토리는 다양한 물리, 화학, 생물학 과정을 거쳐 원소가 선택되고 농축된 45억 년 동안의 과정을 이야기한다. 이를 10단계로 나눠 설명한다.

1단계 (~45억 6000만 년 전)

태양계는 45억 년 이전에 엄청난 양의 성간 먼지와 기체가 중력 때문에 평편한 원반 같은 성운으로 모이면서 태어났다. 물질 대부분이 중심 질량으로 빨려 들어가면서 태양이 됐을 것이다. 내부의 엄청난 열과 압력은 태양의 핵융합 반응을 일으켰고 원반 모양의 짙은 먼지층을 뚫고 열기가 퍼져 나갔다. 그 결과 먼지가 녹아 수많은 미세한 액

콘드라이트 운석은 작은 구형 광물인 콘드룰과 금속파편으로 이뤄져 있다.

체방울이 됐고 다시 고체화되면서 작은 구형의 '콘드룰(chondrules)'이 되거나 뭉쳐져 가장 초기의 운석인 '콘드라이트(chondrites)'가 만들어졌다. 대략 60가지 내화성(불에 타지 않고 견디는 성질) 광물로 이뤄진 운석 물질이 광물 진화의 출발점인 셈이다.

2단계 (45억 6000만~45억 5000만 년 전)

이 작은 물체들(운석)이 중력으로 뭉쳐 미(微)행성체가 생겨났는데 큰 것들은 지름이 수백km에 이르렀다. 운석을 이루는 광물은 내부의 열 때문에 녹아 섞이거나 다른 천체와 충돌하면서 250여 가지로 다양해졌다. 이러한 증거는 오지의 사막이나 남극의 얼음벌판에 떨어진 수많은 운석에 고스란히 남아 있다.

행성 형성의 초기 단계에서도 화학 원소의 분리와 농축은 중요한 과정이었다. 지구 내부는 밀도가 다른 여러 층으로 급속히 분화됐다. 철과 니켈이 풍부한 금속은 가라앉아 핵을 형성했고 그 위를 규산마그네슘으로 이뤄진 두꺼운 맨틀이 차지했다. 가장 바깥의 얇은 껍질(지각)은 고밀도 광물로 이뤄진 맨틀과 핵으로 쉽게 들어갈 수 없는 여러 원소로 이뤄졌다.

그 결과 지구의 표면 근처 환경은 희귀원소가 상대적으로 농축될 수 있었다. 가벼운 원소로는 리튬과 베릴륨, 붕소가 있고 귀금속으로는 구리,

소행성에서 떨어져 나와 지구에 떨어진 철질운석(iron meteorite)은 지구 내부의 화학 조성을 이해하는 데 필요한 실마리를 준다.

은, 금이 있다. 방사능원소인 우라늄과 토륨도 있고 그 밖에 수십 가지가 있다.

3단계 (45억 5000만~40억 년 전)

행성 분화라는 중요한 단계를 지난 지구와 다른 지구형 행성(수성, 금성, 화성)의 광물 진화는 바위가 녹고 굳는 순환과 관련된 화학적 과정을 겪었다. 40억 년보다 더 오래된 시기에 상대적으로 고농도인 방사능원소가 내는 내부 열로 바위가 부분적으로 녹고 현무암 마그마가 형성됐는데, 이는 모든 지구형 행성에서 발견된다. 그 뒤 현무암이 부분적으로 다시 녹으면서 원소가 추가로 분리돼 새로운 광물이 생겨났다.

수성과 달에는 모두 350가지의 광물이 있을 것이다. 여기까지가 건조한 세계, 즉 원소를 농축하고 좀 더 풍부한 미네랄을 만드는 데 필요한 물과

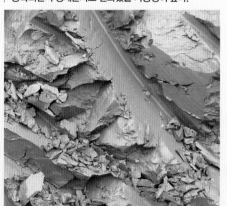

물이 있는 행성에서는 바위가 뜨거운 물과 만나 수성 광물인 점토가 생겨났다. 점토광물 표면에 유기분자가 농축되면서 생체분자로 진화했을 가능성이 높다.

다른 휘발성 물질이 없는 곳에서 일어나는 현상이다. 물이 있는 행성은 새로운 광물을 만드는 또 다른 과정을 겪었다. 바위가 뜨거운 물과 만나면 새로운 수성 광물이 형성된다. 판상인 운모, 침상인 각섬석, 아주 미세한 입자인 다양한 점토가 이렇게 생겼다. 광물이 풍부한 물이 증발하면 그 자리에 소금과 황산염, 질산염, 붕산염 등이 남았다. 또 물이 있는 행성 표면이 0℃ 밑으로 내려가면 물(H_2O)의 거칠고 투명한 광물 형태, 즉 얼음이 나타난다. 화성처럼 물이 있는 작은 행성의 표면 주위에는 약 500가지의 광물이 있다.

4단계 (40억~35억 년 전)

물이 있는 행성이나 위성에서 관찰할 수 있는 광물 500여 가지는 지각에 상대적으로 풍부한 원소 20여 가지로부터 만들어진다. 그러나 그다음의 광물 진화는 지각에 1ppm(100만분의 1)보다도 옅은 농도로 있는 원소들이 상당히 농축돼야 일어날 수 있다. 이런 극단적인 농축 과정은 바위와 유체 사이의 상호작용이 수차례 반복돼야만 일어날 수 있다. 희귀원소들이 종종 액체상으로 분리돼 모이기 때문이다. 지구(그리고 아마 금성도)에서 현무암과 퇴적층이 다시 녹는 과정이 반복되면서 화강암이 만들어졌고 새로운 광물 500여 가지가 추가됐다. 여기에는 리튬과 베릴륨, 붕소, 세슘, 나이오븀 등 희귀원소가 들어 있는 광물도 있다.

화산폭발로 화강암이 만들어지는 과정이 반복되면서 많은 광물이 생겨났다. 오랜 시간 화산활동이 활발했던 금성에는 약 1000여 가지 광물이 있다고 추정된다.

5단계 (~30억 년 전)

지구의 경우 판구조의 움직임에 따른 대규모 지각변동의 결과로 새로운 광물 500여 가지가 추가됐을 것이다. 지각판이 지구의 뜨거운 내부로 들어가 일부가 녹고 금과 은, 구리 등 금속이 풍부한 엄청난 규모의 광석을 만들어냈다. 그 결과 지구의 표면 근처의 광물 다양성은 약 30억 년 전 1500가지에 이르렀을 것이다. 그러나 일부 새로운 광물 형성 과정을 제외하면, 1500종의 광물은 행성이 보유할 수 있는 최대치다. 지구에서 다음 단계는 생명체가 넘겨받았다.

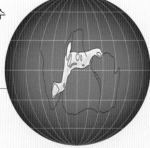

판구조의 움직임에 따른 지각변동으로 광물 500여 가지가 새로 생겨났을 것이다. 30억 년 전 지구 대륙 상상도.

● 1. 지구 광물도 진화한다

생물과 영향을 주고받아

6단계 (39억~25억 년 전)

지구 표면 광물상에 영향을 준 생물학적 과정은 약 38억 년 전 생명이 처음 나타난 뒤 곧 시작됐다. 이 당시 대기와 해양 화학이 변하면서 철을 함유한 광물이 지구 표면의 넓은 영역을 덮고 있었다. 호상철광층은 가장 오래된 퇴적암 유형으로 오늘날 경제성이 있는 주요 철광석이다. 호상철광층의 기원은 아직 잘 모르지만, 철을 산화하는 미생물이 형성에 관여한 걸로 보인다. 세포 생물체가 탄산염과 황산염, 심지어 화강암의 성질과 분포에 영향을 줬을지라도, 산소가 없던 이 시기 지구 표면의 광물 조성이 바뀌는 데 미생물의 역할은 상대적으로 미미했을 것이다.

약 27억 6000만 년 전에 형성된 호상철광층으로 자철석(Fe_3O_4), 처트(비결정질 규산무수물), 벽옥(산화철을 함유한 석영의 일종)이 주성분이다.

7단계 (25억~19억 년 전)

지구의 광물 진화의 역사에서 가장 큰 사건은 '거대 산성화 사건'(Great Oxidation Event, 22~20억 년 전)이다. 이때 광합성을 하는 미생물들이 번성하기 시작하면서 산소를 대기로 뿜어댔다. 지구 표면 주위 환경이 이렇게 급격히 바뀌기 이전에는 대기에 노출된 바위가 서서히 풍화됐다. 그러나 부식성이 강한 기체인 산소는 광물 대부분을 공격했고 변화시켜 종종 새로운 '산화된' 형태를 만들었다. 광물 진화 스토리의 가장 놀라운 결과는 알려진 광물의 3분의 2가 산소와 물이 기존의 광물을 변화시켜 생겨난 종류들이라는 점이다.

'거대 산성화 사건'을 증거하는 약 20억 년 전 형성된 인회석으로 미생물(남조류)이 매개돼 탄산염이 광물화된 스트로마톨라이트가 함유돼 있다.

8단계 (19억~10억 년 전)

약 19억 년 전부터 10억 년 동안은 지구의 광물 진화에서 상대적으로 정체기였다. 약 18억 5000만 년 전 호상철광층 생성이 갑자기 멈췄는데 이는 아마도 미생물의 활동으로 해양의 화학이 크게 바뀌었기 때문일 것이다. 많은 광물 형성 과정은 이미 진화가 끝났고, 대기와 해양의 화학은 새로운 양식의 광물화를 유발하기에는 변화가 크지 않았던 것 같다.

9단계 (10억~5억 4200만 년 전)

이 시기에 지구의 기후와 대기 조성이 큰 변화를 겪었음을 가리키는 증거들이 많다. 대략 7억 5000만 년 전에서 5억 4000만 년 전 사이에 2~4번 '눈덩이 지구'(snowball Earth)가 존재했다. 눈덩이 지구 시나리오에 따르면 대륙들이 적도 근처에 모일 때 빙하 주기에 들어간다. 극지에 눈이 덮이면 햇빛을 반사해 결국 지구 전체가 얼음으로 덮인다. 그러나 화산 활동으로 이산화탄소가 분출해 대기 중 농도가 올라가면 온실효과로 다시 따뜻해져 얼음을 녹인다. 이런 주기가 반복되는 동안 광합성 미생물의 활동으로 대기 중 산소의 함량이 2%에서 15%로 증가했다.

▲'눈덩이지구'시대 빙하퇴적물(점선 아래쪽 비탈)을 보여주는 아프리카 나미비아 해골 해안(Skeleton Coast)의 지형.
◀미국 오하이오 주 실리카 셰일에서 발견된 파코피드(phacopid) 삼엽충의 겹눈은 방해석 단일 결정이다. 렌즈마다 마그네슘 함량이 달라 상이 선명하게 맺힌다.

10단계 (5억 5000만 년 전~현재)

생명체는 또 다른 방식으로 광물을 만들었다. 약 5억 5000만 년 전 무척추동물은 자신의 몸을 보호하는 탄산염이나 규산염, 인산염으로 된 골격을 만드는 법을 터득했다. 그 결과 지구 표면은 독특한 바이오 광물로 이뤄진 두터운 퇴적층이 쌓이며 변모했다. 그리고 4억 년 전 식물이 처음 육지를 점령하기 시작하면서 표면의 바위가 깨져 점토 광물과 흙이 생겨나는 과정이 급속히 진행됐다. 40억 년 전 바위투성이 황무지였던 대륙은 우리가 안식처라고 부르는 초록의 풍요로운 모습으로 변모했다.

우리는 광물의 종류와 상대적인 양 모두 45억 년이 넘는 지구 역사 속에서 극적으로 변해왔음을 발견했다. 오늘날 우리가 보는 지구 광물의 풍부함은 명백한 생명의 징표다. 지구의 지질권은 생물권과 함께 진화해왔다. 생명의 기원과 관련한 점토 광물의 역할에 대한 헤럴드 모로비츠의 도발적인 질문 덕분에 우리는 지금 광물이 생명체를 생기게 했을 뿐 아니라 생명체도 광물을 생기게 했음을 깨달을 수 있다. 따라서 다른 행성이나 위성에서 관찰된 광물 종류는 생명체의 존재 여부를 알 수 있는 결정적인 증거가 될 것이다. 🔤

1. 인류 문명을 지탱하는 팔방미인

무한한 최적의 자원, 철

길고 긴 기간 동안 꾸준히 문명을 발달시켜 오던 인류가 급격하게 발전을 이루기 시작한 것은 철을 만들고 사용하기 시작하면서부터다. 고도의 문명을 자랑하던 이집트가 변방의 소아시아 군대에 패배한 것은 바로 무기 때문이었다. 연약한 청동기 무기나 깨지기 쉬운 석제 무기는 소아시아 인들이 사용했던 강인한 철제 무기의 상대가 될 수 없었다.

물론 청동기 시대에서 철기 시대로의 이행이 단순하게 무기의 좋고 나쁨에 의해서 결정된 것은 아니다. 무기에서 철의 우수한 성질이 빛을 발하지만, 철의 진정한 장점은 도구로 사용될 때 나타난다. 예를 들어 초기 농경 사회에서 철제 농기구의 등장은 농업 생산성의 획기적인 증대로 이어졌다.

이런 농기구나 칼(무기가 아닌 생활용품으로서의 칼)은 간단한 모양을 갖고 있어서 어떠한 재료를 사용해서도 상대적으로 쉽게 만들 수 있는 도구다. 그러나 그동안 인류는 100개 이상의 원소를 발견해 주기율표를 채워왔지만, 그 수많은 재료 중에서 철 이외에 농기구나 칼로 사용될 수 있는 재료를 찾는 것은 거의 불가능하다. 그만큼 철이 도구로 사용되기에 우수한 성질을 갖고 있다는 의미다.

무기나 간단한 모양의 도구에 사용되기 시작한 철은 그 자체로 철을 다루는 기술을 가진 집단에 강력한 경제력과 힘을 가져다주었다. 그리고 철 가공 기술의 발달에 따라서 점차로 철이 사용되는 분야가 늘어나기 시작했다. 이후 인류의 문명 발달은 철이 사용되는 분야가 넓어지는 과정이라고 보아도 크게 무리가 없다.

현대에 우리가 사용하거나 이용하는 물건을 들여다보면 대부분 철로 만들어져 있거나 철이 들어있다. 그리고 모양도 단순한 농기구와는 달리 매우 복잡해졌다. 이렇게 철이 광범위하게 사용되는 이유는 철이 우수한 성질을 가졌을 뿐 아니라 가공도 쉽기 때문이다.

철이 도구에 사용되기에 적당하다는 것은 지구에 살고 있는 인류에게는 큰 행운이다. 그 이유는 철이 지구상에서 충분하게 얻을 수 있는 자원이기 때문이다. 인구의 급격한 팽창과 개인 소비의 증가에 따라 인류는 모든 종류의 자원 고갈에 대해 걱정하고 있다.

그러나 인류가 가장 많이 사용하는 재료인 철의 자원(철광석)은 현재까지 파악돼 있는 매장량만으로도 앞으로 수백 년 동안 자원 고갈에 대해 걱정을 하지 않아도 된다. 예를 들어 브라질에서 현재 알려진 매장량만으로도 인류가 100년은 사용할 수 있다. 또한, 지금까지 사용됐던 철이 회수돼서 다시 자원이 되기 때문에 철은 거의 무한한 자원이라고 볼 수 있다.

사실 지구는 훨씬 더 많은 철을 갖고 있다. 아니 지구 자체가 철로 이뤄져 있다고 할 수 있다. 내핵이나 외핵의 구성 성분은 대부분 철이다. 물론 인류는 아직 지구의 핵을 구성하는 재료를 이용하는 기술이 없어서 이것은 실제 자원은 아니다. 인류가 철의 자원으로 사용하는 것은 지구가 생성되던 시기에 지구의 주요한 구성 성분인 철이 산소와 화학 반응해 만들어진 산화철이다. 지구의 주성분이 철이기 때문에 산화철이 많은 것은 당연한 이치다.

인류가 살고 있는 지각은 대부분 금속의 산화물로 구성돼 있다. 따라서 지표면 근처의 지각 성분을 분석해 보면 산소가 46.6%로 가장 많다. 산소 이외의 원소를 보면 실리콘(27.7%)이 가장 많고 다음으로는 알루미늄(8.1%), 철(5.0%) 순서다. 이 외에도 칼슘이나 칼륨, 나트륨, 마그네슘 등이 2~3% 존재한다.

1. 인류 문명을 지탱하는 팔방미인

전지 사용 시간 늘인 숨은 공신

지표의 양이 막대하여 1%라 해도 대단히 많은 양이다. 따라서 이 재료들은 매장량으로 보면 모두 산업의 기본 재료로 사용될 가능성이 있다. 여기서 하나 더 고려해야 할 변수는 광석이 대부분 산화금속 형태로 되어 있기 때문에 실제 인류가 사용하기 위해서는 산화금속에서 산소를 떼어 내야 한다는 사실이다. 그런데 철 이외에 지각에 많은 다른 원소들의 산화물은 산소와의 결합력이 너무 세기 때문에 산소를 제거하기 위해서 철보다 매우 큰 에너지를 투입해야 한다.

물론 철을 얻기 위해서도 적지 않은 에너지가 필요하다. 철이 성질이 우수함에도 청동기 문화가 먼저 나올 수 있었던 이유가 철을 얻기 위한 온도(최소한 1300℃)가 청동기를 구성하는 재료들을 얻을 수 있는 온도(600~900℃)보다 높기 때문이다. 따라서 고온을 다루는 기술이 미약하던 시기에는 인공적으로 철을 얻을 수 없었다. 청동기를 구성하는 재료들같이 철보다 낮은 온도에서 얻을 수 있는 재료들도 많이 있다. 그런데 자연계에서 철보다 적은 에너지로 얻을 수 있는 금속들은 대부분 매장량도 적고, 강도 등이 약하기 때문에 산업의 기본 재료로 사용될 수 없다.

소규모 대장간에서 생산된 철을 기반으로 발전해오던 인류는 18세기 후반부에 철의 대량 생산에 성공하면서 산업 혁명을 맞이한다. 대량 생산된 철은 각종 기계, 운송 수단, 그리고 건축물 등에 사용되기 시작했다. 각 분야에서 철의 우수한 특성을 활용하는 기술이 발달하면서 급속하게 산업의 발전이 이뤄지게 된다.

예를 들어 돌이나 나무가 주재료였던 건축물은 철을 사용함으로써 높이나 크기의 한계를 극복할 수 있었다. 교량을 예로 들어보자. 1779년 철을 사용한

최초의 다리인 아이언 브리지가 세워지기 전까지는 개수도 제한적이었고, 다리가 세워질 수 있는 폭도 한계가 많았다. 그러나 철이 사용되기 시작하면서 교량의 건설이 급속하게 늘어났다. 1920년대에 세워진 샌프란시스코의 골든게이트 브리지(금문교)는 주 기둥 사이의 간격이 1300m에 달하는 현수교로 강철 기술 발전의 상징이었다. 철의 강도가 향상됨에 따라서 다리의 간격이 계속 긴 다리들이 건설되고 있다.

철로 된 기념비적인 건축물로 1889년에 세워진 유명한 파리의 에펠탑이 있다. 이 탑은 강철 이전의 재료인 연철로 만들어진 것으로 건축물의 주재료가 철로 변화했음을 보여주는 상징적인 건축물이다. 20세기에 들어와서는 고강도의 강철을 사용한 초고층 건축물들이 계속 세워지고 있다. 이렇게 다리의 장대화나 건축물의 고층화 등은 건축 기술의 발달보다도 건축 재료인 철강의 성질 향상에 더 크게 의존한다.

수송 수단인 자동차나 선박도 모두 철 재료의 적용과 성질 개선에 힘입어서 발전하고 있다. 대량 생산이 가능한 철 재료를 사용하지 않았다면 현재와 같은 자동차의 대량 생산은 꿈도 꾸지 못

할 일이다. 자동차의 안전성 향상, 성능 향상 등 상당 부분도 철 재료의 성능 개선에 의존하고 있다. 또한, 범선에서 시작해서 현재와 같은 대규모 운송선, 유조선, 대형 관광선이나 항공모함 그리고 잠수함 등은 모두 철의 성능 향상에 따라 발전하고 있다.

이 외에도 각종 기계나 전기 제품 등의 눈에 잘 보이지 않는 내부의 주요 부분은 대부분 철로 구성돼 있으며, 다른 재료가 사용됐던 부분들도 점차로 철로 대치되고 있다. 예를 들어서 플라스틱이나 알루미늄이 대부분이었던 음료수 등의 용기가 최근에는 철제(스틸캔)로 대체되고 있으며, 대부분의 주방용품의 주재료가 녹슬지 않는 스테인리스강인 것은 이미 오래전 이야기다.

이런 철의 역할은 기계공업뿐만 아니라 전자공업의 발전에도 이바지하고 있다.

텔레비전 브라운관 크기가 계속 커지면서도 선명한 화면을 보여주는 까닭은 인바(invar)라고 하는 열에 의한 변형이 거의 없는 고성능 합금 덕분이다. 브라운관에는 전자총에서 나온 빛을 서로 간섭 없이 형광판에 도달할 수 있도록 도와주는 섀도 마스크(shadow mask)가 있다. 이 섀도 마스크는 열을 많이 받아 변형돼 색상이나 선명도를 유지하기 어려웠다. 그런데 인바 합금을 사용한 마스크는 온도가 올라가도 원래 모양을 유지하기 때문에 선명도를 유지한다. 이 외에도 각 산업 분야에서 활약하는 철을 찾는 것은 아주 쉬운 일이다.

우리 생활에 밀접하게 연관돼 있고 산업 발달의 기초가 되는 철강 산업은 크게 철 제조 산업, 철 가공 산업 그리고 철 제품 산업으로 나눌 수 있다.

철 제조 방법은 크게 두 가지로 나뉜다. 하나는 철광석에서 산소를 제거해 철을 만드는 방법이다. 이 방법은 철과 석탄을 같이 가열함으로써 탄소를 사용해서 산화철을 철로 환원시킨다. 초기에는 이런 철이 바로 사용됐지만, 최근에는 환원된 철의 불순물을 제거하는 정련 공정을 거침으로써 더 우수한 성질의 철강을 생산하고 있다.

다른 방법은 고철을 용해해서 재사용하는 방법이다. 즉 고철을 전기로에서 전기 에너지를 사용해서 용해하고, 용해된 철에서 불순물을 제거하거나 성분 조절을 해 다시 사용할 수 있는 철강을 생산한다. 현재 우리나라에서는 철광석을 사용해서 제조하는 철이 전체 철 생산량의 반이 넘는 수준이지만, 점차 고철을 용해해서 제조하는 철의 양이 늘어나고 있다.

이렇게 제조된 철은 철 가공 산업에서 압연 공정을 거쳐서 판재나 선재와 같은 다양한 형태의 중간재로 만들어진다. 또한, 가공 산업에서는 각종 표면 처리를 통해서 철의 내식성을 향상해 극한 조건에서 철이 견딜 수 있게 하기도 한다. 표면에 각종 무늬를 만들어서 건축의 내장재로 사용할 수 있도록 가공하기도 한다. 🅼

2. 세계가 들썩이는 산업비타민 전쟁

희소금속 없으면 현대 산업 무너져

1817년, 스웨덴의 화학자 아르프베드손은 새로운 원소를 발견했다. 이 원소는 물속에 집어넣으면 부글부글 끓어오르다가 폭발하는 독특한 성질을 갖고 있었다. 17세기 과학자들은 이 원소에 돌을 뜻하는 그리스 어 리토스(lithos)를 따와 리튬(Li · Lithium)이라고 이름 지었다. 이런 이름이 붙은 이유는 나름 타당했다. 유리 광물의 일종인 페탈라이트(엽장석)에서 발견됐기 때문이다. 같은 알칼리원소인 나트륨이나 칼륨이 동식물에 널리 존재했던 데 비해 리튬은 돌 속에 숨어 있었기 때문에 그 발견도 더뎠다.

다른 원소에 비해 뒤늦게 발견된 이 원소 덕분에 현대 사회는 더 없이 편리한 생활을 하고 있다. 휴대전화, 노트북 컴퓨터 등 고효율 배터리가 필요한 곳에는 어김없이 리튬이 쓰인다. 휴대전화 배터리의 25%는 리튬으로 채워져 있다.

지금은 전 세계가 '리튬 확보 전쟁'이라고 불러도 좋을 만큼 수요가 많다. 우리나라 정부도 최근 세계 리튬 매장량의 50% 이상을 가진 볼리비아(우유니 소금사막은 세계 50% 이상의 리튬 산출지)와 계약을 체결하고 공동으로 리튬 시장을 공략기로 했다. 개인용 운송수단이 전기자동차로 바뀔 것으로 예상하면서 리튬을 얼마나 확보하느냐에 따라 국가 경쟁력이 바뀐다는 이야기가 오갈 정도이다. 리튬을 처음 발견했던 아르프베드손 역시 리튬이 지금처럼 중요한 금속이 되리라고는 생각하지 못했을 것이다.

이런 '귀한' 금속은 리튬뿐이 아니다. 과학이 발전하면서 리튬 말고도 수많은 금속이 차례로 발견되기 시작했다. 화학자들은 이런 금속에 눈독을 들였다. 철, 구리, 알루미늄 등 흔한 금속에 이런 금속들을 조금씩 섞어가며 강도, 전기전도율 등을 바꿔 나갔다.

이들은 '희귀금속', '희유금속' 등 여러 가지 이름으로 부르지만, 지식경제부에선 공식적으로 '희소금속'(Rare Metal)이라는 이름을 쓴다. 총 35종류 56개 원소를 지정해 특별히 관리하고 있다. 나라마다 조금씩 차이가 있지만, 미국은 33종류, 일본은 31종류의 금속을 희소금속이라고 규정하고 있다.

희소금속은 어떻게 쓰일까. 강철(Fe)에 니켈(Ni), 크롬(Cr) 등을 조금씩만 섞어 넣어도 녹이 슬지 않는 '스테인리스스틸'로 변하는 것은 희소금속을 활용한 기초적인 사례다. 희소금속을 섞으면 금속을 한층 더 단단하게 만들 수도 있다. 크롬, 몰리브덴(Mo), 바나듐(V), 티타늄(Ti) 등 고융점 금속(녹는점이 높은 금속)을 조금만 섞어 넣어도 기존 철보다 훨씬 단단해진다. 철 원자 사이에 탄소가 끼어들어 단단하게 결합하는 '마텐자이트' 상태가 만들어지기 때문이다.

희소금속은 IT 혁명을 겪으면서 사용이 점점 늘어나기 시작했다. 희소금속을 쓰면 다양한 물질의 특성을 원하는 대로 조종할 수 있기 때문에 소재, 화학 전문가들은 너도나도 희소금속에 눈을 돌렸다. 희소금속을 '산업의 비타민'이라고 부르

희토류 금속은 반도체, 전기모터, 조명기구 등의 성능을 높이는 데 널리 쓰인다. ❶ 농진청 국립농업과학원이 개발한 휴대용 식중독 검사장비. 이런 형광 검사장비도 유로퓸, 이트륨, 바륨, 마그네슘 등 희토류 금속을 이용한다. ❷ 전기자동차. 전기모터에는 네오디뮴, 충전식 배터리에는 리튬, 니켈 등이 들어간다. 사진은 르노삼성자동차의 'Zoe Z.E' 컨셉카.

는 이유다.

흔히 사용하는 휴대전화도 희소금속이 20종 류나 들어간다. 배터리에는 리튬은 물론 코발트(Co), 망간(Mn) 등 5종류 이상의 희소금속이 쓰인다. 휴대전화를 포함해 다양한 IT 제품에는 물질의 전기적 성질을 우수하게 만드는 '희토류'라는 금속 원소군이 고루 쓰인다. 희토류란 란탄(La) 족에 속하는 15종의 금속과 이트륨(Y), 스칸듐(Sc)을 합친 17종의 금속 원소군을 통칭하는 단어다.

가정에서 흔히 보는 플라스마 디스플레이 패널(PDP) TV에도 희토류 금속이 들어가 있다. 제조사에 따라 다르지만, 흔히 이트륨과 란탄, 가돌리늄(Gd), 유로퓸(Eu) 등이 들어간다. 희토류는 조건이 맞으면 빛을 내는 특성이 있다. 이 때문에 여러 가지 희토류 금속을 어떻게 화합하느냐에

다양한 색상을 낼 수 있다. 형광등이나 네온사인 등 다양한 색깔의 조명을 만들 때도 쓴다. 유로퓸은 이트륨, 가돌리늄과 섞으면 적색 빛이 나지만 바륨(Ba), 마그네슘(Mg), 알루미늄(Al)과 섞으면 청색 빛이 난다.

희토류는 고급 사진기나 캠코더의 렌즈와 같은 광학 제품을 만들 때도 많이 이용된다. 란탄을 섞은 유리는 굴절률이 높고 빛이 잘 퍼지지 않는다. 가돌리늄이나 에르븀(Er) 같은 희토류 금속들은 광섬유를 만드는 데 쓴다. 이런 금속을 미량만 첨가해도 빛의 손실이 일반 광섬유의 1%까지 낮아진다. 세륨(Ce)은 반도체 표면이나 휴대전화 액정 화면을 매끈하게 연마하는 광택제로 쓰인다. 네오디뮴(Nd)은 강한 자력을 만들 수 있어 전기모터를 만들 때 흔히 쓰이지만, 레이저 빛을 만드는 재료로도 사용된다.

현대 산업사회의 기틀은 희소금속 기술을 통해 얻은 첨단 소재와 부품산업이다. 다양한 첨단제품이 쏟아져 나오면서 희소금속에 대한 수요는 점점 늘어나고 있다. 당연히 세계 각국에서도 이런 자원을 안정적으로 생산하고 관리할 '첨단 과학기술' 확보에 열을 올리고 있다. '작은 쇳조각'을 놓고 사활을 건 전쟁이 벌어지고 있는 것이다.

● 2. 세계가 들썩이는 산업비타민 전쟁

희소금속 어디에 묻혀 있나

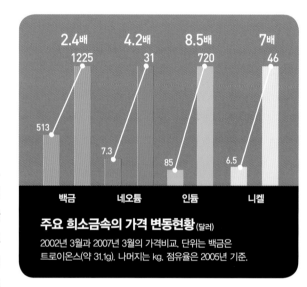

주요 희소금속의 가격 변동현황 (달러)

2002년 3월과 2007년 3월의 가격비교. 단위는 백금은 트로이온스(약 31.1g). 나머지는 kg. 점유율은 2005년 기준.

백금	네오듐	인듐	니켈
2.4배	4.2배	8.5배	7배
1225	31	720	46
513	7.3	85	6.5

희소금속은 말 그대로 '희귀해서 양이 적은' 금속을 말한다. 한국생산기술연구원 희소금속연구그룹은 희소금속을 '지각 내에 존재량이 적거나 추출이 어려운 금속자원 중 현재 산업적 수요가 있고 앞으로 수요 신장이 예상되는 금속원소'라고 정의한다. '극소수 국가에 매장과 생산이 편재돼 있거나 특정국에서 전량 수입해 공급에 위험이 있는 금속원소'라는 설명도 덧붙여 있다.

설명 그대로 희소금속은 일부 국가가 거의 독점하고 있다. 철이나 구리 등 광물보다 매장량이 부족한데다 그나마 80%는 중국, 캐나다, 러시아나 동부 유럽 등 구소련 지역, 호주, 미국 등에 집중돼 있다. 희소금속 중에서도 희토류는 편중 현상이 더 심하다. 세계 매장량의 98%가 중국에 집중돼 있다(LG경제연구소 추정).

희소금속을 얻는 가장 쉬운 방법은 수입이지만 사정이 이렇다 보니 자원 보유국들에 휘둘릴 수밖에 없다. 희토류 세계 소비량의 95%를 공급하는 중국이 2010년 8월 12일에 수출량을 60%로 줄인다고 발표했다. 당연히 중국에서 네오디뮴, 이트륨, 세륨, 란탄 등의 희토류를 수입하는 일본에선 가격이 한 달도 안 돼 30% 급등했다. 중국은 같은 해 6월에도 실리콘(Si), 텅스텐, 몰리브덴 등의 수출을 제한했다는 이유로 미국과 유럽연합(EU)으로부터 세계무역기구(WTO)에 제소당했을 만큼 희소금속 수출에 인색하다.

우리나라는 어떨까. 국내에는 희소금속이 전혀 생산되지 않을까. 그렇지는 않다. 한국지질자원연구원은 최근 경상도, 강원도 인근에서 적잖은 희토류 원소가 매장된 것을 확인했다.

충청북도 충주시 어래산 인근에는 갈렴석, 브리솔라이너, 바스트너사이트, 스핀, 저어콘, 인회석 등의 광물이 비교적 풍부하다. 한국지질자원연구원은 이런 광물을 제련하면 네오디뮴, 이트륨, 란탄, 세륨 등 희토류 원소를 2000만 톤 이상 얻을 수 있을 것으로 보고 있다. 강원도 홍천에서도 란탄, 세륨, 유로퓸, 가돌리늄, 테르븀(Tb), 디스프로슘(Dy) 등 희토류 원소가 2500만 톤 이상 묻혀 있다. 경상남도 산청(단성)과 하동 지역에도 600만 톤 이상의 란탄, 세륨, 이트륨 등이 묻혀 있다.

희토류 이외의 희소금속 역시 존재한다. 전북 무주 지역, 충북 단양군, 경상북도 울진군 등에서 니오브, 탄탈, 리튬 등 희소금속이 발견되고 있다. DS

희소금속 주요 산지 및 생산 점유율 (단위 %)

- 러시아 팔라듐 45
- 미국 몰리브덴 60
- 중국 희토류 95 / 안티몬 87 / 텅스텐 84
- 콩고민주공화국 코발트 36
- 브라질 니오브 90
- 볼리비아 리튬 40
- 칠레 리튬 60
- 남아공 로듐 79 / 백금 77 / 바나듐 45 / 크롬 41
- 호주 콜탄 60 / 티타늄 42

희소금속이 만능 해결사인 이유

차세대 비행기의 제트엔진은 높은 온도에서 움직이는 터빈 날개가 꼭 필요하다. 이런 날개를 만들려면 높은 온도에서도 마모되지 않고 움직이는 신소재가 필수다. 과학자들은 이런 문제를 해결하기 위해 지난 30년간 질화규소 또는 탄화규소 세라믹 신소재를 연구해 왔다. 세라믹소재는 강하고 마모에도 잘 견디지만 깨지기 쉽다는 단점이 있다. 이때 희토류 원소를 섞어 넣으면 인성(잡아당기는 힘에 잘 견디는 성질)이 늘어나 이런 단점을 해결할 수 있다.

과학자들은 희토류 원소를 넣으면 세라믹소재의 인성이 늘어난다는 사실을 경험적으로 알고 있다. 그런데 '왜 그런지'는 지금까지 아무도 알지 못했

희토류 금속. 중앙 검은 금속에서부터 시계방향으로 프라세오디뮴, 세륨, 란탄, 네오디뮴, 사마륨, 가돌리늄이다.

다. 이 문제에 답을 내놓은 사람이 한국과학기술원(KAIST) 신소재공학과 김도경 교수다. 김 교수 연구팀은 탄화규소 세라믹을 고성능 전자현미경으로 살펴본 결과 나노미터(1nm=10억 분의 1m) 크기에서부터 균열이 시작된다는 사실을 알아냈다. 희토류 원소가 균열을 막아 줘 인성을 바꾸는 것이다. 김도경 교수는 원자의 배열과 화학성분 분포를 찾아내 이런 균열이 생기는 조건도 찾아냈다. 이 연구 성과는 국제 나노분야 학술지인 《나노레터스》 2008년 9월호에 게재됐다. 이 연구 결과를 활용하면 좀 더 쉽게 고성능 세라믹을 개발할 수 있을 것이다.

희소금속의 과학적 원리를 한마디로 정의하기는 어렵다. 대부분은 경험적인 자료에 의존하고 있다. 반응하는 물질에 따라 조건도, 원리도 달라지기 때문이다. 수많은 화학, 소재 분야 전문가들이 희소금속의 원리를 규명하고 있지만 모든 희소금속 물질적 현상을 규명하려면 앞으로 꽤 시간이 걸릴 것이다. 그때가 되면 희소금속을 놓고 국가 간 무역 경쟁을 벌이는 일도 사라지지 않을까.

희소금속(Rare Metal) 35종 총정리

희소금속은 지각 내에 존재량이 적거나 추출이 어려운 금속자원 중 현재 산업적 수요가 있고 향후 수요 신장이 예상되는 금속원소를 뜻한다. 나라마다 보존량이 다르고 산업구조도 다르므로 희소금속의 종류도 각각 다르다. 국내에서는 총 35종(56원소)을 희소금속으로 지정해 관리하고 있다. 일본은 국내 희소금속 목록에 포함돼 있는 마그네슘, 카드뮴, 인, 실리콘을 제외한 31종을, 미국은 칼슘, 루비듐, 토륨, 우라늄, 플루토늄을 더하고 마그네슘, 니켈, 인, 비소, 안티몬, 주석, 비스머스를 제외해 총 33종을 관리 중이다.

- 알칼리 원소(6종)
- 백금족 원소(1종 6원소)
- 반금속 원소(9종)
- 희토류 원소(1종 17원소)
- 고융점 원소(11종)
- 보론족 원소(5종)
- 철 족 원소(2종)

주기 \ 족	1	2	3	4	5	6	7	8	9
1	H 수소								
2	Li 리튬	Be 베릴륨							
3	Na 나트륨	Mg 마그네슘							
4	K 칼륨	Ca 칼슘	Sc 스칸듐	Ti 티타늄	V 바나듐	Cr 크롬	Mn 망간	Fe 철	Co 코발트
5	Rb 니켈	Sr 스트론튬	Y 이트륨	Zr 지르코늄	Nb 니오브	Mo 몰리브덴	Tc 테크네튬	Ru 루테늄	Rh 로듐
6	Cs 세슘	Ba 바륨	La 란타늄	Hf 하프늄	Ta 탄탈럼	W 텅스텐	Re 레늄	Os 오스뮴	Ir 이리듐
7	Fr 프랑슘	Ra 라돈	Ac 악티늄	Rf 러더포듐	Db 더브늄	Sg 시보귬	Bh 보륨	Hs 하슘	Mt 마이트너륨

Ce 세륨	Pr 프라세오디뮴	Nd 네오디뮴	Pm 프로메튬	Sm 사마륨
Th 토륨	Pa 프로트악티늄	U 우라늄	Np 넵튬	Pu 플루토늄

휴대전화는 초소형 부품들이 하나로 집결된 정밀기계로 20종 이상의 희소금속이 들어간다. 스피커엔 네오디뮴, 사마륨이, 배터리엔 리튬, 코발트, 망간이 쓰인다. 중앙처리장치 등 반도체엔 바륨, 지르코늄이 사용된다.

← 알칼리 원소

수소, 리튬, 베릴륨, 마그네슘, 스트론튬, 세슘, 바륨 등이 여기에 속한다. 전기적 양성이 강하고 활성이 풍부해 수소와 격렬히 반응한다. 리튬은 2차 전지의 양극제나 광통신 변조 소자 등에 사용되고 있다. 스트론튬이나 바륨은 자성재료, 세라믹 콘덴서, 각종 센서 등을 만들 때 쓴다.

백금족 원소 →

물리 · 화학적 성질이 서로 비슷하며 동시에 산출된다. 화학적으로 안정된 소자로 화폐, 보석 등에 사용돼 왔으며 내식, 내열, 내약품성이 우수하다. 노즐, 이화학 기기 등 공업 부품을 만드는 데도 쓰이지만 최근에는 컴퓨터 집적의 배선, 전극재료, 태양전지의 전극 등에도 사용되고 있다. 백금족 원소 중 가장 각광받는 것은 팔라듐이다. 팔라듐은 백금의 5분의 1 정도 가격으로 비교적 저렴해 사용이 점점 늘어나고 있다.

10	11	12	13	14	15	16	17	18
								He 헬륨
			B 붕소	C 탄소	N 질소	O 산소	F 플루오르	Ne 네온
			Al 알루미늄	Si 실리콘	P 인	S 황	Cl 염소	Ar 아르곤
Ni 니켈	Cu 구리	Zn 아연	Ga 갈륨	Ge 게르마늄	As 비소	Se 셀렌	Br 브롬	Kr 크립톤
Pd 팔라듐	Ag 은	Cd 카드뮴	In 인듐	Sn 주석	Sb 안티몬	Te 텔루르	I 요오드	Xe 크세논
Pt 백금	Au 금	Hg 수은	Tl 탈륨	Pb 납	Bi 비스무트	Po 폴로늄	At 아스타틴	Rn 라돈

Eu 유로퓸	Gd 가돌리늄	Tb 테르븀	Dy 디스프로슘	Ho 홀뮴	Er 에르븀	Tm 툴륨	Yb 이테르븀	Lu 루테튬
Am 아메리슘	Cm 퀴륨	Bk 버클륨	Cf 칼리포르늄	Es 아인슈타이늄	Fm 페르뮴	Md 멘델레븀	No 노벨륨	Lr 로렌슘

고융점 원소

망간을 제외하면 어느 것이나 녹는점이 높다. 티타늄은 녹는점이 섭씨 1680℃로 가장 낮고, 텅스텐은 3380℃로 가장 높다. 망간은 1225℃. 내열성, 내식성이 우수해 산소, 질소, 탄소, 수소 등 침투성 원소와 쉽게 결합해 단단한 화합물을 만든다. 이런 성질을 이용하면 항공기 합금, 건축용 재료, 핵연료봉 피복제, 배선재료 등을 만들 수 있다. 크롬은 단단하면서도 빛깔이 예뻐 자동차의 휠 등 금속제품의 도금재료로 많이 쓴다.

철족 원소

철족 원소는 코발트, 니켈 두 종류만 있다. 코발트 자원의 편재성과 촉매, 자성합금, 초경합금, 전자재료, 초내열합금 등 재료를 만든다. 니켈은 고급화학장치 재료, 자동차 합금 등에 사용되고 있다. 과거에 니켈은 2차전지 재료로 쓰이는 귀한 재료였지만 그 자리를 리튬에 물려주면서 기능성 재료의 위상이 점차 낮아지고 있다.

보론족 원소

다른 금속의 제련시 부산물로서 얻는 경우가 많다. 화합물 반도체의 원료로 많이 쓴다.

희토류 원소

란타늄(란탄) 원소 군에 속하는 15개 원소와 스칸듐, 이트륨 등 총 17개의 원소를 총칭하는 말이다. 촉매, 유리, 금속, 자석 등 현대 산업 전반에 활용되고 있다. 화학적 성질이 매우 비슷해 1개의 희소금속 군으로 구분해 관리하고 있다. 형광물질을 만들 때도 쓴다.

반금속 원소 →

자연계에서는 비금속 상태로 존재하는 경우가 많다. 광학제품에 많이 쓴다. 게르마늄은 반도체, 적외선 투과 유리, 감마선 탐지장치에 쓰인다. 화합물 형태로 석영 광섬유, 형광체, 렌즈, 촉매 등에도 이용된다. 인은 발광 다이오드, 레이저 용 화합물 반도체(GaP, InP)의 원료로, 비소는 적외선 투과 유리에 사용된다. 셀렌은 전자복사기나 태양전지에, 텔루르는 태양전지와 같은 발전용 화합물 반도체를 만드는 데 쓴다.

istockphoto

3. 버려진 PC와 휴대전화기에서 보석 캔다

폐휴대전화 12만 대면 금괴 한 덩이

우리 사회가 정보화 사회로 접어들고, 더욱이 정보통신 산업이 발달함에 따라 컴퓨터와 휴대전화의 가격이 싸지면서 이제는 컴퓨터와 휴대전화가 없는 집이 없게 됐다. 개인용 컴퓨터의 경우 2001년에만 약 200만 대가 팔렸으며 총 보급대수는 이미 1997년을 기준으로 1000만 대를 넘어섰다. 이후 비약적인 성장으로 인해 정확한 통계 수치를 확인하기 어렵지만 2012년 현재 모바일 기기와 거의 비슷한 수준일 것으로 내다본다. 휴대전화의 경우 이동통신 서비스 가입자 수는 2012년 현재 우리나라 인구수에 가까운 5000만 명을 훌쩍 넘었고, 2011년에만 약 600만 대의 휴대전화(특히 스마트폰)가 팔렸다.

　PC와 휴대전화의 사용자가 성능이 좋거나 마음에 드는 모델의 PC와 휴대전화를 새로 사면, 이미 사용하던 제품은 대부분 쓰지 않고 버려진다. 이와 같은 폐PC와 폐휴대전화기는 그 숫자가 매년 증가 추세에 있다. 하지만 이들 중 재활용되는 것은 극히 일부분이고 나머지 대부분은 각 가정의 장롱 서랍에 있거나 쓰레기로 소각 또는 매립되는 것으로 알려졌다.

　이러한 폐PC와 폐휴대전화기에는 납과 베릴륨, 비소, 브롬계 난연제 등이 포함돼 있다. 이들은 모두 환경적으로 유해한 물질이므로 반드시 적절한 처리 절차를 거쳐 폐기해야 한다. 폐PC와 폐휴대전화기에 공통으로 들어 있는 갈륨비소 반도체는 소각할 경우 독성물질을 생성한다. 베릴륨은 소각 과정에서 나오는 연기가 인체에 심각한 악영향을 주는 물질로 알려졌다. 또한, 브롬계 난연제는 잔류성이 강하고 인체에 농축되는데다 매립지에서 토양과 지하수로 유출될 가능성이 높은 물질이다.

▲ PCBs는 표면에 코팅된 금뿐 아니라 팔라듐이나 탄탈륨 등 고가의 금속이 포함돼 있어, 이를 추출해 재활용할 수 있는 기술 개발이 시급하다.
▶ 폐PC와 폐휴대폰에 들어있는 PCBs에 적절한 용매를 처리하면 각종 귀금속들이 석출돼 나온다. 최근에는 수공업적인 재활용을 넘어서는 자동화 공정을 개발하고 있다.

그러나 폐PC와 폐휴대전화는 해로운 성분만 포함하고 있는 것은 아니다. 여기에는 금, 은, 팔라듐 등과 같이 값비싼 귀금속도 포함돼 있다. 이뿐 아니라 구리와 주석, 니켈, 탄탈륨 등 유가금속을 함유하고 있어, 이들을 '도시광석'이라고 부르기도 한다. 천연자원이 부족한 산업국가로서 금속자원 대부분을 외국으로부터 수입하고 있는 우리나라로서는 폐PC와 폐휴대전화기 등과 같은 폐기물은 단순한 쓰레기가 아니라 더는 매력적일 수 없는 귀중한 자원이다.

특히 세계적으로 금속 광물자원의 매장량이 줄어듦에 따라 자원을 보유하고 있는 국가들이 금속 광물자원을 그대로 팔지 않고 제품화해 비싼 값에 팔려고 하는 자원 무기화 경향은 우리나라가 산업국가로서 계속된 발전을 하는데 커다란 장애 요인이 되고 있다. 이런 상황에서 우리나라가 세계적인 경쟁력을 유지하고 살아남는 길은 금속자원의 안정적 공급원을 확보하는 일인데, 바로 이 일의 지름길이 우리나라에서 버려지고 있는 폐PC와 폐휴대전화기를 재활용하는 기술이다.

폐PC와 폐휴대전화기가 재활용 대상으로 매력을 갖는 이유는 이들 두 제품에 공통으로 들어있는 인쇄회로기판(PCBs, Printed Circuit Boards) 때문이다. 여기에는 금, 은, 팔라듐과 같은 비싼 귀금속들이 다량 포함돼 있으며, 구리와 주석, 니켈 등의 유가금속도 함유돼 있다. 인쇄회로기판은 컴퓨터 본체와 휴대전화기 내부에 들어있는 복잡한 회로판을 지칭한다.

조그만 기판 위에서 매우 복잡한 논리의 흐름이 일어난다. 논리의 흐름은 다른 말로 전기가 흐르는 길이다. 따라서 인쇄회로기판에는 저항값이 작고 순도가 높은 금과 은, 팔라듐 같은 고가의 금속들이 주로 쓰이는 것이다. 컴퓨터 기판을 자세히 보면 그 위에 노란색의 코팅층이 있는데, 바로 이것이 금이다. 또한, 기판에 많이 꽂혀 있는 반도체 내에도 금이 많이 들어 있다. 반도체 내부에는 머리카락 굵기의 가는 선인 본딩 와이어라는 것이 있는데, 이것도 금으로 만들어져 있다.

인쇄회로기판은 합성수지와 유리섬유의 복합체로 만들어진 기판 위에 각종 회로도의 모습을 프린트해서 이 모양대로 기판을 에칭(식각)한 뒤, 이 길을 따라 전기가 흐를 수 있도록 각종 금속을 입혀 만든다. 또한, 최근에는 정보통신 기술의 발달로 과거에는 단층으로 제작했던 회로기판을 복층으로 제작하는 추세다. 복층의 인쇄회로기판에는 단층보다 유가금속이 더욱 많이 포함돼 있다.

폐PC와 폐휴대전화기에 들어 있는 귀금속 양은 비교적 소량으로 제조회사와 제작 방법에 따라 조금씩 차이가 난다. 하지만 폐PC와 폐휴대전화기를 대량으로 처리할 경우, 그 양은 무시하지 못한다. 금을 예로 들면 약 12만 대의 폐휴대전화기를 재활용하면 1kg의 순도 99.99% 금괴 한 덩이를 만들 수 있다. ◪

융합 과학을 위한 과학동아 스페셜

이세연(명덕고등학교 교사, 고등학교 과학교과서 집필진)

1 2009 개정 고등학교 과학 교육과정과 융합형 과학 교과서

'2009 개정 과학과 교육과정'의 고등학교 과학은 과학적 소양을 바탕으로 하는 수준 높은 창의성과 인성을 골고루 갖춘 인재 육성을 목표로 한다. 특히 우주와 생명 그리고 현대 문명과 사회를 이해하는데 필요한 과학 개념을 통합적으로 이해하며 자연을 과학적으로 탐구하는 능력을 기르고, 과학 지식과 기술이 형성되고 발전하는 과정을 이해해야 한다. 또 자연 현상과 과학 학습에 대한 흥미와 후기심을 기르고 일상생활의 무제를 과학적으로 해결하려는 태도를 함양하며, 과학·기술·사회의 상호 작용을 이해하고, 과학 지식과 탐구 방법을 활용한 합리적 의사 결정을 기르는 것을 목표로 하고 있다. 이런 목표를 바탕으로 만들어진 것이 7종의 융합형 과학 교과서다.

융합형 과학 교과서는 6개 출판사에서 7종의 교과서가 출판돼 학교에서 사용하고 있다. 그런데 예전의 과학 교과서들과 크게 다른 특징이 하나 있는데, 바로 출판사마다 내용이나 구성이 조금씩 차이가 있다는 것이다. 이전 교육과정까지는 교과서 검정 시스템에 맞추기 위해 출판사에 관계없이 동일한 내용과 구성으로 교과서가 출판돼야 했지만 교과서 검정 시스템이 '검정'에서 '인정'으로 바뀌면서 출판사마다 조금씩 특징 있는 모습을 갖췄다. 그 결과 어떤 교과서는 기존 7차 교육과정의 스타일을 많이 담고자 노력하여 실험 및 탐구가 상당 부분 포함돼 있고, 또 다른 교과서는 과학 이야기책을 읽어 나가듯이 스토리 중심으로 구성돼 있기도 하다.

하지만 교과서마다 다른 점이 있지만 융합형 과학 교과서들이 공통적으로 갖는 특징도 있다. 바로 내용의 이해를 돕기 위한 풍부하고 섬세한 그래픽과 자료다. 우리나라 교과서 역사에 이런 교과서가 없었다. 학생들은 마치 ≪과학동아≫와 같은 과학 잡지를 보는 듯한 착각에 빠지기도 한다. 다른 것이 있다면, 평가를 위해 공부해야 한다는 생각으로 인해 편안하게 읽어나가지 못한다는 것이다. 하지만 그것은 융합형 과학 교과서가 아닌 다른 교과목의 어떤 교과서라도 목적에 따라서 비슷한 상황에 놓일 수 있다. 결국 교과서를 대하는 학생들의 마음가짐이 달라져야 목표에 맞는 교과서 내용의 전달이 가능한 것이다.

모든 융합형 과학 교과서는 2009 개정 과학 교육과정이 요구하는 내용과 학생들의 평균적인 성취 수준을 고려하여 집필, 제작되었다. 다른 교과목의 교과서도 마찬가지지만 이것은 학생들의 성취 수준에 따라 내용의 이해 정도에 차이가 생길 수 있다는 것을 의미한다. 특히, 기존에 접하지 않아 생소하고 일부는 어려운 내용들이 포함된 융합형 과학 교과서의 경우 그 정도가 훨씬 크다. 아무리 자세한 설명과 풍부한 그래픽, 구체적인 자료를 함께 담았다 하더라도 한정된 지면이 주는 제약을 극복할 수 있는 방법은 없다. 결국 표현은 집약적일 수밖에 없고 제한된 제작 비용의 영향으로 그래픽이나 자료의 양과 질도 한계가 있을 수밖에 없다.

이로 인한 어려움은 교
사와 학생 모두가 똑같
이 느끼고 있다. 새로운
내용, 부족하고 정리되지 않은 자료는 교사에게 새로운 교과
내용에 대한 준비에 어려움을 느끼게 한다. 교사들은 교과서의 내용과 밀접한 관계가
있으며 교사의 궁금함과 학생들의 질문에 답할 수 있는 내용들로 채워진 충실한 보조 자료를 찾고 있지만,
적합한 것을 찾기란 쉽지 않다. 학생들도 마찬가지다. (물론 융합형 과학 교과서를 학습하는 방법의 변화가
필요하지만,) 내용의 이해는 물론 여러 평가를 준비하기 위해 교과서와 수업의 부족한 부분을 보완할 수 있
는 보조 자료가 필요하다. 하지만 현실은 그렇지 못하다. 교과서 출판사 및 교육청 등에서 여러 가지 학습 보
조 자료를 내놓고 있지만 융합형 과학 교과서가 담고 있는 내용을 감안한다면 교사와 학생의 필요를 만족시
키기가 어려운 것이 현실이다. 그렇기 때문에 ≪과학동아≫와 같이 충분한 데이터베이스를 바탕으로 교과
서를 뒷받침할 수 있는 자료를 검색, 분석하여 교수 학습 보조 자료를 내는 것이 융합형 과학 교과서에는 꼭
필요한 부분이라고 할 수 있다.

2 융합형 '과학'의 난코스 '정보통신과 신소재'

융합형 '과학' 교육과정은 6개의 대단원으로 구성되어 있는데, 그중 네 번째 단원이 '정보통신과 신소재'
이다. 빅뱅으로부터 시작되는 융합형 과학의 이야기는 Ⅲ단원에서 마무리되면서 '제1부 우주와 생명'이
라는 큰 줄거리가 마침표를 찍는다. 곧이어 정보통신과 신소재(Ⅳ단원)를 출발점으로 하는 '제2부 과학과
문명'이 시작되어 인류의 건강과 과학기술(Ⅴ단원), 에너지와 환경(Ⅵ단원)으로 이어간다.
'Ⅳ. 정보통신과 신소재'에서는 자연 현상에서 발생하는 여러 가지 정보를 인식하고 수집하는 방법과 정
보 처리 과정을 이해하고, 정보를 저장하기 위한 장치의 기본 구조와 원리를 살펴본다. 그리고 다양한 신
소재를 소개하고, 소재의 원료가 되는 천연자원을 알아본다. 그런데 '정보통신과 신소재'에서 다루는 내
용 요소들은 기존의 중·고등학교 과학 교과에서 다루지 않았던 내용이다. 사실 물리 교과와 밀접한 관계
가 있지만, 어느 물리 교과에서도 신호, 정보, 반도체, 신소재, 광물 자원 등을 자세히 다룬 적이 없다. 교
과서 외의 다양한 매체에는 빈번하게 등장하는 용어들이지만, 학습 측면에서 접근하기엔 결코 쉬운 일이
아니다.
많은 학생이 물리 교과를 어려워하는 것은 인정할 수밖에 없는 사실이지만, 각과 담당 과학교사들조차도

'~구조와 원리'를 알기 쉽게 가르치려면 많은 수고가 뒤따르기 때문에 융합형 과학 교과를 통틀어 가장 어렵고 꺼리는 단원이다. 특히, 에너지띠 개념을 중심으로 '반도체의 구조와 원리'를 융합형 과학의 취지와 목적에 맞도록 수업을 진행하고 학생들이 성취 수준에 도달하게 하기 위해서는 교사와 학생 모두 교과서 외적인 수업 준비가 필요하다.

융합형 과학 교과서 안에서 '정보통신과 신소재'는 '①정보의 발생과 처리, ②정보의 저장과 활용, ③반도체와 신소재, ④광물자원' 등 4개의 소단원으로 구성되어 있다.

'정보의 발생과 처리'에서는 자연계의 물리적 정보 발생 과정을 이해하고, 아날로그 정보와 디지털 정보의 의미와 차이를 이해하는 것이 필요하다. 외부 정보를 인식하는 여러 가지 센서의 작동 원리를 과학적으로 이해하고 휴대전화, 광통신 등 첨단 정보기기를 통하여 정보가 다른 형태로 변환되어 전달되는 과정을 이해하는 것을 목표로 하고 있다.

'정보의 저장과 활용'에서는 다양한 정보를 저장하고 활용하는 방법을 소개하고 저장법의 구조와 원리를 이해해야 한다. 예를 들어 하드디스크 등 여러 가지 디지털 정부 저장장치의 원리와 구조를 이해하고, 자기 기록 카드 등의 전자기적 원리와 활용 방법을 정성적으로 이해하는 것이다. 그리고 우리 눈에서 색을 인식하는 세포의 특성과 빛의 3원색 사이의 관계를 이해하고, 이를 바탕으로 LCD, LED 등 우리 생활에서 널리 사용되고 있는 여러 가지 영상표현 장치와 디지털카메라 등 영상 저장장치의 원리와 구조를 과학적으로 접근한다.

IV단원의 난코스인 '반도체와 신소재'에서는 원자의 구조와 고체에 대한 에너지띠 구조를 이해하고 도체, 부도체, 반도체의 차이를 알아야 한다. 또한, 초전도체와 액정 등 새로운 소재의 물리적 원리도 알아야 한다. 그리고 반도체의 도핑과 반도체 소자의 전기적 특성을 통해 기초적인 반도체 소자인 다이오드와 트랜지스터, 고집적 메모리의 구조와 작동 원리, 활용 방법 등을 이해해야 한다.

'광물 자원'에서는 고분자 물질의 구조와 특성을 바탕으로 합성섬유, 합성수지, 나노 물질 등 다양한 첨단 소재의 원리와 활용 방법을 알아야 한다. 중요한 광물 자원의 생성 과정과 유형, 광물 자원의 분포와 탐사 방법의 차이, 광물 자원의 여러 가지 활용 방법을 아는 것이 주요 목표이다.

3 융합형 과학 교과서 '정보통신과 신소재'와 과학동아 스페셜 『정보통신과 신소재』

우리나라에서 인터넷과 휴대전화가 본격적으로 보급되기 시작한 1990년대 중반부터 20년이 채 지나지 않은 지금, 정보통신 혁명은 산업 혁명 못지않은 문명의 변화를 이끌었다. 하지만 우리가 학교에서 배우는 정보통신 내용은 양이나 질에서 모두 급변하는 주변 환경을 이해하기는커녕 따라잡는 데도 부족함이 많다.

2009년과 2010년 노벨물리학상은 각각 '전자결합소자 센서 개발', '광섬유 내부의 빛의 전달과정 연구' 그리고 '차세대 나노 신소재 2차원 그래핀에 관한 연구'가 수상했다. 최근에 신소재를 연구한 과학자들에게 노벨물리학상이 돌아간 것이다. 우리 인간의 삶을 변화 발전시키는 바탕은 바로 신소재의 개발에 있기 때문에 노벨상의 수상 분야는 전혀 새로운 것이 아니다. 우리의 생활뿐만 아니라 중공업, 핵융합, 우주선 등 산업과 과학 분야 전반에 걸쳐 발전이 지속하기 위해서는 연구할 수 있는 환경(소재)의 준비가 선행되어야 한다. 인간의 신체가 극한의 환경을 견딜 수 있게 해주는 신소재 직물이나 마치 실물을 보는 듯한 LED, 레티나 디스플레이 등도 모두 신소재의 개발이 있기에 가능한 것이다.

하지만 우리는 이러한 신소재에 대해 얼마나 알고 있는가? 우리가 학교에서 배우는 교과서에서는 정보통신과 신소재 분야의 급격한 변화를 따라가지 못하고 기초적인 정보통신, 신소재 관련 내용조차 적절하게 가르치지 못하고 있다.

2009 개정 교육과정에 이르러서야 정보통신과 신소재 관련 내용이 대폭 늘었다. 갑작스러운 변화는 오히려 학교 현장에서 부담으로 작용하고 있는 것도 사실이다. 하지만 이러한 상황을 피하기보다는 충분하고 적절한 준비를 통해 효과적인 교수 · 학습이 이루어지도록 할 노력이 필요하다. 그렇다면 충분하고 적절한 준비란 무엇일까? 여러 가지가 있겠지만 양질의 콘텐츠를 담은 교과서 보조 자료가 그중 하나일 것이다.

융합형 과학 교과서의 '정보통신과 신소재'는 교과 개념에만 몰두하여 교수·학습이 이루어지다 보면 자칫 융합형 과학의 취지와 목적을 벗어나기 쉽다. 「과학동아 스페셜」 여섯 번째 이야기인 『정보통신과 신소재』는 융합형 과학 교육과정의 '정보통신과 신소재'에서 목표로 하는 바를 효과적으로 달성하기 위한 필요한 내용을 과하지 않고 적절하게 담았다. 특히 「과학동아 스페셜」시리즈의 특징인 차별화된 인포그래픽, 이미지 자료는 교과서의 자료만으로 이해하기 어려운 학생이나 본문의 내용을 처음 접하는 독자라도 내용을 이해하는 데 큰 도움을 줄 것이다. 총 5부로 구성된 『정보통신과 신소재』의 본문을 교육과정과 비교한 표를 참고하여 살펴보도록 하자.

과학동아 스페셜 『정보통신과 신소재』	교육과정
I. 자연계 속의 정보 　1. 신호와 센서	정보의 발생과 처리
II. 아날로그와 디지털 　1. 디지털 시대의 시작 　2. 정보 저장의 세계 　3. 정보와 통신 　4. 디스플레이로 만나는 디지털 세상 　5. 손바닥 안의 첨단 기술	정보의 저장과 활용
III. 네트워크로 만나는 세상 　1. 정보를 나누는 힘, 네트워크 　2. 조용한 일상의 디지털 혁명, 유비쿼터스 　3. 스마트 시대를 되돌아보다	정보의 발생과 처리
IV. 반도체와 신소재 　1. 첨단 산업의 쌀, 반도체 　2. 신소재의 세계	반도체와 신소재
V. 광물 자원과 현대 경제 　1. 인류와 광물자원 　2. 일상생활에서 첨단기기까지	광물 자원

「과학동아 스페셜」 시리즈는 이렇게 내용 소개를 하는 것보다 직접 각 페이지를 펼치며 내용과 이미지, 구성을 사진처럼 받아들이는 것이 가장 효과적이다. 하지만 간략하게나마 『정보통신과 신소재』의 특징을 소개하면 다음과 같다.

I 부는 '자연계 속의 정보'다. I 부는 개미를 비롯한 동물들의 기상천외한 의사소통 방식을 통해 신호의 개념을 설명하고, 외부 정보를 받아들이는 센서의 개념과 종류를 이야기함을 물론 생체모방 기술의 현주소도 보여준다. 또한, 우리가 우주의 신비를 알아내는데 거의 유일하게 의존하는 우주로부터의 다양한 전자기파도 우주가 보내는 신호임을 알고 나면 우리 주변뿐 아니라 우주는 온통 신호로 둘러싸여 있다는 흥미로운 사실도 알 수 있다.

II부 '아날로그와 디지털'은 다섯 개의 소단원으로 꾸며져 있다. '①디지털 시대의 시작, ②정보 저장의 세계, ③정보와 통신, ④디스플레이로 만나는 디지털 세상, ⑤손바닥 안의 첨단 기술' 등의 주제는 과학 교과서에서 간략히 소개하고 있는 디지털 세상을 조금 더 다양한 요소들로 채웠다. 디지털 시대의 역사

에서부터 급변하는 디지털 생태계의 치열함은 물론이고, 플래시 메모리로 대표되는 저장 매체, 정보통신을 이끄는 광통신, 유기EL, 3D 홀로그램으로 영역을 확장하고 있는 디스플레이 분야의 최첨단 연구 동향을 살펴볼 수 있어 학생들은 교과서에서 경험할 수 없는 디지털 세계를 접할 수 있다.

Ⅲ부는 '네트워크로 만나는 세상'이다. 우리가 사는 세상은 디지털 네트워크로 그물같이 촘촘히 연결되어 있으며 더욱 긴밀해지고 있다. 미래를 살아갈 학생은 네트워크를 사용하는 수동적인 입장에서 벗어나 스마트 시대를 능동적으로 대응할 수 있는 능력을 길러야 한다. 그 첫 번째 요소가 바로 네트워크에 대한 이해이다. '네트워크로 만나는 세상'은 바로 그러한 목적에 최적화되어 있다. Ⅲ부를 구성하는 주제들은 교육과정 해설서에서 언급이 적어 교과서에서 충분히 다루지 못했던 내용을 매우 자세히 다루고 있어 교과서의 보조 자료로 충분한 가치가 있다.

Ⅳ부는 '반도체와 신소재'이다. 반도체와 신소재는 융합형 과학 교과서 Ⅳ단원의 핵심 이슈이다. 반도체와 신소재가 우리 생활에서 차지하는 비중은 매우 크지만, 그것의 구조와 원리를 쉽게 이해하기 위해서는 상세하고 체계적인 설명과 이미지의 도움이 필요하다. 『정보통신과 신소재』는 입체적인 반도체 제작 과

정 및 다양한 종류의 신소재를 고품질의 이미지를 활용해 이를 설명하고 있어 교과서의 한계를 가뿐히 뛰어넘었다. 첨단 산업에서 반도체가 차지하는 위상을 우리가 먹는 '쌀'에 비유한 소단원 '첨단 산업의 쌀'은 물론이고 반도체와 탄소 나노 튜브, 그래핀으로 대표적인 최근의 신소재 동향을 소개한 '신소재의 세계'는 교과 내용을 구체적으로 접근하고 있어 보조 학습 교재로 충분하다.

현대는 바야흐로 광물 자원의 전쟁터이다. Ⅴ부 '광물 자원과 현대 경제'에서는 익히 알고 있는 석유와 천연가스와 같은 연료뿐 아니라 광물 자원도 매장량이 한정되어 있어 광물 자원을 확보하기 위해 각국이 다양한 노력을 엿볼 수 있다. 우리는 이러한 사실에 대한 인지가 부족한 것이 사실이다. 지금까지 학교에서 배운 지식은 광물 자원의 종류와 특징에 국한되었기 때문이다. 융합형 과학 교과서는 한정된 지면과 여러 가지 외적인 제약 때문에 하고 싶은 말을 다하지 못한 것이다. 하지만 『정보통신과 신소재』는 광물 자원의 진화, 희소금속의 분포와 세세한 쓰임 및 확보의 중요성을 사례와 함께 자세히 소개하고 있다. 미래를 책임질 학생들에게 광물 자원의 중요성에 대한 올바른 인식을 심어주는 데 효과적인 자료가 될 것이다.

개략적으로 살펴보았지만, 『정보통신과 신소재』는 과학 교과서의 '정보통신과 신소재' 단원과 제목처럼 내용 대부분이 일치하고 교과서의 특성상 다루지 못한 부분도 깊고 자세하게 다루고 있기 때문에 교과서 밖의 상황을 자세히 알고 싶은 학생과 알찬 수업 자료를 찾고 있는 교사에게 귀중한 자료가 될 것이라 확신한다.

또한, 풍부한 자료로 구성된 「과학동아 스페셜」 시리즈에서 마지막으로 선보이는 『정보통신과 신소재』는 준비해 온 기간만큼 알찬 내용으로 채워져 있어 융합형 '과학'의 훌륭한 파트너가 될 것으로 생각한다. 학생들이 더 많은 자료를 찾기 위해 참고서를 찾듯이 융합형 과학의 또 다른 참고서로 「과학동아 스페셜」 시리즈가 널리 활용되어 융합형 과학이 본연의 취지를 살리고 학생들에게 긍정적인 영향을 줄 수 있는 교과가 되는 데 일조하기를 기대해 본다. ☒

외부 필진 (가나다 순)

김동현
안랩 연구원
3부 네트워크로 만나는 세상

김달훈
IT 솔루션 컨설턴트
2부 아날로그와 디지털

김도년
성균관대학교 건축조경토목공학부 교수
3부 네트워크로 만나는 세상

김동환
중앙대학교 행정학과 교수
3부 네트워크로 만나는 세상

김선경
전 서울시립대학교 전자정부연구소 연구원
3부 네트워크로 만나는 세상

김용석
홍익대학교 신소재공학과 교수
2부 아날로그와 디지털

김은수
광운대학교 전자공학과 교수
2부 아날로그와 디지털

김지인
건국대학교 인터넷미디어학부 교수
3부 네트워크로 만나는 세상

로버트 M. 헤이즌
미국 카네기연구소 지구물리실험실 연구원
5부 광물 자원과 현대 경제

류현정
자유기고가
2부 아날로그와 디지털

민경익
삼성전기 연구소 연구원
2부 아날로그와 디지털

박태순
서울대학교 동물행동학 박사
1부 자연계 속의 정보

안상현
한국천문연구원 연구원
1부 자연계 속의 정보

유광석
홍익대학교 신소재공학과 교수
2부 아날로그와 디지털

유범재
한국과학기술연구원(KIST)
지능제어연구센터 연구원
1부 자연계 속의 정보

이경우
서울대학교 재료공학부 교수
5부 광물 자원과 현대 경제

이규창
한국일보 뉴미디어부 기자
2부 아날로그와 디지털

이재천
한국지질자원연구원 연구원
5부 광물 자원과 현대 경제

임경순
포항공과대학교(POSTECH)
컴퓨터공학과 교수
2부 아날로그와 디지털

임미섭
한국과학기술연구원(KIST)
지능제어연구센터 연구원
1부 자연계 속의 정보

장진
경희대학교 물리학과 교수
2부 아날로그와 디지털

정준
KT 연구개발본부 연구원
2부 아날로그와 디지털

주설우
안랩 연구원
3부 네트워크로 만나는 세상

주언경
경북대학교 전자전기공학부 교수
2부 아날로그와 디지털

최재천
이화여자대학교 분자생명과학부 교수
1부 자연계 속의 정보

현택환
서울대학교 화학생물공학부 교수
4부 반도체와 신소재

홍병희
성균관대학교 화학과 교수
4부 반도체와 신소재

황인오
삼성전기 연구소 연구원
2부 아날로그와 디지털

사진 및 일러스트 출처

1부 자연계 속의 정보
10~13쪽 – 사진 동아일보 • 일러스트 염주홍
14~17쪽 – 사진 동아일보, GAMMA • 일러스트 양시호
18~19쪽 – 사진 동아일보, GAMMA
20~23쪽 – 사진 동아일보, NASA • 일러스트 강선욱

2부 아날로그와 디지털
26~27쪽 – 사진 위키피디아, SYGMA
28~29쪽 – 사진 위키피디아, GAMMA
30~47쪽 – 사진 동아일보, GAMMA • 일러스트 박현정
48~52쪽 – 사진 동아일보, GAMMA
53쪽 – 사진 위키피디아
54~57쪽 – 사진 동아일보, GAMMA, SYGMA
58~59쪽 – 사진 동아일보, GAMMA
61~85쪽 – 사진 동아일보, GAMMA, 위키피디아 • 일러스트 박현정
88~93쪽 – 사진 동아일보, GAMMA • 일러스트 GRAPHIC NEWS
94~99쪽 – 사진 동아일보, GAMMA • 일러스트 박현정
100~103쪽 – 사진 애플, 김인규, 아이픽스잇, 아마존

3부 네트워크로 만나는 세상
106~109쪽 – 사진 동아일보, GAMMA
110~113쪽 – 사진 동아일보 • 일러스트 김정원
114~133쪽 – 사진 GAMMA, MS, 서울시정개발연구원, 동아일보,
Vivometris • 일러스트 박현정
134~143쪽 – 사진 동아일보, GAMMA

4부 반도체와 신소재
146~147쪽 – 사진 동아일보
148~153쪽 – 사진 동아일보, GAMMA • 일러스트 박현정
154~159쪽 – 사진 동아일보, Everett Collection •
일러스트 최은경
160~163쪽 – 사진 동아일보, 듀폰
164~165쪽 – 사진 동아일보
166~171쪽 – 사진 노키아, 20세기폭스코리아, 동아일보 •
일러스트 성균관대학교

5부 광물 자원과 현대 경제
174~179쪽 – 사진 한국지질자원연구원 지질박물관, 위키피디아, REX,
T.McCoy, D. Papineau, NASA, 로버트 헤이즌, P. Hoffman
180~183쪽 – 사진 이미지비트
184~189쪽 – 사진 동아일보
190~191쪽 – 사진 동아일보